高等职业院校土建专业创新系列教材

建筑材料
(微课版)

王宇鹏　李浩荣　主　编
蒋璐蔚　肖松涛　王青薇　副主编

清华大学出版社
北京

内 容 简 介

作为高等职业院校土建专业创新系列教材，本书按照建筑类专业的职业要求，根据建筑工程类施工一线技术与管理人员所必须掌握的应用知识，将实用性、职业性、可塑性及一专多能性相结合，以施工现场必需的知识、技能为基础，通过工学结合的方式，介绍土木、建筑工程中常用的建筑材料，以及目前正在推广应用的新型建筑材料的基本组成、简单生产工艺、性质、应用及质量标准和检验方法等，同时将绿色建材引入其中，旨在突出职业技术教育的特点，培养学生与建筑材料有关的使用、检测及管理等方面的能力，展现现代建筑材料的新理论、新技术、新方法、新工艺、新仪器和新材料，从而体现应用性、推广性和实用性。

本书共分为12章，包括建筑材料的基本性能、建筑石材、气硬性胶凝材料、水硬性胶凝材料、混凝土、建筑砂浆、金属材料、墙体材料、建筑防水材料、建筑塑料、木材及其制品和建筑装饰材料等内容。为方便教学及扩大知识面，各章后均附有实训练习。

本书可作为高职高专土木工程、建筑工程类专业，建筑材料检测技术专业以及建筑施工专业的教材，也可作为土建类其他专业的教学用书，同时可供建筑企事业单位的工程技术人员自学参考。

本书封面贴有清华大学出版社防伪标签，无标签者不得销售。
版权所有，侵权必究。举报：010-62782989，beiqinquan@tup.tsinghua.edu.cn。

图书在版编目(CIP)数据

建筑材料：微课版/王宇鹏，李浩荣主编. —北京：清华大学出版社，2023.10
高等职业院校土建专业创新系列教材
ISBN 978-7-302-64755-3

Ⅰ.①建… Ⅱ.①王… ②李… Ⅲ.①建筑材料—高等职业教育—教材 Ⅳ.①TU5

中国国家版本馆 CIP 数据核字(2023)第 191810 号

责任编辑：	石　伟
封面设计：	刘孝琼
责任校对：	李玉茹
责任印制：	沈　露

出版发行：清华大学出版社
网　　址：https://www.tup.com.cn, https://www.wqxuetang.com
地　　址：北京清华大学学研大厦A座　　邮　编：100084
社 总 机：010-83470000　　邮　购：010-62786544
投稿与读者服务：010-62776969, c-service@tup.tsinghua.edu.cn
质量反馈：010-62772015, zhiliang@tup.tsinghua.edu.cn
课件下载：https://www.tup.com.cn, 010-62791865

印 装 者：三河市龙大印装有限公司
经　　销：全国新华书店
开　　本：185mm×260mm　　印　张：17.75　　字　数：429千字
版　　次：2023年10月第1版　　印　次：2023年10月第1次印刷
定　　价：49.90元

产品编号：100655-01

前　言

建筑材料工业是支撑工农业生产、基础设施建设等国民经济发展的重要基础原材料产业，是改善民生、满足人们日益增长的物质需要所不可或缺的基础材料制品和消费品产业，是发展循环经济的重要节点产业，也是支撑国防军工、航空航天，以及节能环保、新能源、新材料、信息产业等战略性新兴产业发展的重要产业，肩负着"大国基石"的重要职责。绿色低碳、智能制造成为建材行业未来的重点发展方向。在二十大报告中，"中国式现代化"与"高质量发展"是关键词，体现出对多目标、高质量发展的进一步深化。

本书是按照高等职业技术教育的要求和土木工程、建筑工程类专业的培养目标及"建筑材料"课程的教学大纲编写而成的。本书主要阐述常用建筑材料和新型建筑材料的基本组成、性质、应用及质量标准和检验方法等，同时将绿色建材引入其中。为方便教学及扩大知识面，各章后均附有实训练习和实训工作单。

为了更好地丰富学习者的学习内容并激发学习者的学习兴趣，本书每章开篇分别设置了学习目标、教学要求、思政目标和案例导入。全书采用思维导图进行串联，每节开始之前插入"带着问题学知识"模块引入问题，这样带着问题有目的地去学习，高效且针对性强。

本书具有以下特点。

(1) 形式新颖。思维导图串联，对应案例分析，结构清晰，层次分明。

(2) 知识点齐全。知识点分门别类，内容全面，由浅入深，便于掌握；内容翔实，深入浅出，难点分散，便于学习者自学。

(3) 系统性强。知识讲解条理清晰，对近年来常用建筑材料明显的、突出的差别进行了必要的解读。

(4) 实用性强。理论和实际相结合，举一反三，学以致用；各章尽量与工程实际相结合，以培养学习者的工程意识及创新思想。

(5) 配套资源丰富。本书配套资源除 PPT 电子课件、电子教案、案例答案解析、每章习题答案及模拟测试试卷外，还相应地配备了大量的讲解音频、动画视频、扩展图片、扩展资源等，以扫描二维码的形式再次拓展建筑材料的相关知识点。

本书的编写人员均为从事多年教学且具有大量实际现场工作经验的高级技术人员，因此，本书在内容上更贴近实际，实用性强。

本教材由云南交通职业技术学院王宇鹏和云南营造工程设计集团有限公司李浩荣主编，云南交通职业技术学院蒋璐蔚、肖松涛、王青薇任副主编。编写成员具体分工为：第1章、第5章、第6章、第8章、第10章由王宇鹏编写；第2章、第4章、第7章由李浩荣编写；第3章、第9章由蒋璐蔚编写；第11章由肖松涛编写；第12章由王青薇编写。全书最后统稿、定稿、补充拓展资料由王宇鹏完成，图片由李浩荣完成。微课教学资源录制详见微课。

编　者

目 录

第1章 建筑材料的基本性能 ... 1
1.1 材料的物理性能 ... 2
1.1.1 与质量有关的性质 ... 3
1.1.2 与水有关的性质 ... 7
1.1.3 与热有关的性质 ... 10
1.2 材料的力学性质 ... 12
1.2.1 材料的强度 ... 12
1.2.2 材料的弹性和塑性 ... 14
1.2.3 材料的脆性和韧性 ... 14
1.2.4 材料的硬度和耐磨性 ... 15
1.3 材料的耐久性 ... 15
1.4 本章小结 ... 16
1.5 实训练习 ... 17

第2章 建筑石材 ... 19
2.1 建筑中常用的岩石 ... 20
2.1.1 岩浆岩 ... 20
2.1.2 沉积岩 ... 21
2.1.3 变质岩 ... 21
2.2 石材 ... 22
2.2.1 石材的主要技术性质 ... 23
2.2.2 石材的品种与应用 ... 24
2.3 本章小结 ... 25
2.4 实训练习 ... 26

第3章 气硬性胶凝材料 ... 28
3.1 石灰 ... 29
3.1.1 石灰的生产 ... 30
3.1.2 石灰的熟化 ... 30
3.1.3 石灰的硬化 ... 31
3.1.4 建筑工程中常用的石灰品种及主要性能 ... 31
3.1.5 石灰的特点与应用 ... 33
3.1.6 石灰的储运 ... 33

3.2 石膏 33
    3.2.1 建筑工程中常用的石膏品种 34
    3.2.2 建筑石膏 35
    3.2.3 高强石膏 37
3.3 水玻璃 38
    3.3.1 水玻璃的组成与生产 38
    3.3.2 水玻璃的硬化 39
    3.3.3 水玻璃的性质与应用 39
3.4 本章小结 39
3.5 实训练习 40

第 4 章 水硬性胶凝材料 42

4.1 硅酸盐水泥 44
    4.1.1 硅酸盐水泥的定义 44
    4.1.2 硅酸盐水泥熟料的生产过程 44
    4.1.3 硅酸盐水泥熟料的矿物组成及特性 46
    4.1.4 硅酸盐水泥的作用、凝结与硬化 48
    4.1.5 硅酸盐水泥的技术要求和技术标准 50
    4.1.6 硅酸盐水泥石的腐蚀与防止 54
4.2 掺混合材料的硅酸盐水泥 54
    4.2.1 混合材料 55
    4.2.2 普通硅酸盐水泥 56
    4.2.3 矿渣硅酸盐水泥、火山灰质硅酸盐水泥和粉煤灰硅酸盐水泥 57
    4.2.4 复合硅酸盐水泥 59
4.3 水泥的应用、验收与保管 60
    4.3.1 六种常用水泥的特性与应用 60
    4.3.2 水泥的验收 61
    4.3.3 水泥的保管 62
4.4 其他品种的水泥 62
    4.4.1 白色及彩色硅酸盐水泥 63
    4.4.2 中低热水泥 64
    4.4.3 道路硅酸盐水泥 65
    4.4.4 砌筑水泥 66
4.5 本章小结 67
4.6 实训练习 67

第 5 章 混凝土 70

5.1 概述 72
    5.1.1 混凝土的定义 72

		5.1.2 混凝土的分类	72
		5.1.3 混凝土的特点与应用	73
	5.2	普通混凝土的组成材料	74
		5.2.1 水泥	75
		5.2.2 细骨料	75
		5.2.3 粗骨料	79
		5.2.4 拌合及养护用水	82
		5.2.5 外加剂	83
	5.3	混凝土的主要技术性能	86
		5.3.1 新拌混凝土的和易性	87
		5.3.2 硬化混凝土的主要技术性质	92
	5.4	混凝土的质量控制与强度评定	101
		5.4.1 混凝土的质量控制	101
		5.4.2 混凝土的强度评定	102
	5.5	混凝土的配合比设计	107
		5.5.1 配合比设计的基本要求	108
		5.5.2 配合比设计的方法及步骤	108
		5.5.3 掺合料普通混凝土	115
	5.6	其他品种混凝土	119
		5.6.1 轻混凝土	120
		5.6.2 防水混凝土(抗渗混凝土)	124
		5.6.3 聚合物混凝土	125
		5.6.4 纤维混凝土	126
		5.6.5 高强混凝土	127
		5.6.6 绿色混凝土	128
	5.7	本章小结	128
	5.8	实训练习	128
第6章	建筑砂浆		131
	6.1	砌筑砂浆	132
		6.1.1 砌筑砂浆的组成材料	133
		6.1.2 砌筑砂浆的主要技术性质	134
		6.1.3 砌筑砂浆的配合比设计	136
	6.2	抹面砂浆	139
		6.2.1 普通抹面砂浆	140
		6.2.2 装饰抹面砂浆	141
		6.2.3 特种抹面砂浆	142
	6.3	本章小结	142
	6.4	实训练习	142

第7章 金属材料 145

7.1 钢的冶炼及钢材的分类 147
7.1.1 钢的冶炼 147
7.1.2 钢材的分类 147

7.2 钢材的主要技术性能 148
7.2.1 钢材的力学性能 148
7.2.2 钢材的工艺性能 152

7.3 冷加工强化与时效对钢材性能的影响 153
7.3.1 冷加工强化处理 154
7.3.2 时效 154

7.4 钢材的化学性能 154
7.4.1 不同化学成分对钢材性能的影响 155
7.4.2 钢材的锈蚀 156
7.4.3 钢材的防锈 156

7.5 常用建筑钢材 157
7.5.1 钢筋混凝土用钢材 157
7.5.2 钢结构用钢材 162
7.5.3 钢材的选用 166

7.6 建筑钢材的防火 167
7.6.1 建筑钢材的耐火性 167
7.6.2 钢结构防火涂料 169

7.7 本章小结 169
7.8 实训练习 169

第8章 墙体材料 172

8.1 砌墙砖 173
8.1.1 烧结普通砖 174
8.1.2 烧结多孔砖和烧结空心砖 177
8.1.3 非烧结砖 180

8.2 混凝土砌块 182
8.2.1 蒸压加气混凝土砌块 183
8.2.2 混凝土空心砌块 185

8.3 轻型墙板 187
8.3.1 石膏板 188
8.3.2 蒸压加气混凝土板 190

8.4 混凝土大型墙板 191
8.5 本章小结 191
8.6 实训练习 191

第9章 建筑防水材料 194

9.1 防水材料的基本材料 195
9.1.1 沥青 196
9.1.2 高分子合成材料 201

9.2 防水卷材 202
9.2.1 沥青防水卷材 202
9.2.2 高聚物改性沥青防水卷材 204
9.2.3 高分子合成防水卷材 208

9.3 建筑防水涂料 213
9.3.1 防水涂料的特点与分类 214
9.3.2 水乳型沥青基防水涂料 214
9.3.3 溶剂型沥青防水涂料 215
9.3.4 合成树脂和橡胶系防水涂料 215
9.3.5 无机防水涂料和有机无机复合防水涂料 218

9.4 防水密封材料 219
9.4.1 不定型密封材料 220
9.4.2 定型密封材料 223

9.5 本章小结 224
9.6 实训练习 224

第10章 建筑塑料 227

10.1 塑料的组成 228
10.1.1 树脂 228
10.1.2 添加剂 229
10.1.3 塑料的主要性质 229

10.2 建筑塑料的应用 230
10.2.1 塑料门窗 230
10.2.2 塑料管材 231
10.2.3 塑料楼梯扶手 234
10.2.4 塑料装饰扣(条)板、线 234
10.2.5 塑料地板砖 234
10.2.6 泡沫塑料 235

10.3 本章小结 235
10.4 实训练习 235

第11章 木材及其制品 238

11.1 天然木材及其性能 239
11.1.1 木材的宏观构造 239
11.1.2 木材的微观构造 240

	11.1.3 木材的物理性能	241
	11.1.4 木材的力学性能	243
11.2	木材制品及综合应用	244
	11.2.1 木材的规格	245
	11.2.2 木材的主要应用及其装饰效果	246
	11.2.3 木材的综合应用	248
11.3	木材防护	250
	11.3.1 木材腐朽	250
	11.3.2 木材防腐	250
11.4	本章小结	251
11.5	实训练习	251

第12章 建筑装饰材料 254

12.1	装饰材料的基本要求及选用	255
	12.1.1 装饰材料的基本要求	256
	12.1.2 装饰材料的选用	256
12.2	地面装饰材料	257
	12.2.1 聚氯乙烯卷材地板	258
	12.2.2 木质地板	259
	12.2.3 地毯	259
12.3	内墙装饰材料	260
	12.3.1 塑料墙纸	260
	12.3.2 内墙涂料	262
	12.3.3 木质装饰板材	264
12.4	外墙装饰材料	264
	12.4.1 外墙涂料的特点	265
	12.4.2 外墙涂料的种类	265
	12.4.3 玻璃幕墙	266
12.5	顶棚装饰材料	267
	12.5.1 矿棉吸声装饰板	267
	12.5.2 石膏装饰板	268
12.6	本章小结	269
12.7	实训练习	269

参考文献 272

实验部分

第 1 章　建筑材料的基本性能

在建筑物中，建筑材料要受到各种外力以及环境的破坏作用，因而要求建筑材料具有相应的不同性能。例如，用于建筑结构的材料要承受各种外力的作用，因此，选用的材料应具有所需要的力学性能。又如，根据建筑物不同部位的使用要求，有些材料应具有防水、隔热、吸声等性能；对于某些工业建筑，要求材料具有耐热、耐腐蚀等性能；对于长期暴露在大气中的材料，要求能经受风吹、日晒、雨淋、冰冻而引起的温度变化、湿度变化及反复冻融等的破坏变化。为了保证建筑物的耐久性，要求在工程设计与施工中正确地选择和合理地使用材料，因此，必须熟悉并掌握各种材料的基本性质。建筑材料的性质是多方面的，某种建筑材料应具备何种性质，这要根据它在建筑物中的作用和所处的环境来决定。一般来说，建筑材料的性质可分为四个方面，包括物理性能、力学性能及耐久性。

第 1 章拓展图片

第 1 章
文中案例答案

学习目标

1. 了解材料的物理性能。
2. 了解材料的力学性质。
3. 了解材料的耐久性。

音频 1.建筑材料按照
制造方法分类

扩展资源 4.材料基
本性能的发展动态

教学要求

章节知识	掌握程度	相关知识点
材料的物理性能	了解材料与质量、水、热有关的性质	常用建筑材料的比热容
材料的力学性质	了解材料的强度、弹性和塑性、脆性和韧性、硬度和耐磨性	常用建筑材料的强度
材料的耐久性	了解破坏材料耐久性的因素	材料的耐久性指标

思政目标

万里长城以磅礴的气势飞跃崇山峻岭，是我国古代劳动人民的杰作，也是建筑史上的丰碑。万里长城选用的材料因地制宜，堪称典范，使学生认识到我国劳动人民的勤劳智慧及创造力，能够培养学生的创新意识及创新精神。

> **案例导入**
>
> 某市在夏季发生了历史罕见的洪水，洪水退后，许多砖房倒塌，可以看见建筑房屋的砖多为未烧透的多孔的红砖，砖内的开口孔隙率大，吸水率高。吸水后红砖强度下降，特别是当有水进入砖内时，未烧透的黏土遇水分散，强度下降更大，不能承受房屋的重力，从而导致房屋倒塌。

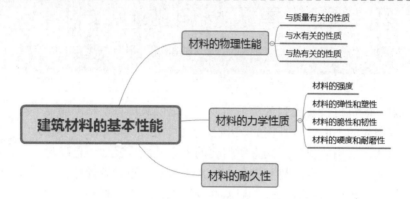

1.1 材料的物理性能

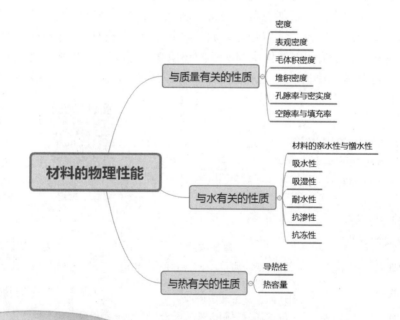

> **带着问题学知识**
>
> 与质量有关的性质有哪些？
> 与水有关的性质有哪些？
> 与热有关的性质有哪些？

1.1.1 与质量有关的性质

材料与质量有关的性质主要是指材料的各种密度和描述空隙状况的指标,在这些指标的表达式中都有质量这一参数。

广义的密度概念是指物质单位体积的质量。在研究建筑材料的密度时,由于对体积的测试方法的不同和实际应用的需要,根据不同的体积的内涵,可引出不同的密度的概念。

1. 密度

密度是指材料在绝对密实状态下单位体积的质量,可按下式计算:

$$\rho = \frac{m}{V} \tag{1-1}$$

式中:ρ——密度,g/cm³ 或 kg/m³;

m——材料的质量,g 或 kg;

V——材料在绝对密实状态下的体积,简称绝对体积或实体积, cm³ 或 m³。

材料的密度大小取决于组成物质的原子量大小和分子结构,原子量越大,分子结构越紧密,材料的密度则越大。

建筑材料中除少数材料(钢材、玻璃等)接近绝对密实外,绝大多数材料内部都有一些孔隙。在自然状态下,含孔块体的体积 V_0 是由固体物质的体积(绝对密实状态下材料的体积)V 和孔隙体积 V_k 两部分组成的,如图 1-1 所示。在测定有孔隙的材料密度时,应把材料磨成细粉以排除其内部孔隙,经干燥后用李氏密度瓶测定其绝对体积。对于某些较为致密但形状不规则的散粒材料,在测定其密度时,可以不必磨成细粉,而直接用排水法测其绝对体积的近似值(颗粒内部的封闭孔隙体积没有排除),这时所求得的密度为视密度。混凝土所用砂、石等散粒材料常按此法测定其密度。

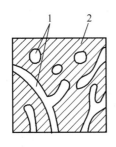
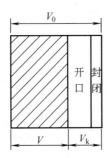

图 1-1 材料组成示意图

1—孔隙;2—固体物质

2. 表观密度

表观密度是指材料在自然状态下单位体积的质量,可按下式计算:

$$\rho_0 = \frac{m}{V_0} \tag{1-2}$$

式中:ρ_0——材料的表观密度,g/cm³ 或 kg/m³;

m——材料的质量,g 或 kg;

V_0——材料在自然状态下的表观体积，cm^3 或 m^3。表观体积是指材料的实体积与闭口孔隙体积之和。测定表观体积时，可用排水法测定。

表观密度的大小不仅取决于密度，还与材料闭口孔隙率和孔隙的含水程度有关。材料的闭口孔隙越多，表观密度越小；当孔隙中含有水分时，其质量和体积均有所变化。因此在测定表观密度时，须注明含水状况，没有特别标明时常指气干状态下的表观密度；在进行材料对比试验时，则以绝对干燥状态下测得的表观密度值(干表观密度)为准。

3. 毛体积密度

毛体积密度是指单位毛体积材料的干质量，可按下式计算：

$$\rho' = \frac{m}{V'} \tag{1-3}$$

式中：ρ'——材料的体积密度，g/cm^3 或 kg/m^3；

m——在自然状态下材料的质量，g 或 kg；

V'——材料在自然状态下的体积，cm^3 或 m^3。

毛体积密度的测定方法可分为体积法、表干法和蜡封法。体积法(量积法)适用于能制备成规则试件的固体材料；表干法适用于除遇水崩解、溶解和干缩湿胀外的材料；蜡封法适用于不能用量积法(体积法)、表干法或直接在水中称量进行试验的材料。

在自然状态下，材料内部的孔隙可分为两类：开口孔和闭口孔。有的孔之间相互连通，且与外界相通，称为开口孔；有的孔互相独立，不与外界相通，称为闭口孔，颗粒的气孔与孔隙的类型如图 1-2 所示。大多数材料在使用时其体积为包括内部所有孔隙的体积，即自然状态下的外形体积(V_0)，如砖、石材、混凝土等。有的材料(如砂、石)在拌制混凝土时，因其内部的开口孔被水占据，因此材料体积只包括材料实体积及其闭口孔体积(以 V' 表示)。为了区别这两种情况，常将包括所有孔隙在内的密度称为体积密度；把只包括闭口孔在内的密度称为表观密度(亦称视密度)，表观密度在计算砂、石在混凝土中的实际体积时有实用意义。

(a) 密实的颗粒(如河砂)　　(b) 具有闭口孔的颗粒　　(c) 具有开口孔和闭口孔
　　　　　　　　　　　　　　　(如人造轻骨料)　　　　　的颗粒(如火山高炉渣)

图 1-2　颗粒的气孔与孔隙的类型

在自然状态下，材料内部常含有水分，其质量随含水程度而改变，因此体积密度应注明其含水程度。干燥材料的体积密度称为干体积密度。可见，材料的体积密度不仅取决于材料的密度及构造状态，还与含水程度有关。

4. 堆积密度

堆积密度是指散粒或粉状材料在自然堆积状态下单位体积的质量，可按下式计算：

$$\rho_0' = \frac{m}{V_0'} \tag{1-4}$$

式中：ρ_0'——材料的堆积密度，g/cm³ 或 kg/m³；

m——材料的质量，g 或 kg；

V_0'——材料的自然堆积体积，包括颗粒的体积和颗粒之间空隙的体积(见图 1-3)，即按一定方法装入容器的容积，cm³ 或 m³。

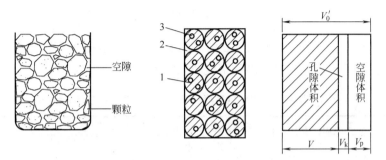

图 1-3 散粒材料堆积及体积示意图(堆积体积=颗粒体积+空隙体积)

1—固体物质；2—空隙；3—孔隙

堆积密度取决于颗粒排列的松紧程度。根据装样方法的不同，堆积密度分为自然堆积密度、振实密度和捣实密度。工程上通常所说的堆积密度一般指自然堆积密度。在建筑工程中，材料的密度、表观密度和堆积密度常用来计算材料的用量、构件的自重、配料的用量，以及确定材料的堆放空间等。

5. 孔隙率与密实度

1) 孔隙率

孔隙率是指材料中孔隙体积占材料总体积的百分率，用 P 表示，可按下式计算：

$$P = \frac{V_0 - V}{V_0} \times 100\% = \left(1 - \frac{\rho_0}{\rho}\right) \times 100\% \tag{1-5}$$

式中：P——孔隙率；

V——材料的绝对密实体积，cm³ 或 m³；

V_0——材料的自然体积，cm³ 或 m³；

ρ_0——材料的体积密度，g/cm³ 或 kg/m³；

ρ——材料的密度，g/cm³ 或 kg/m³。

孔隙率的大小直接反映了材料的致密程度，其大小取决于材料的组成、结构以及制造工艺。材料的许多工程性质(如强度、吸水性、抗渗性、抗冻性、导热性、吸声性等)都与材料的孔隙有关。这些性质不仅取决于孔隙率的大小，还与孔隙的大小、形状、分布、连通与否等构造特征密切相关。

孔隙的构造特征主要是指孔隙的形状和大小。材料内部开口孔隙增多会使材料的吸水性、吸湿性、透水性、吸声性增强，而抗冻性和抗渗性变差。材料内部闭口孔隙的增多会提高材料的保温隔热性能。根据孔隙的大小，孔隙分为粗孔和微孔。一般均匀分布的密闭小孔，要比开口或相连通的孔隙好。不均匀分布的孔隙，对材料的性质影响较大。

2) 密实度

密实度是指材料体积内被固体物质所充实的程度，也就是固体物质的体积占总体积的百分率，用 D 表示。密实度的计算公式如下：

$$D = \frac{V}{V_0} \times 100\% = \frac{\rho_0}{\rho} \times 100\% \tag{1-6}$$

式中：D——材料的密实度。

材料的 ρ_0 与 ρ 越接近，即 $\frac{\rho_0}{\rho}$ 越接近 1，材料就越密实。孔隙率、密实度是从不同角度反映材料的致密程度，一般工程上常用孔隙率来表示。孔隙率和密实度的关系为 $P + D = 1$。常用建筑材料的密度、表观密度、堆积密度和孔隙率如表 1-1 所示。

表 1-1 常用建筑材料的密度、表观密度、堆积密度和孔隙率

材 料	密度/(g·cm³)	表观密度/(kg·m³)	堆积密度/(kg·m³)	孔隙率/%
石灰岩	2.6	1800～2600	—	—
花岗岩	2.6～2.9	2500～2800	—	0.5～3
碎石(石灰岩)	2.6	—	1400～1700	—
砂	2.6	—	1450～1650	—
黏土	2.6	—	1600～1800	—
普通黏土砖	2.5～2.8	1600～1800	—	20～40
黏土空心砖	2.5	1000～1400	—	—
水泥	3.1	—	1200～1300	—
普通混凝土	—	2000～2800	—	5～20
轻骨料混凝土	—	800～1900	—	—
木材	1.55	400～800	—	55～75
钢材	7.85	7850	—	0
泡沫塑料	—	20～50	—	—
玻璃	2.55	—	—	—

6. 空隙率与填充率

1) 空隙率

空隙率是指散粒或粉状材料颗粒之间的空隙体积占其堆积体积的百分率，用 P' 表示，可按下式计算：

$$P' = \frac{V_0' - V_0}{V_0'} \times 100\% = \left(1 - \frac{\rho_0'}{\rho_0}\right) \times 100\% \tag{1-7}$$

式中：P'——材料的空隙率；

V_0'——自然堆积体积，cm³ 或 m³；

V_0——材料在自然状态下的体积，cm³ 或 m³。

ρ_0'——材料的体积密度，g/cm³ 或 kg/m³；

ρ——材料的密度，g/cm³ 或 kg/m³。

空隙率的大小反映了散粒材料的颗粒互相填充的紧密程度。空隙率可作为控制混凝土骨料级配与计算含砂率的依据。

2) 填充率

填充率是指散粒或粉状材料颗粒体积占其自然堆积体积的百分率，用 D' 表示，其计算公式如下：

$$D' = \frac{V_0}{V_0'} \times 100\% = \frac{\rho_0'}{\rho_0} \times 100\% \tag{1-8}$$

空隙率与填充率的关系为 $P' + D' = 1$。由上可见，材料的密度、表观密度、体积密度、孔隙率及空隙率等是认识材料、了解材料性质与应用的重要指标，常称为材料的基本物理性质。

【例 1-1】某墙体材料的密度为 2.7g/cm³，干燥状态下表观密度为 1600kg/m³，其质量吸水率为 23%。试求其孔隙率，并估计该材料的抗冻性如何。

1.1.2 与水有关的性质

1. 材料的亲水性与憎水性

视频1：材料与水有关的性质

与水接触时，有些材料能被水润湿，而有些材料则不能被水润湿，对于这两种现象来说，前者为亲水性，后者为憎水性。材料具有亲水性或憎水性的根本原因在于材料的分子组成。亲水性材料与水分子之间的分子亲和力大于水分子本身之间的内聚力；憎水性材料与水分子之间的亲和力小于水分子本身之间的内聚力。

在实际工程中，材料是亲水性或憎水性，通常以润湿角的大小划分。润湿角为在材料、水和空气的交点处，沿水滴表面的切线(γ_L)与水和固体接触面(γ_{SL})所成的夹角。润湿角 θ 越小，表明材料越容易被水润湿。当材料的润湿角 $\theta \leq 90°$ 时，为亲水性材料；当材料的润湿角 $\theta > 90°$ 时，为憎水性材料，如图 1-4 所示。水在亲水性材料表面可以铺展开，且能通过毛细管作用自动将水吸入材料内部；水在憎水性材料表面不仅不能铺展开，而且水分不能渗入材料的毛细管中。

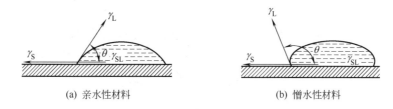

(a) 亲水性材料　　　　　　　　(b) 憎水性材料

图 1-4 材料润湿示意图

大多数建筑材料(如石料、砖、混凝土、木材等)都属于亲水性材料，表面都能被水润湿。沥青、石蜡等属于憎水性材料，表面不能被水润湿。憎水性材料一般能阻止水分渗入毛细管中，因而能降低材料的吸水性。憎水性材料不仅可用作防水材料，而且还可用于亲水性材料的表面处理，以降低其吸水性。

2. 吸水性

材料在浸水状态下吸收水分的能力称为吸水性。吸水性的大小用吸水率来表示，吸水率有两种表示方法。

1) 质量吸水率

质量吸水率即材料吸水饱和时，其所吸收水分的质量占材料干燥时质量的百分率，按下式计算：

$$W_{质} = \frac{m_{湿} - m_{干}}{m_{干}} \times 100\% \tag{1-9}$$

式中：$W_{质}$——质量吸水率；

$m_{湿}$——材料在吸水饱和状态下的质量，g；

$m_{干}$——材料在绝对干燥状态下的质量，g。

2) 体积吸水率

体积吸水率即材料吸水饱和时，其吸入水分的体积占干燥材料自然体积的百分率，按下式计算：

$$W_{体} = \frac{V_{水}}{V_0} \times 100\% = \frac{m_{湿} - m_{干}}{V_0} \times \frac{1}{\rho_{H_2O}} \times 100\% \tag{1-10}$$

式中：$W_{体}$——体积吸水率；

V_0——干燥材料在自然状态下的体积，cm³；

ρ_{H_2O}——水的密度，常温下取 1g/cm³。

体积吸水率与质量吸水率的关系为 $W_{体} = W_{质} \times \rho_0$。$\rho_0$ 是材料在干燥状态下的体积密度。

对于轻质多孔的材料，如加气混凝土、软木等，由于吸入水分的质量往往超过材料干燥时的自重，所以 $W_{体}$ 更能反映其吸水能力的强弱，因为 $W_{体}$ 不可能超过 100%。

材料吸水率的大小不仅取决于材料本身是亲水的还是憎水的，还与材料的孔隙率的大小及孔隙特征密切相关。一般孔隙率越大，吸水率也越大；在孔隙率相同的情况下，具有细小连通孔的材料比具有较多粗大开口孔隙或闭口孔隙的材料的吸水性更强。

吸水率增大对材料的性质有不良影响，如表观密度、体积密度增加，体积膨胀，导热性增大，强度及抗冻性下降等。

3. 吸湿性

材料在潮湿的空气中吸收空气中水分的性质称为吸湿性。吸湿性的大小用含水率表示。含水率为材料所含水的质量占材料干燥质量的百分率，可按下式计算：

$$W_{含} = \frac{m_{含} - m_{干}}{m_{干}} \times 100\% \tag{1-11}$$

式中：$W_{含}$——材料的含水率；

$m_{含}$——材料含水时的质量，g；

$m_{干}$——材料干燥至恒重时的质量，g。

材料的含水率大小除与本身的成分、组织构造等有关外，还与周围的温度、湿度有关。气温越低，相对湿度越大，材料的含水率也就越大。

材料随着空气湿度的大小，既能在空气中吸收水分，又可向空气中扩散水分，最后与空气湿度达到平衡，此时的含水率称为平衡含水率。木材的吸湿性随着空气湿度的变化特别明显。例如，木门窗制作后若长期处在空气湿度小的环境，为了与周围湿度平衡，木材便向外散发水分,于是门窗体积收缩而致干裂。

4. 耐水性

一般材料吸水后,水分会分散在材料内微粒的表面,削弱其内部结合力,强度则有不同程度的降低。当材料内含有可溶性物质(如石膏、石灰等)时,吸入的水还可能溶解部分物质,造成强度的严重降低。

材料长期在饱和水作用下而不被破坏,强度也不显著降低的性质称为耐水性。材料的耐水性用软化系数表示,可按下式计算:

$$K_{软} = \frac{f_{饱}}{f_{干}} \tag{1-12}$$

式中:$K_{软}$——材料的软化系数;

$f_{饱}$——材料在吸水饱和状态下的抗压强度,MPa;

$f_{干}$——材料在干燥状态下的抗压强度,MPa。

软化系数一般在 0~1 波动,软化系数越大,耐水性越好。对于经常位于水中或处于潮湿环境中的重要建筑物,所选用的材料要求其软化系数不得低于 0.85;对于受潮较轻或次要结构所用材料,软化系数允许稍有降低,但不宜小于 0.75。工程上将软化系数大于 0.85 的材料定义为耐水材料。

5. 抗渗性

抗渗性是材料在压力水作用下抵抗渗透的性能。土木建筑工程中许多材料常含有孔隙、孔洞或其他缺陷,当材料两侧的水压差较高时,水可能从高压侧通过内部的孔隙、孔洞或其他缺陷渗透到低压侧。这种压力水的渗透,不仅会影响工程的使用,而且渗入的水还会带入能腐蚀材料的介质,或将材料内的某些成分带出,造成材料的破坏。材料抗渗性有两种表示方式。

1) 渗透系数

材料在压力水作用下透过水量的多少遵守达西定律,即在一定时间内,透过材料试件的水量 W 与试件的渗水面积 A 及水压差 H 成正比,与试件厚度 d 成反比,如图1-5所示。其计算公式如下:

$$K = \frac{Qd}{AtH} \tag{1-13}$$

式中:K——渗透系数,cm/h;

Q——渗透材料试件的水量,cm^3;

A——渗水面积,cm^2;

H——材料两侧的水压差,cm;

d——试件厚度,cm;

t——透水时间,h。

材料的渗透系数越小,说明材料的抗渗性越强。一些防水材料(如油毡)的防水性常用渗透系数表示。

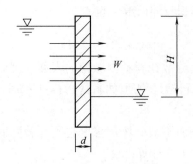

图 1-5 材料透水示意图

2) 抗渗等级

材料的抗渗等级是指用标准方法进行透水试验时,材料标准试件在透水前所能承受的最大水压力,并以字母 P 及可承受的水压力(以 MPa 为单位)来表示抗渗等级。其计算公式如下:

$$P = 10p - 1 \tag{1-14}$$

式中：P——抗渗等级；

p——开始渗水前的最大水压力,MPa。

如 P4、P6、P8、P10……表示试件能承受 0.4MPa、0.6MPa、0.8MPa、1MPa……的水压而不渗透。可见,抗渗等级越高,抗渗性越好。实际上,材料的抗渗性不仅与其亲水性有关,还取决于材料的孔隙率及孔隙特征。孔隙率小且孔隙封闭的材料具有较高的抗渗性。

6. 抗冻性

材料在吸水饱和状态下,经受多次冻融循环作用而不破坏,同时强度也不严重降低的性质称为材料的抗冻性。

材料的抗冻性用抗冻等级表示。抗冻等级是以规定的试件,在规定的试验条件下,测得其强度降低和质量损失不超过规定值,此时所能经受的冻融循环次数,用符号 Fn(Dn)表示,其中 n 为最大冻融循环次数,如 F50、F200 等。抗冻等级越高,材料的抗冻性越好。

材料抗冻等级的选择,是根据结构物的种类、使用要求、气候条件等来决定的。例如,用于桥梁和道路的混凝土应为 F50、F100 或 F200,而水工混凝土要求高达 F500。

材料受冻融破坏主要是因其孔隙中的水结冰所致。水结冰时体积增大约 9%,产生冻胀应力,当此应力超过材料的抗拉强度时,将产生局部开裂。若材料的变形能力强、强度高、软化系数大,则其抗冻性强。一般认为软化系数小于 0.8 的材料,其抗冻性较差。

1.1.3 与热有关的性质

1. 导热性

材料传导热量的能力称为导热性,其大小用热导率表示。在物理意义上,热导率为单位厚度的材料,当两侧面温度差为 1K 时,在单位时间内通过单位面积的热量。均质材料的热导率可用下式表示(见图 1-6):

$$\lambda = \frac{Qd}{At(T_2 - T_1)} \tag{1-15}$$

式中：λ——热导率，W/(m·K)；

Q——传导的热量，J；

d——材料厚度，m；

A——热传导面积，m²；

t——热传导时间，h；

$T_2 - T_1$——材料两侧温度差，K。

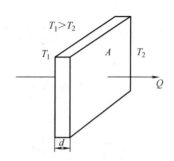

图1-6 材料传热示意图

材料的导热系数越小，表示其导热性越差，绝热性能越好。通常把导热系数小于0.23的材料称为绝热材料。各种材料的导热系数差别很大，大致范围为0.029~3.5W/(m·K)，如泡沫塑料为0.03~0.04W/(m·K)，而普通混凝土为1.5~1.86W/(m·K)。

导热性与材料的含水率、孔隙率及孔隙特征等有关。密闭空气的导热系数很小(为0.26)，因此孔隙率较大的材料，其导热系数较小；但如果孔隙粗大或贯通，由于对流作用，材料的导热系数反而增高。材料受潮或受冻后，其热导率大大提高，这是由于水和冰的导热系数(分别为0.58和2.2)比空气的导热系数大得多。因此，绝热材料应处于干燥状态，以利于发挥材料的绝热效能。

扩展资源1.材料与光有关的性质

2. 热容量

材料在受热时吸收热量，冷却时放出热量的性质称为材料的热容量。热容量的大小用比热容表示，其计算公式如下：

$$c = \frac{Q}{M \Delta T} \tag{1-16}$$

式中：c——材料的比热容，J/(kg·K)；

Q——材料吸收或放出的热量，J；

m——材料的质量，g；

ΔT——材料受热或冷却前后的温差，K。

材料的热导率和比热容是设计建筑物维护结构、进行热工计算时的重要参数，选用热导率小、比热容大的材料可以节约能耗并长时间地保持室内温度的稳定。常见建筑材料的热导率和比热容如表1-2所示。

扩展资源2.材料与声有关的性质

表 1-2 常见建筑材料的热导率和比热容指标

材料名称	热导率/[W/(m·K)]	比热容/[10²J/(kg·K)]	材料名称	热导率/[W/(m·K)]	比热容/[10²J/(kg·K)]
建筑钢材	58	4.6	松木	0.17	25
花岗岩	3.28~3.49	8.5	泡沫塑料	0.03~0.04	13~17
普通混凝土	1.5~1.86	8.6	冰	2.2	20.5
泡沫混凝土	0.12~0.2	11	水	0.55	42
普通黏土砖	0.42~0.63	8.4	密闭空气	0.26	10

1.2 材料的力学性质

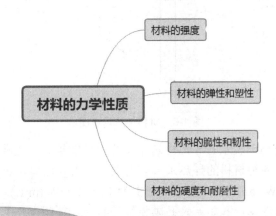

带着问题学知识

如何计算材料的强度?
如何计算材料的弹性模量?
脆性材料和韧性材料分别有哪些?
什么是材料磨耗率?

1.2.1 材料的强度

材料的强度是指材料在应力作用下抵抗破坏的能力。通常情况下,材料内部的应力多由外力(或荷载)作用而引起,随着外力的增加,应力也随之增大,直至应力超过材料内部质点所能抵抗的极限(即强度极限)材料发生破坏。

音频2.
材料的结构

在工程上,通常采用破坏试验法对材料的强度进行实测。将预先制作的试件放置在材料试验机上,施加外力(荷载)直至破坏,依据试件尺寸和破坏时的荷载值,计算材料的强度。

根据外力作用方式的不同,材料强度有抗压、抗拉、抗剪、抗弯(抗折)强度等,如图1-7所示。

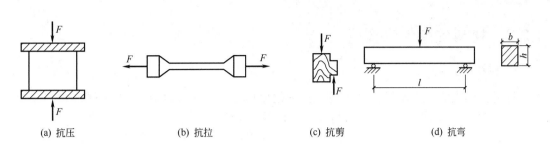

(a) 抗压　　　　(b) 抗拉　　　　(c) 抗剪　　　　(d) 抗弯

图 1-7　材料承受各种外力的示意图

材料的抗压、抗拉、抗剪强度的计算公式如下：

$$f = \frac{F_{\max}}{A} \tag{1-17}$$

式中：f——材料抗拉、抗压、抗剪强度，MPa；

　　　$F_{\max}$——材料破坏时的最大荷载，N；

　　　A——试件受力面积，mm^2。

材料的抗弯强度与受力情况有关，一般试验方法是将条形试件放在两支点上，中间作用一集中荷载。对于矩形截面试件，其抗弯强度可用下式计算：

$$f_{\mathrm{w}} = \frac{3F_{\max}L}{2bh^2} \tag{1-18}$$

式中：f_{w}——材料的抗弯强度，MPa；

　　　$F_{\max}$——材料受弯破坏时的最大荷载，N；

　　　L——两支点的间距，mm；

　　　b、h——试件横截面的宽度及高度，mm。

材料强度的大小理论上取决于材料内部质点间结合力的强弱，实际上与材料中存在的结构缺陷有直接关系。对于组成相同的材料，其强度取决于孔隙率的大小，如图 1-8 所示。不仅如此，材料的强度还与测试强度时的测试条件和方法等外部因素有关。为使测试结果准确、可靠且具有可比性，对于以强度为主要性质的材料，必须严格按照标准试验方法进行静力强度的测试。

此外，为了便于不同材料的强度比较，常采用比强度这一指标。所谓比强度是指按单位质量计算的材料的强度，其值等于材料的强度与其体积密度之比，即 f/ρ_0。比强度是衡量材料轻质高强的一个主要指标。几种主要材料的比强度如表 1-3 所示。

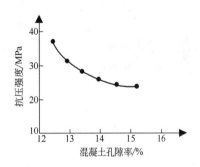

图 1-8　混凝土强度与孔隙率的关系

表 1-3　几种主要材料的比强度

材　料	表观密度/(kg/m³)	强度/MPa	比强度
低碳钢	7850	420	0.054
普通混凝土	2400	40	0.017
烧结普通砖	1700	10	0.006

1.2.2 材料的弹性和塑性

1. 材料的弹性

材料在极限应力作用下会被破坏而失去使用功能,在非极限应力作用下则会发生某种变形。弹性变形与塑性变形反映了材料在非极限应力作用下两种不同特征的变形。

材料在外力作用下产生变形,当外力取消后能够完全恢复原来形状的性质称为弹性。这种完全恢复的变形称为弹性变形(或瞬时变形)。明显具有弹性变形的材料称为弹性材料。这种变形是可逆的,其数值的大小与外力成正比。其比例系数称为弹性模量。在弹性范围内,弹性模量E为常数,其值等于应力σ与应变ε的比值,即

$$E = \frac{\sigma}{\varepsilon} \tag{1-19}$$

式中:σ——材料的应力,MPa;

ε——材料的应变;

E——材料的弹性模量,MPa。

弹性模量E是衡量材料抵抗变形能力的一个指标,E越大,材料越不易变形。

2. 材料的塑性

材料在外力作用下产生变形,如果外力取消后,仍能保持变形后的形状和尺寸,并且不产生裂缝的性质称为塑性。这种不能恢复的变形称为塑性变形(或永久变形)。明显具有塑性变形的材料称为塑性材料。

实际上,纯弹性与纯塑性的材料都是不存在的。不同的材料在力的作用下表现出不同的变形特征。例如,低碳钢在受力不大时仅产生弹性变形,此时,应力与应变的比值为一常数。随着外力增大直至超过弹性极限时,则不但出现弹性变形,而且出现塑性变形。对于沥青混凝土,在它受力开始,弹性变形和塑性变形便同时发生,除去外力后,弹性变形可以恢复,而塑性变形不能恢复。具有弹塑性变形特征的材料称为弹塑性材料。沥青混凝土应力应变变形图如图 1-9 所示,图 1-9(c)中 ab 段为可恢复的弹性变形;bO 段为不可恢复的塑性变形。

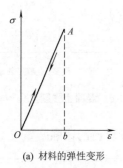
(a) 材料的弹性变形

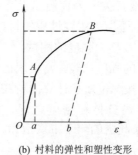
(b) 材料的弹性和塑性变形

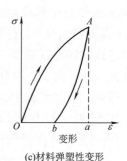
(c) 材料弹塑性变形

图 1-9 沥青混凝土应力应变变形图

1.2.3 材料的脆性和韧性

材料受力达到一定程度时,突然发生破坏,并无明显的变形,材料的这种性质称为脆性。大部分无机非金属材料均属脆性材料,如天然石材、烧结普通砖、陶瓷、玻璃、普通

混凝土、砂浆等。脆性材料的另一特点是抗压强度高,而抗拉、抗折强度低。

材料在冲击或动力荷载作用下,能吸收较大能量而不破坏的性能,称为韧性或冲击韧性。韧性以试件破坏时单位面积所消耗的功表示,如木材、建筑钢材等属于韧性材料。韧性材料的特点是塑性变形大,受力时产生的抗拉强度接近或高于抗压强度。在土木工程中,对要求承受冲击荷载和有抗震要求的结构,如吊车梁、桥梁、路面等所用的材料,均应具有较高的韧性。

1.2.4 材料的硬度和耐磨性

硬度是指材料表面抵抗硬物压入或刻画的能力,而耐磨性反映了材料的耐磨耗性和加工的难易程度。测定材料硬度常用的方法有刻痕法和压入法两种。一般材料的硬度越高,则其耐磨性越好,强度也较高,工程中有时也可用硬度来间接推算材料的强度。例如,在测定混凝土结构强度时,可用回弹硬度来推算其强度的近似值。

耐磨性是指材料表面抵抗磨损的能力。材料的耐磨性用磨耗率表示,其计算公式如下:

$$G = \frac{m_1 - m_2}{A} \tag{1-20}$$

式中:G——材料的磨耗率,g/cm^2;

m_1——材料磨损前的质量,g;

m_2——材料磨损后的质量,g;

A——材料试件的受磨面积,cm^2。

材料受摩擦作用而减少质量和体积的现象称为磨损。材料同时受摩擦和冲击作用而减少质量和体积的现象称为磨耗。材料的耐磨性与材料的组成成分、结构、强度、硬度等有关。在建筑工程中,用作踏步、台阶、地面、路面等的材料,应具有较强的耐磨性。水利工程中的输水涵洞、闸门等受流水冲刷的部位,对耐磨性要求更高。一般来说,硬度高、强度高、韧性好且构造均匀密实的材料,耐磨性较强。

1.3 材料的耐久性

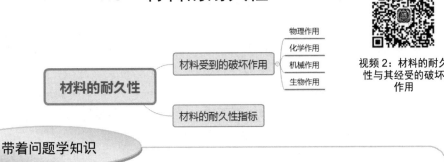

视频2:材料的耐久性与其经受的破坏作用

带着问题学知识

什么是材料耐久性?
环境对材料的破坏作用有哪些?
怎么确定材料耐久性指标?

材料的耐久性是指材料在使用条件下，受各种内在或外来自然因素及有害介质的作用，能长久地保持其使用性能的性质。耐久性是衡量材料在长期使用条件下的安全性能的一项综合指标，包括抗冻性、抗渗性、抗化学侵蚀性、抗碳化性能、大气稳定性、耐磨性等多种性质。材料在建筑物中，除要受到各种外力的作用外，还经常要受到环境中许多自然因素的破坏作用。这些破坏作用包括物理、化学、机械及生物的作用。

(1) 物理作用：有干湿变化、温度变化及冻融变化等。这些作用将使材料发生体积的胀缩，或导致内部裂缝的扩展，时间长久之后即会使材料逐渐破损。

(2) 化学作用：包括大气、环境水，以及使用过程中酸、碱、盐等液体或有害气体对材料的侵蚀作用。

音频3.材料的耐火性

(3) 机械作用：包括使用荷载的持续作用，交变荷载引起的材料疲劳、冲击、磨损、磨耗等。

(4) 生物作用：包括菌类、昆虫等的作用使材料腐朽、蛀蚀而破坏。

砖、石料、混凝土等矿物材料，多是由于物理作用而破损，同时也可能会受到化学作用的破坏。金属材料主要是由于化学作用引起的腐蚀。木材等有机质材料常因生物作用而破损。沥青材料、高分子材料在阳光、空气和热的作用下会逐渐老化而使材料发黏、变脆或开裂。

材料的耐久性指标是根据工程所处的环境条件来决定的。例如，处于冻融环境的工程，所用材料的耐久性以抗冻性指标来表示；处于暴露环境的有机材料，其耐久性以抗老化能力来表示。由于耐久性是一项长期性质，所以对材料耐久性最可靠的判断是在使用条件下进行长期的观察和测定，这样做需要很长时间。通常是根据使用要求，在实验室进行快速试验，并对材料的耐久性作出判断。实验室快速试验包括干湿循环，冻融循环，加湿与紫外线干燥循环，碳化、盐溶液浸渍与干燥循环，化学介质浸渍等。

扩展资源3.建筑材料的检验与标准

1.4 本章小结

本章主要介绍了建筑材料的基本性能，主要包括材料的物理性能和力学性能以及材料的耐久性。

本章主要知识点如下。

- 建筑材料的组成可分为化学组成、矿物组成和相组成三类。一般从宏观、细观和微观三个层次来分析建筑材料的结构。
- 材料的孔隙对其物理、力学性能都有重要影响。材料的物理常数包括密度、孔隙率及空隙率、含水率、吸水率等。材料与水有关的性质包括吸水性和吸湿性、耐水性、抗渗性、抗冻性；材料与热有关的性质包括导热性、热容量、温度变形、耐火性和耐燃性。
- 材料的力学性质包括强度和比强度、变形、脆性和韧性、硬度、磨损及磨耗。

1.5 实训练习

一、单选题

1. 下列( )不属于建筑材料的物理性能。
   A. 孔隙率 B. 导热性 C. 亲水性 D. 弹性
2. 下列( )不属于建筑材料的力学性质。
   A. 强度 B. 抗渗性 C. 塑性 D. 硬度
3. 关于材料耐久性的介绍错误的是( )。
   A. 机械作用包括使用荷载的持续作用以及交变荷载引起的作用
   B. 耐久性是衡量材料在长期使用条件下的安全性能的一项综合指标
   C. 砖、石料、混凝土等矿物材料只会受到物理作用的破坏
   D. 材料的耐久性指标是根据工程所处的环境条件来决定的
4. 孔隙率增大,材料的( )降低。
   A. 密度 B. 表观密度 C. 憎水性 D. 抗冻性
5. 在冲击荷载作用下,材料能够承受较大的变形也不致破坏的性能称为( )。
   A. 弹性 B. 塑性 C. 脆性 D. 韧性

二、多选题

1. 材料的密度大小取决于( )。
   A. 原子量大小 B. 分子结构 C. 表面积
   D. 体积 E. 材料种类
2. 下列选项中属于亲水性材料的有( )。
   A. 石蜡 B. 砖 C. 混凝土
   D. 木材 E. 沥青
3. 材料抗冻性的好坏取决于( )。
   A. 强度 B. 水饱和度 C. 孔隙特征
   D. 变形能力 E. 软化系数
4. 材料与热有关的性质有( )。
   A. 导热性 B. 亲水性 C. 热容量
   D. 弹性 E. 耐久性
5. 破坏材料耐久性的生物作用主要指( )。
   A. 菌类 B. 大气 C. 酸雨
   D. 盐碱地 E. 昆虫类

三、简答题

1. 材料与质量有关的性质主要包括哪些?
2. 生产材料时,在组成一定的情况下,可采取什么措施来提高材料的强度和耐久性?
3. 材料的耐久性指标如何确定?

实训工作单

班级		姓名		日期	
教学项目		建筑材料的基本性能			
任务		详细了解建筑材料		方式	查找书籍、资料
相关知识			常用建筑材料的比热容； 常用建筑材料的强度； 材料的耐久性指标		
其他要求					
学习总结建筑材料的基本性能					

第 2 章 建筑石材

建筑用石材分为天然石材和人造石材两类。天然岩石经过机械加工或不经过加工而制得的材料统称为天然石材。人造石材主要是指人们采用一定的材料、工艺技术，仿照天然石材的花纹和纹理，人为制作的合成石材。本章只介绍天然石材。

天然石材是古老的建筑材料，来源广泛，使用历史悠久。国内外许多著名的古建筑，如意大利的比萨斜塔、埃及的金字塔、我国的赵州桥等，都是由天然石材建造而成的。天然石材具有很高的抗压强度、良好的耐久性和耐磨性，经加工后表面花纹美观、色泽艳丽，富有装饰性，虽然作为结构材料在很大程度上已被钢筋混凝土、钢材所取代，但在现代建筑中，特别是在建筑装饰中得到了广泛的应用。

第 2 章拓展图片

第 2 章
文中案例答案

学习目标

1. 了解建筑中常用的岩石。
2. 了解石材。

教学要求

章节知识	掌握程度	相关知识点
建筑中常用的岩石	了解岩浆岩、沉积岩、变质岩的相关内容	岩石的形成
石材	了解石材的主要技术性质、品种和应用	石材的强度等级

思政目标

河北赵州桥建于 1300 多年前的隋代。该桥充分利用了石材坚固耐用的特点，从结构上减轻桥的自重，扬长避短。赵州桥是造桥史上的奇迹，希望通过了解赵州桥的历史能够激发学生的民族自信心和爱国热情，激励学生发愤图强。

案例导入

某楼房外装饰采用的是花岗岩板材，由于遇到大火侵蚀，花岗岩板材出现大面积的爆裂和脱落。原因分析：花岗岩具有独特的装饰效果，在建筑装饰装修工程中经常使用，但是耐火性差，因为花岗岩的主要成分为石英矿物，所以当燃烧温度达到燃烧要求时，石英产生晶型转移，导致石材的爆裂、脱落，使其强度下降。

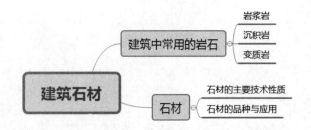

视频1：建筑石材与天然石材

2.1 建筑中常用的岩石

岩石是由各种不同的地质作用所形成的天然固态矿物的集合体，组成岩石的矿物称为造岩矿物。由单一造岩矿物组成的岩石叫单矿岩，如石灰岩是由方解石矿物组成的。由两种或两种以上造岩矿物组成的岩石叫多矿岩，如花岗岩是由长石、石英、云母等几种矿物组成的。天然岩石按照地质形成条件分为岩浆岩、沉积岩和变质岩三大类，它们具有不同的结构、构造和性质。

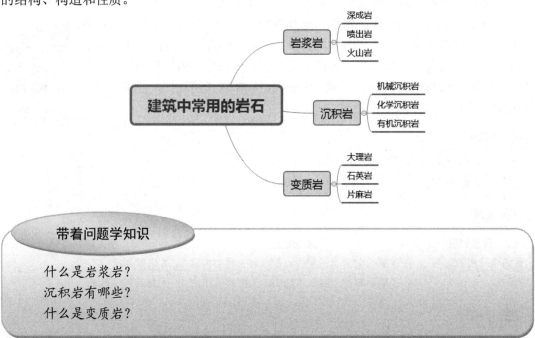

带着问题学知识

什么是岩浆岩？
沉积岩有哪些？
什么是变质岩？

2.1.1 岩浆岩

岩浆岩又称火成岩，它是由岩浆喷出地表或侵入地壳冷却凝固而形成的岩石。根据冷却条件的不同，岩浆岩分为以下三类。

1. 深成岩

深成岩是地表深处岩浆受上部覆盖层的压力作用，缓慢且较均匀地冷却而形成的岩石。

其特点是矿物完全结晶、晶粒较粗、块状构造致密、抗压强度高、密度高、孔隙率低、吸水率小、耐磨。建筑上常用的深成岩有花岗岩、正长岩、辉长岩、橄榄岩、闪长岩等，主要用于砌筑基础、勒脚、踏步、挡土墙等。经磨光的花岗石板材装饰效果好，可用于外墙面、柱面和地面装饰。

2. 喷出岩

喷出岩是岩浆岩喷出地表后，在压力骤减和冷却较快的条件下形成的岩石。由于结晶条件差，喷出岩结晶不完全，有玻璃质结构。当喷出的岩浆所形成的岩层很厚时，其结构较致密，性能接近深成岩。当喷出的岩浆凝固成比较薄的岩层时，常呈多孔构造。工程上常用的喷出岩有玄武岩、安山岩和辉绿岩等。玄武岩和辉绿岩十分坚硬，难以加工，常用作耐酸材料和耐热材料，也是生产铸石和岩棉的原料。

3. 火山岩

火山岩是岩浆被喷到空中，在急速冷却条件下形成的多孔散粒状岩石。火山岩为玻璃体结构且常呈多孔构造，如火山灰、火山渣、浮石和火山凝灰岩等。火山灰、火山渣可作为水泥的混合材料。浮石是配制轻质混凝土的一种天然轻骨料。火山凝灰岩容易分割，可用于砌筑墙体等。

2.1.2 沉积岩

沉积岩也称水成岩，是由地表的各种岩石经长期风化、搬运、沉积和再造作用而形成的。沉积岩的主要特征是呈层状构造，体积密度小，孔隙率和吸水率较大，强度低，耐久性也较差。沉积岩在地表分布很广，容易加工，应用较为广泛。根据成因和物质成分的不同，沉积岩可分为以下三种。

1. 机械沉积岩

机械沉积岩又称碎屑岩，是风化后的岩石碎屑经风、雨、冰川、沉积等机械力的作用而重新压实或胶结而形成的岩石，如砂岩、砾岩、火山凝灰岩等。

2. 化学沉积岩

化学沉积岩是岩石风化后溶解于水中，经聚积、沉积、重结晶、化学反应等过程而形成的岩石，如石膏、白云石、菱镁矿等。

3. 有机沉积岩

有机沉积岩又称生物沉积岩，是各种有机体的残骸沉积而形成的岩石，如砂岩、页岩等。

2.1.3 变质岩

变质岩是由岩浆岩或沉积岩经过地质上的变质作用而形成的。所谓变质作用，是指在地层的压力或温度作用下，原岩石在固体状态下发生再结晶作用，而使其矿物成分、结构构造甚至化学成分发生部分或全部改变而形成的新岩石。建筑中常用的变质岩有大理岩、石英岩、片麻岩等。

扩展资源1. 造岩矿物

1. 大理岩

大理岩经人工加工后称为大理石，因最初产于云南大理而得名。它是由石灰岩、白云石经变质而形成的具有致密结晶结构的岩石，呈块状构造。大理岩质地密实但硬度不高，锯切、雕刻性能好，表面磨光后十分美观，是高级装饰材料。

2. 石英岩

石英岩是由硅质砂岩变质而形成的等粒结晶结构岩石，呈块状构造。其质地均匀致密，硬度大，抗压强度高达250～400MPa，加工困难，但耐久性强。石英岩板材在建筑上常用作饰面材料、耐酸衬板或用于地面、踏步等部位。

3. 片麻岩

片麻岩是由花岗岩变质而形成的等粒或斑晶结构岩石，呈片麻状或带状构造。片麻岩垂直于片理方向的抗压强度为120～200MPa，沿片理方向易于开采和加工，但在冻结与融化交替作用下易分层剥落。片麻岩的吸水性高，抗冻性和耐久性差，通常加工成毛石或碎石，用于不重要的工程。

2.2 石　　材

天然石材是指将开采来的岩石，对其形状、尺寸和表面质量三方面进行一定的加工处理后所得到的材料。建筑石材是指主要用于建筑工程中的砌筑或装饰的天然石材。石材可用于建造房屋、宫殿、陵墓、桥、塔、碑和石雕等建筑物。

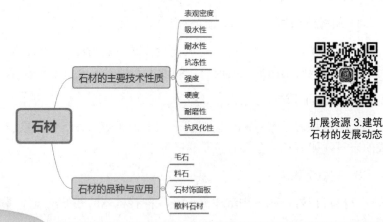

扩展资源3.建筑石材的发展动态

带着问题学知识

石材的主要技术性质有哪些？
常见的石材品种有哪些？
建筑上常用的饰面板材都有哪些？

2.2.1 石材的主要技术性质

1. 表观密度

石材的表观密度与岩石的矿物组成、孔隙率有关。致密的石材如花岗岩、大理石等，其表观密度绝对密度为 2500~3100kg/m³，而孔隙率较大的石材，如火山凝灰岩、浮石岩，表观密度较低，500~1700kg/m³。表观密度是石材品质评价的粗略指标。表观密度高于 1800kg/m³ 的重质石材，一般用作基础、桥涵、隧道、墙、地面及装饰用材料等；表观密度低于 1800kg/m³ 的轻质石材，一般用作墙体材料。一般情况下，同种石材表观密度越高，抗压强度越高，吸水率越小，抗冻性与耐久性越强，导热性能越好。

2. 吸水性

吸水性反映了岩石吸水能力的大小，也反映了岩石耐水性的好坏。天然石材的吸水率一般较小，但由于形成条件、密实程度等情况的不同，石材的吸水率波动比较大。岩石的表观密度越大，说明其内部孔隙数量越少，水进入岩石内部的可能性也随之减少，岩石的吸水率跟着减小；反之，岩石的吸水率跟着增大，如花岗岩吸水率通常小于 0.5%，而多孔的贝类石灰岩吸水率可达 15%。一般吸水率低于 1.5% 的岩石称为低吸水性岩石；吸水率高于 3% 的岩石称为高吸水性岩石；吸水率为 1.5%~3% 的岩石称为中吸水性岩石。岩石的吸水性直接影响了其抗冻性、抗风化性等耐久性指标。岩石吸水后强度降低，抗冻性、耐久性下降。

3. 耐水性

大多数石材的耐水性较高，当岩石中含有较多的黏土时，其耐水性较低，如黏土质砂岩等。石材的耐水性以软化系数表示，软化系数高于 0.9 的石材称为高耐水性石材，软化系数为 0.75~0.9 的石材称为中耐水性石材，软化系数为 0.6~0.75 的石材称为低耐水性石材。软化系数小于 0.6 的石材不能用于重要建筑物。经常与水接触的建筑物，石料的软化系数一般宜为 0.75~0.9。

4. 抗冻性

抗冻性是石材抵抗反复冻融破坏的能力，是石材耐久性的主要指标之一。石材的抗冻性用石材在水饱和状态下所能经受的冻融循环次数来表示。在规定的冻融循环次数内，无贯穿裂纹，重量损失不超过 5%，强度降低不大于 25%，则为抗冻性合格。一般室外工程饰面石材的抗冻性次数应大于 25 次。

5. 强度

石材的强度主要取决于其矿物组成、结构及孔隙构造。石材的强度等级是根据三个 70mm×70mm×70mm 立方体试块的抗压强度平均值来确定的，一般划分为 MU100、MU80、MU60、MU50、MU40、MU30、MU20 七个等级。试块也可采用表 2-1 所列的其他尺寸的立方体，但应对其试验结果乘以相应的换算系数后方可作为石材的强度等级。

表 2-1 石材强度等级的换算系数

立方体边长/mm	200	150	100	70	50
换算系数	1.43	1.28	1.14	1	0.86

6. 硬度

石材的硬度取决于矿物组成的硬度与构造，石材的硬度反映了其加工的难易程度和耐磨性。石材的硬度高，其耐磨性和抗刻划性也好，磨光后也有良好的镜面效果。但是硬度高的石材开采困难，加工成本高。石材的硬度用莫氏硬度表示。

7. 耐磨性

耐磨性是石材抵抗摩擦、撞击以及边缘剪切等联合作用的能力。一般而言，由石英、长石组成的岩石，耐磨性好，如花岗岩、石英岩等；由白云石、方解石组成的岩石，耐磨性较差。石材的强度高，则耐磨性也较好。耐磨性常用磨损率表示。

8. 抗风化性

水、冰和化学等因素造成岩石开裂或剥落的过程，称为岩石的风化。岩石抗风化能力的强弱与其矿物组成、结构和构造状态有关。当岩石中云母和黄铁矿含量较多时，风化速度快；白云石和方解石组成的岩石在酸性气体中易风化。孔隙率对风化也有很大的影响。对石材进行磨光及喷涂等处理，可有效防止岩石的风化。建筑工程要求石料质地均匀，没有显著风化迹象，没有裂缝，不含易风化的矿物。

音频 1.石材的放射性

2.2.2 石材的品种与应用

石材在建筑上，或用于砌筑，或用于装饰。砌筑用石材有毛石和料石之分，装饰用石材主要指各类和各种形状的天然石质板材和散料石材。

扩展资源 2.建筑工程选用天然石料时的详细要求

1. 毛石

毛石又称片石或块石，是由爆破直接获得的形状不规则的石块。毛石依据其平整程度又分为乱毛石和平毛石。

1) 乱毛石

乱毛石形状不规则，一般在一个方向的尺寸达 300～400mm，中部厚度一般不宜小于 150mm，重量为 20～30kg，其强度不低于 10MPa，软化系数不应小于 0.75。乱毛石主要用来砌筑基础、勒角、墙身、堤坝、挡土墙壁等，也可用于大体积混凝土。

2) 平毛石

平毛石由乱毛石略经加工而成，形状较乱毛石整齐，其形状基本上有六个面，中部厚度不小于 200mm。平毛石可用于砌筑基础、墙身、勒角、桥墩、涵洞等，也可用于铺砌小径石路。

2. 料石

料石又称条石，是由人工或机械开采出的较规则的六面体石块，截面的宽度、高度不小于 200mm，且不小于长度的 1/4。其通常由质地比较均匀的岩石(如砂岩、花岗岩)加工而成，至少应有一个面较整齐，以便互相合缝。料石按照表面加工的平整程度，分为以下四种。

1) 毛料石

毛料石的外形大致方正，一般不加工或仅稍加修整，高度不应小于 200mm，长度通常为厚度的 1.5～3 倍，叠砌面凹入深度不大于 25mm，抗压强度不得低于 30MPa。

2) 粗料石

粗料石的叠砌面凹入深度不大于 20mm。

3) 半细料石

半细料石的叠砌面凹入深度不大于 15mm。

4) 细料石

细料石的叠砌面凹入深度不大于 10mm。

料石根据加工程度的不同分别用于建筑物的外部装饰、勒脚、台阶、砌体、石拱等。

3. 石材饰面板

建筑上常用的饰面板材，主要有天然大理石板材和天然花岗石板材。

1) 天然大理石板材

天然大理石板材简称大理石板材，是建筑装饰中应用较为广泛的天然石饰面材料。它是用大理石荒料经锯解、研磨、抛光及切割而成的板材，主要矿物组成是方解石、白云石，易于雕琢磨光，常呈白色、浅红色、浅绿色、黑色、灰色等颜色(斑纹)。白色大理石又称汉白玉，其结构致密、强度较高、吸水率低，但表面硬度较低、不耐磨，耐化学侵蚀和抗风蚀性能较差，长期暴露于室外受阳光雨水侵袭易使其表面变得粗糙多孔、失去光泽，一般用于中高级建筑物的内墙、柱面以及磨损较小的地面、踏步。但由白云岩或白云质石灰岩变质而形成的某些大理石，如汉白玉、艾叶青等，也可用于室外。

音频 2.板材按表面加工程度划分类型

2) 天然花岗石板材

由天然花岗岩经加工后得到的板材简称花岗石板。其主要矿物组分为石英、长石和少量云母。花岗岩的颜色由造岩矿物决定，通常有深青色、浅灰色、黄色、紫红色等。花岗石板材结构致密、强度高、耐磨及耐久性好，耐用年限可达 75～200 年，高质量的可达千年以上。花岗石经加工后色彩多样且具有光泽，是高档装饰材料，主要用于砌筑基础、挡土墙、勒脚、踏步、地面、外墙饰面、雕塑等。

4. 散料石材

建筑工程中常用的散料石材主要有色石渣、碎石和卵石。色石渣也称色石子，由天然大理石或花岗石等石材经破碎筛选加工而成，作为骨料主要用于人造大理石、水磨石、水刷石、干黏石、斩假石等建筑物面层的装饰工程。碎石和卵石常用作混凝土骨料，卵石还可以作为园林、庭院等地面的铺砌材料。

【例 2-1】铁道工程中常用的天然石材有哪些？

音频 3.石材的选用原则

2.3 本章小结

本章介绍了石材的一些基础知识，主要包括建筑中常用的岩石、石材及建筑石材的应用状态。

本章主要知识点如下。

- 建筑中常用的岩石按地质形成条件可分为岩浆岩、沉积岩、变质岩。
- 石材的主要技术性质有表观密度、吸水性、耐水性、抗冻性、强度、硬度、耐磨性以及抗风化性。
- 石材主要分为毛石、料石、石材饰面板及散料石材。

2.4 实训练习

一、单选题

1. 下列( )不属于岩浆岩。
   A. 深成岩　　　B. 石英岩　　　C. 喷出岩　　　D. 火山岩
2. 下列( )属于变质岩。
   A. 片麻岩　　　B. 沉积岩　　　C. 深成岩　　　D. 喷出岩
3. 石材划分了( )个强度等级。
   A. 五　　　　　B. 六　　　　　C. 七　　　　　D. 八
4. 石材耐水性用( )表示。
   A. 软化系数　　B. 耐磨系数　　C. 抗渗系数　　D. 吸水率
5. 一般室外工程饰面石材的抗冻性次数为( )。
   A. 15次　　　　B. 大于15次　　C. 25次　　　　D. 大于25次

二、多选题

1. 建筑中常用的岩石有( )。
   A. 岩浆岩　　　B. 沉积岩　　　C. 变质岩
   D. 铁矿石　　　E. 煤炭
2. 沉积岩主要包括( )。
   A. 石英岩　　　B. 火山岩　　　C. 机械沉积岩
   D. 化学沉积岩　E. 有机沉积岩
3. 下列( )不属于石材的主要技术性质。
   A. 吸水性　　　B. 导热性　　　C. 抗冻性
   D. 弹性　　　　E. 抗风化性
4. 岩石根据吸水率划分为( )。
   A. 低吸水性岩石　　　　　　　B. 高吸水性岩石
   C. 中吸水性岩石　　　　　　　D. 不吸水岩石
   E. 贝岩
5. 建筑工程中常用的散料石材主要有( )。
   A. 色石渣　　　B. 石砖　　　　C. 碎石
   D. 卵石　　　　E. 石瓦

三、简答题

1. 常用的砌筑石材有哪些？
2. 常用的装饰石材有哪些？
3. 常用的散料石材有哪些？

第2章
课后习题答案

实训工作单

班级		姓名		日期	
教学项目	建筑石材				
任务	熟悉各种建筑石材及其应用		方式	查找书籍、资料	
相关知识			岩石的形成； 石材的强度等级		
其他要求					

学习总结各种建筑石材的形成及应用

第 3 章　气硬性胶凝材料

建筑上把通过自身的物理、化学作用,能够由浆体变成坚硬的石状体,并在变化过程中把一些散粒材料(如砂和碎石)或块状材料(如砖和石块)胶结成为具有一定强度的整体的材料,统称为胶凝材料。胶凝材料根据其化学组成可分为有机胶凝材料和无机胶凝材料两大类。有机胶凝材料以天然或人工合成的高分子化合物为基本组分,如沥青、树脂等;无机胶凝材料是以无机矿物为主要成分的一类胶凝材料。

第 3 章拓展图片

无机胶凝材料按硬性条件又可分为气硬性胶凝材料和水硬性胶凝材料。气硬性胶凝材料只能在空气中硬化,也只能在空气中保持或继续发展强度,如石灰、石膏、水玻璃、菱苦土等。气硬性胶凝材料一般只适合用于地上或干燥环境,不宜用于潮湿环境,更不可用于水中。水硬性胶凝材料不仅能在空气中,而且能更好地在水中硬化、保持并继续发展其强度,如各种水泥等。水硬性胶凝材料既适用于地上,也适用于地下或水中。

第 3 章
文中案例答案

学习目标

1. 熟悉石灰的相关知识。
2. 熟悉石膏的相关知识。
3. 熟悉水玻璃的相关知识。

视频 1:
建筑石膏

教学要求

章节知识	掌握程度	相关知识点
石灰	熟悉石灰的生产、熟化、硬化、储运,以及常用石灰的特点和应用	石灰的技术指标
石膏	熟悉不同石膏的生产及应用	建筑工程中常用的石膏
水玻璃	熟悉水玻璃的生产及应用	水玻璃的形成

思政目标

中国是世界上最早烧制和使用陶器的国家,早在 1 万年前就已经出现烧制陶器的窑,秦代兵马俑更是堪称世界奇迹。制陶过程是先利用筛网将天然黏土经固相及液相分离得到粒度合适的陶土,再经胶凝、塑形以及煅烧反应制得各种陶器,涉及胶体化学中凝胶形成、胶凝和晶粒形成及生长。还有造纸术及豆腐制作技术都证明了我国古代的胶体技术,能够使学生认识我国的优秀历史文化,激发学生振兴国家的家国情怀和使命担当。

第3章 气硬性胶凝材料

> **案例导入**
>
> 某建筑工人用建筑石膏粉拌水配制石膏浆，用在光滑的天花板上直接黏结石膏装饰条，前后半小时完工，几天后最后黏结的两条石膏装饰条却突然掉落。原因是在光滑的天花板上直接粘贴石膏条，黏结难以牢固，需要对天花板表面进行打刮，或者在黏结的石膏浆中掺入部分黏结性强的黏结剂。

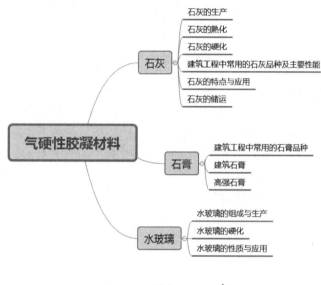

3.1 石　灰

石灰是建筑上使用较早的一种胶凝材料，石灰的原料——石灰石分布很广，生产工艺简便，成本低廉，所以在建筑上一直应用很广。

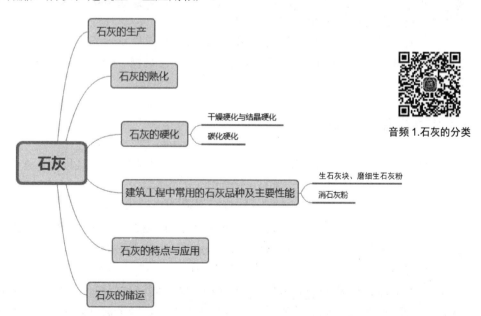

音频1.石灰的分类

带着问题学知识

石灰是如何生产的？
石灰的熟化和硬化是怎样形成的？
建筑工程常用的石灰品种都有哪些？
石灰的特点都有哪些？
如何储运石灰？

3.1.1　石灰的生产

生产石灰的主要原料是以碳酸钙($CaCO_3$)为主的石灰岩，此外，还可以利用化学工业副产品作为石灰的生产原料。例如，用水作用于碳化钙(电石)制取乙炔时，所产生的电石渣，其主要成分是氢氧化钙，即消石灰(又称熟石灰)。

将石灰石高温煅烧，碳酸钙分解释放出 CO_2，生成以 CaO 为主要成分的生石灰，其反应式如下：

$$CaCO_3 \xrightarrow{900℃} CaO + CO_2 \uparrow$$

为了加速分解过程，煅烧温度常提高至 1000～1100℃。生石灰呈白色或灰色块状。原料中多少含有一些碳酸镁，因而生石灰中还含有次要成分氧化镁。

石灰在生产过程中，应严格控制各工艺参数，尤其是温度的控制，否则容易产生"欠火石灰"和"过火石灰"。所谓"欠火石灰"，是指石灰中含有未烧透的内核。这主要是由于石灰石原料尺寸过大、料块粒径搭配不当、装料过多，或由于煅烧温度过低、煅烧时间不足等造成的。所谓"过火石灰"，是指表面有大量玻璃体、结构致密的石灰。这主要是由于煅烧温度过高、时间过长等造成的。

"欠火石灰"在使用时未消解残渣的含量大，有效氧化钙和氧化镁的含量低，黏结能力差。"过火石灰"使用时则消解缓慢，甚至用于建筑物后仍在继续消解，体积膨胀，会导致表面剥落或裂缝等现象，危害极大。

3.1.2　石灰的熟化

使用石灰时，通常将生石灰加水，使之消解为消石灰——氢氧化钙，这个过程称为石灰的"消化"，又称"熟化"。其反应式如下：

$$CaO + H_2O \rightarrow Ca(OH)_2 + 64.83\,kJ$$

伴随着熟化过程，会放出大量的热，体积增大 1～2.5 倍。煅烧良好、氧化钙含量高、杂质含量低的生石灰，其熟化速度快，放出的热量和体积增大也多。

按石灰的用途，熟化石灰的方法有以下两种。

(1) 用于调制石灰砌筑砂浆或抹灰砂浆时，需在化灰池中加入大量的水(生石灰的 3～4 倍)将生石灰熟化成石灰乳，然后通过筛网流入储灰坑，经沉淀并除去上层水分后成为石灰膏。为了消除"过火石灰"的危害，石灰浆应在储灰坑中"陈伏"两周以上时间。陈伏期间，石灰浆表面应敷盖一层水，以隔绝空气，以免表面碳化。

(2) 用于拌制石灰土(石灰、黏土)、三合土(石灰、黏土、砂石或炉渣)时，将每半米高的生石灰块淋适量的水(生石灰量的60%~80%)，直至数层，使生石灰熟化成消石灰粉。加水量以能充分熟化而又不过湿成团为宜。现在多用机械方法在工厂将生石灰熟化成消石灰粉，在工地调水使用。消石灰粉在使用前，也应有类似石灰浆的"陈伏"时间。

【例3-1】某住宅使用石灰厂处理的下脚石灰做粉刷，数月后粉刷层多处向外拱起，还有一些裂缝，请分析其原因。

3.1.3 石灰的硬化

石灰浆体在空气中逐渐干燥变硬的过程，称为石灰的硬化。石灰的硬化是由下列两个同时进行的过程来完成的。

1. 干燥硬化与结晶硬化

石灰浆在干燥过程中，游离水逐渐蒸发或被周围砌体吸收，氢氧化钙逐渐从过饱和溶液中结晶析出，固相颗粒互相靠拢黏紧，强度随之提高。其反应式如下：

$$Ca(OH)_2 + nH_2O \xrightarrow{\text{晶化}} Ca(OH)_2 \cdot nH_2O$$

2. 碳化硬化

氢氧化钙与空气中的二氧化碳气体化合生成碳酸钙晶体，释出并蒸发水分，使石灰浆硬化，强度有所提高，这个过程称为浆体的碳化硬化。石灰的碳化作用不能在没有水分的全干状态下进行，也不能在石灰被一定厚度水全部覆盖的情况下进行，因为水达到一定深度，其中溶解的二氧化碳含量极微。其反应式如下：

$$Ca(OH)_2 + nH_2O + CO_2 \rightarrow CaCO_3 + (n+1)H_2O$$

该反应主要发生在与空气接触的浆体表面，当浆体表面生成一层碳酸钙薄膜后，二氧化碳不易再透入，这使得碳化进程减缓；同时，内部的水分也不易蒸发，所以，石灰的硬化速度随时间的增长而逐渐减慢。

【例3-2】某工地急需配制石灰砂浆，因生石灰价格便宜，并马上加水配制使用，但数日后出现众多凸出的膨胀性裂缝，试分析其原因。

3.1.4 建筑工程中常用的石灰品种及主要性能

按成品加工方法的不同，建筑工程中常用的石灰品种包括生石灰块、磨细生石灰粉和消石灰粉。

1. 生石灰块、磨细生石灰粉

生石灰块是由石灰石煅烧成的白色或灰色疏松结构的块状物，主要成分为CaO。磨细生石灰粉是以块状生石灰为原料经破碎、磨细而成的，也称建筑生石灰粉。根据《建筑生石灰》(JC/T 479—2013)的规定，按氧化镁含量的多少，将生石灰块、生石灰粉分为钙质石灰(MgO≤5%)和镁质石灰(MgO>5%)两类。钙质生石灰划分为 CL90、CL85 和 CL75 三个等级，镁质生石灰划分为 ML85 和 ML80 两个等级。建筑生石灰块和建筑生石灰粉各等级的技术性能指标分别如表 3-1 和表 3-2 所示。

表 3-1 建筑生石灰块技术指标

项 目	钙质生石灰			镁质生石灰	
	CL90	CL85	CL75	ML85	ML80
CaO+MgO 含量(%)，≥	90	85	75	85	80
CO_2 含量(%)，≤	4	7	12	7	7
SO_3 含量(%)，≤	2	2	2	2	2
产浆量(L/10kg)，≥	26	26	26	不作要求	不作要求

表 3-2 建筑生石灰粉技术指标

项 目		钙质生石灰			镁质生石灰	
		CL90	CL85	CL75	ML85	ML80
CaO+MgO 含量(%)，≥		90	85	75	85	80
CO_2 含量(%)，≤		7	9	11	8	10
SO_3 含量(%)，≤		2	2	2	2	2
细度	0.2mm 筛余(%)，≤	2	2	2	2	2
	0.09mm 筛余(%)，≤	7	7	7	7	2

2. 消石灰粉

消石灰粉是将块状生石灰淋以适量的水，经熟化所得到的主要成分为 $Ca(OH)_2$ 的粉末状产品。根据《建筑消石灰》(JC/T 481—2013)的规定，建筑消石灰粉按氧化镁的含量可分为钙质消石灰粉(MgO≤5%)和镁质消石灰粉(MgO>5%)，具体又有 HCL90、HCL85 和 HCL75 三个钙质消石灰等级及 HML85 和 HML80 两个镁质消石灰等级，其各项技术指标如表 3-3 所示。

表 3-3 建筑消石灰技术指标

项 目		钙质消石灰粉			镁质消石灰粉	
		HCL90	HCL85	HCL75	HML85	HML80
CaO+MgO 含量(%)，≥		90	85	75	85	80
游离水(%)，≤		2	2	2	2	2
体积安定性		合格	合格	合格	合格	合格
细度	0.2mm 筛余(%)，≤	2	2	2	2	2
	0.09mm 筛余(%)，≤	7	7	7	7	7

3.1.5 石灰的特点与应用

1. 良好的保水性和可塑性

生石灰熟化成石灰浆时,能自动形成颗粒极细的呈胶体分散状态的氢氧化钙,颗粒表面吸附有一定厚度的水膜,因而保水性能好,同时水膜层也降低了颗粒间的摩擦力,使得石灰砂浆具有良好的可塑性,且易于搅拌。

2. 凝结硬化慢,强度低

从石灰浆体的硬化过程可以看出,由于空气中二氧化碳含量稀薄,碳化甚为缓慢,而且石灰浆表面碳化后,形成紧密外壳,不利于碳化的深入进行,也不利于水分蒸发。因此,石灰硬化慢、强度低,通常1∶3的石灰砂浆,其28d抗压强度只有0.2~0.5MPa。

音频2.石灰可以用来制作硅酸盐制品

3. 耐水性差

石灰是一种气硬性胶凝材料,不能在水中硬化。且石灰硬化体中大部分仍然是尚未碳化的$Ca(OH)_2$,而$Ca(OH)_2$是易溶于水的,所以石灰的耐水性较差。硬化后的石灰若长期受到水的作用,会导致强度降低,甚至引起溃散,所以石灰不宜用于潮湿的环境。

4. 体积收缩

石灰浆体在硬化过程中因蒸发大量的游离水而引起显著收缩。所以,石灰浆除调成石灰乳做薄层涂刷外,一般不宜单独使用,常在其中掺入砂、纸筋等以减少收缩、节约石灰。

5. 吸湿性强

块状生石灰放置太久,会吸收空气中的水分而自动熟化成消石灰粉,再与空气中的二氧化碳作用还原为碳酸钙,失去胶结能力。

3.1.6 石灰的储运

石灰在储运过程中会吸收空气中的水分而消解并碳化。所以,石灰应储存在干燥的环境中,且不宜长期储存。若需较长时间储存石灰,最好运到目的地后将其消解成石灰浆,并使其表面隔绝空气,将储存期变为陈伏期。石灰受潮时会放出大量的热,且体积膨胀,运输过程中要采取防水措施,注意安全,不与易燃易爆物品及液体共存、共运。石灰能侵蚀呼吸器官和皮肤,在进行施工及装卸石灰时,应穿戴必要的防护用品。

3.2 石 膏

在建筑中应用石膏已有很久的历史。我国石膏资源丰富、分布较广,由于其具有轻质、高强、隔热、耐火、吸声、容易加工等一系列优良性能,因此在建筑材料中占有重要地位。近年来,石膏板、建筑饰面板等石膏制品发展很快,展现了十分广阔的应用前景。

视频2:气硬性胶凝材料

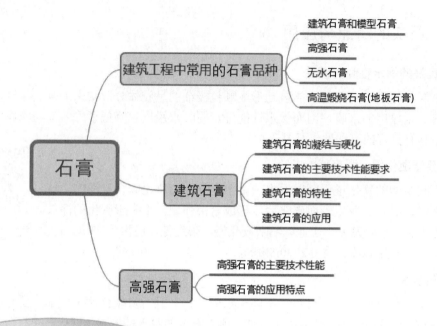

带着问题学知识

石膏是如何生产的？
建筑工程中常用的石膏品种都有哪些？
什么是建筑石膏？
什么是高强石膏？

3.2.1 建筑工程中常用的石膏品种

石膏的品种很多，建筑上常用的有建筑石膏、模型石膏、高强石膏、无水石膏和高温煅烧石膏等。

1. 建筑石膏和模型石膏

建筑石膏是建筑工程中最常用的石膏品种，是将天然二水石膏在 107～170℃温度下煅烧成半水石膏(也称熟石膏)，经磨细而成的一种粉末状材料，多用于建筑抹灰、粉刷、砌筑砂浆及各种石膏制品。它的反应生成式如下：

$$CaSO_4 \cdot 2H_2O \xrightarrow{110\sim170℃} CaSO_4 \cdot \frac{1}{2}H_2O + 1\frac{1}{2}H_2O$$

含杂质较少，色较白，粉磨较细的 α 型半水石膏称为模型石膏，其强度比建筑石膏稍高，凝结也较快，主要用于建筑装饰与陶瓷的制坯工艺。

2. 高强石膏

二水石膏在 0.13MPa、124℃的饱和水蒸气下蒸炼，将生成的 α 型半水石膏磨细可制得高强石膏。由于高强石膏是在较高压力下分解而形成的,其晶粒较粗,比表面积较小,调成石膏浆体的可塑状态需水量很小,为 35%~45%,因而硬化后孔隙率小,强度高(7 天可达 40MPa)。

高强石膏适用于高强的抹灰工程、装饰制品和石膏板,掺防水剂后可用于高湿环境中,可同有机胶结剂共同制成无收缩的黏结剂。

3. 无水石膏

将天然硬石膏或天然二水石膏加热至 400~750℃,石膏将完全失去水分,成为不溶性硬石膏,失去凝结硬化能力,但当加入适量的激发剂混合磨细后,又能凝结硬化,这样制得的产品称为无水石膏。

无水石膏属于气硬性胶凝材料,与建筑石膏相比,凝结速度较慢,调成一定稠度的浆体需水量较少,硬化后孔隙率较小。它宜用于室内,主要用作石膏板和石膏建筑制品,也可用作抹面灰浆等,具有良好的耐火性和抵抗酸碱侵蚀的能力。

4. 高温煅烧石膏(地板石膏)

将天然二水石膏或天然无水石膏在 800℃以上煅烧,使部分 $CaSO_4$ 分解出 CaO,磨细后的产品称为高温煅烧石膏。此时,CaO 起碱性激发剂的作用,硬化后具有较高的强度和耐磨性,抗水性也较好,宜用作地板,所以也称其为地板石膏。

3.2.2 建筑石膏

1. 建筑石膏的凝结与硬化

建筑石膏与适量的水混合,最初成为可塑浆体,但很快会失去塑性、产生强度,并发展成为坚硬的固体。这是由于浆体内部经历了一系列物理化学变化。

首先,半水石膏遇水后,溶液中的半水石膏与水化合,重新生成二水石膏。其水化反应式如下:

$$CaSO_4 \cdot \frac{1}{2}H_2O + 1\frac{1}{2}H_2O \rightarrow CaSO_4 \cdot 2H_2O$$

由于二水石膏在水中的溶解度比半水石膏要小得多(仅为半水石膏溶解度的 1/5),半水石膏的饱和溶液对二水石膏来说,就成了过饱和溶液,所以二水石膏以胶体微粒自水中析出,破坏了半水石膏溶解的平衡状态,新的一批半水石膏又可继续溶解和水化。如此循环进行,直到半水石膏完全溶解。随着水化的进行,水分逐渐减少,二水石膏的晶体不断增加,而这些微粒比原来的半水石膏粒子要小得多,粒子总表面积增加,需要更多的水分来包裹,所以,浆体稠度逐渐增大,可塑性开始降低,此时称之为"初凝";而后随着晶体颗粒间的摩擦力和黏结力的增大,浆体的塑性很快下降,直至消失,此时为"终凝"。与此同时,由于浆体中自由水因水化和蒸发逐渐减少,浆体继续变稠,逐渐凝聚成为晶体,晶体逐渐长大,共生和相互交错。这个过程使浆体逐渐产生强度并不断增长,直到完全干燥,晶体之间的摩擦力和黏结力不再增加,强度才停止发展,这就是石膏的硬化过程。

2. 建筑石膏的主要技术性能要求

建筑石膏色白,密度为 2.6~$2.75g/cm^3$,堆积密度为 800~$1000kg/m^3$。建筑石膏的技

要求主要有细度、凝结时间和强度。按强度的差别，建筑石膏分为3.0级、2.0级和4.0级三个等级。根据建材行业国家标准，建筑石膏技术要求的具体指标如表3-4所示。

表3-4 建筑石膏技术指标

等级	凝结时间/min		强度/MPa			
			2h湿强度		干强度	
	初凝	终凝	抗折	抗压	抗折	抗压
4.0	≥3	≤30	≥4.0	≥8.0	≥7.0	≥15.0
3.0			≥3.0	≥6.0	≥5.0	≥12.0
2.0			≥2.0	≥4.0	≥4.0	≥8.0

N为天然建筑石膏，S为脱硫建筑石膏，P为磷建筑石膏。建筑石膏按产品名称、代号、等级及标准编号的顺序标记。例如，建筑石膏N2.0，表示等级(抗折强度)为2的天然建筑石膏。

3. 建筑石膏的特性

建筑石膏与石灰等胶凝材料相比，具有以下性质特点。

1) 凝结硬化快

建筑石膏的凝结时间，初凝一般只需要数分钟，20～30min可达终凝。在室内自然干燥的条件下，完全硬化的时间大约需要1周。由于初凝时间过短，造成施工成型困难，一般在施工时，需要掺加适量的缓凝剂，如动物胶、亚硫酸纸浆废液，也可掺加硼砂或柠檬酸等。掺缓凝剂后，石膏制品的强度将有所降低。

2) 硬化后体积微膨胀

多数胶凝材料在硬化过程中会产生收缩变形，而建筑石膏在硬化时体积却发生膨胀，膨胀率为0.5%～1%，使得硬化体表面光滑，尺寸精准，形体饱满，硬化时不出现裂纹，装饰性好，特别适用于制造复杂图案的装饰制品。

3) 孔隙率大、体积密度小、强度低

建筑石膏水化的理论需水量为18.6%，为了使石膏浆具有必要的可塑性，通常须加水60%～80%，硬化后，由于多余水分的蒸发，内部具有很大的孔隙率(约占总体积的50%～60%)。与水泥相比，建筑石膏硬化后的体积密度较小，为800～1000kg/m^3，属于轻质材料，强度较低，7d抗压强度为8～12MPa。

4) 耐水性、抗冻性差

建筑石膏制品的孔隙率大，且二水石膏微溶于水，遇水后晶体溶解而引起破坏，通常其软化系数为0.3～0.5，是不耐水材料。若石膏制品吸水后受冻，则会因孔隙中水分结冰膨胀而破坏，因此石膏制品不宜用于潮湿寒冷的环境。

5) 具有一定的调温、调湿性

建筑石膏的热容量大、吸湿性强，故能调节室内温度和湿度，保持室内"小气候"的均衡状态。

6) 防火性好,但耐火性差

遇火灾时,二水石膏中的结晶水蒸发,吸收热量,脱水产生的水蒸气能够阻碍火势蔓延,起到防火的作用。但二水石膏脱水后,强度下降,因此耐火性差。

7) 保温性和吸声性好

建筑石膏孔隙率大,且均为微细的毛细孔,所以导热系数较小,一般为 0.121~0.205W/(m·K),故隔热保温性能良好;同时,大量的毛细孔对吸声有一定的作用,因此具有较强的吸声能力。

4. 建筑石膏的应用

石膏具有上述诸多优良性能,主要用于室内抹灰、粉刷,制造建筑装饰制品、石膏板等。

1) 室内抹灰及粉刷

将建筑石膏加水及缓凝剂搅拌成浆体,可用作室内粉刷材料。石膏浆中还可以掺入部分石灰,或将建筑石膏加水、砂搅拌成石膏砂浆,用于室内抹灰,抹灰后的表面光滑、细腻、洁白、美观。石膏砂浆也可作为油漆等的打底层。

2) 建筑装饰制品

由于石膏凝结快和体积稳定的特点,常用于制造建筑雕塑和花样、形状不同的装饰制品。由于石膏制品具有良好的装饰功能,而且具有无污染、不老化、对人体健康无害等优点,近年来备受青睐。

3) 石膏板

石膏板材具有轻质、隔热保温、吸声、不燃以及施工方便等性能,其应用日渐广泛。但石膏板具有长期徐变的性质,在潮湿的环境中更严重,且建筑石膏自身强度较低,又因其显微酸性,不能配加强钢筋,故不宜用于承重结构。常用的石膏板主要有纸面石膏板、纤维石膏板、装饰石膏板和空心石膏板等;另外,还有穿孔石膏板、嵌装式装饰石膏板等,各种新型石膏板材也在不断涌现。

3.2.3 高强石膏

1. 高强石膏的主要技术性能

以α型半水石膏(α-$CaSO_4·1/2H_2O$)为主要成分制得的粉状物,称为高强石膏粉。高强石膏的密度为 2.6~2.8kg/cm³,堆积密度为 1000~1200kg/cm³。α型高强石膏的细度以 0.125 mm 方孔筛筛余量百分数计,筛余量不大于5%。初凝时间不小于 3min,终凝时间不大于 30min。根据石膏净浆强度值划分强度等级,有α25、α30、α40、α50四个强度等级。

扩展资源 1. 常用石膏板

2. 高强石膏的应用特点

(1) 硬度高,强度大,耐磨性好。

(2) 料浆流动性好,轮廓清晰,仿真性强。

(3) 膨胀率低,精确度高。

高强石膏粉可用于室内抹灰,是良好的制模材料,可大大提高陶瓷、塑料、橡胶、精密冶金铸造用模的性能,是制作各种工艺美术品的理想用料,用途广泛。用高强石膏粉为基料制作的各种石膏制品在建筑上是高档的装饰、装修材料，也是优质的轻质、隔声、保温墙体材料和防火代木材料。其特点是优质、高强、轻质、低能耗、多功能。在高强石膏粉中还可以掺入一系列有机材料，如聚乙烯醇水溶液、聚醋酸乙烯乳液等，配成黏结剂使用，这类黏结剂的显著特点是黏结性强、无收缩。

3.3 水 玻 璃

水玻璃是一种建筑胶凝材料，常用来配制水玻璃胶泥、水玻璃砂浆和水玻璃混凝土，以及使用水玻璃为主要原料配制涂料。水玻璃在防酸工程和耐热工程中的应用甚为广泛。

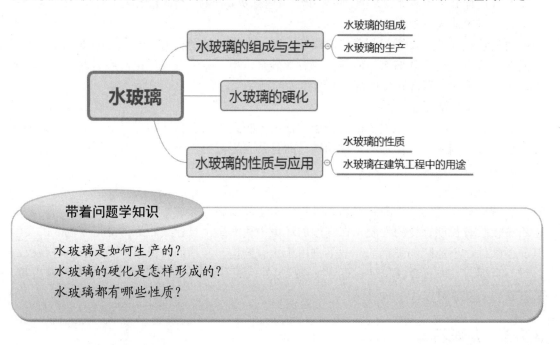

带着问题学知识

水玻璃是如何生产的？
水玻璃的硬化是怎样形成的？
水玻璃都有哪些性质？

3.3.1 水玻璃的组成与生产

1. 水玻璃的组成

水玻璃俗称泡花碱，是一种能溶于水的碱金属硅酸盐，其化学通式为 $R_2O \cdot nSiO_2$，通常把 n 称为水玻璃的模数，我国生产的水玻璃模数一般为 2.5～2.8。根据碱金属氧化物的不同，水玻璃分为硅酸钠水玻璃和硅酸钾水玻璃等。水玻璃常以水溶液状态存在，在其水溶液中的含量(或称浓度)用相对密度或波美度(°B'e)来表示。建筑上通常使用硅酸钠水玻璃($Na_2O \cdot nSiO_2$)的水溶液，相对密度为 1.36～1.5(波美度为 38.4～48.3°B'e)。一般来说，当密度大时，表示溶液中水玻璃的含量高，其黏度也大。

2. 水玻璃的生产

生产水玻璃的方法有湿法和干法两种。湿法生产硅酸钠水玻璃时，将石英砂和氢氧化钠溶液在压蒸锅内用蒸汽加热，并加以搅拌，使之直接反应而生成液体水玻璃。其反应式如下：

$$SiO_2 + 2NaOH \xrightarrow{\triangle} Na_2SiO_3 + H_2O$$

干法又称为碳酸盐法，是将石英砂和碳酸钠磨细拌匀，在熔炉内于 1300～1400℃的高温下熔化，发生反应生成固体水玻璃，然后在水中加热溶解成液体水玻璃。其反应式如下：

$$Na_2CO_3 + nSiO_2 \xrightarrow{1300\sim1400℃} Na_2O \cdot nSiO_2 + CO_2 \uparrow$$

若用碳酸钾代替碳酸钠，则可得到相应的硅酸钾水玻璃。液体水玻璃因所含杂质不同，常呈青灰色、绿色或微黄色，以无色透明的液体水玻璃为最好。

3.3.2 水玻璃的硬化

水玻璃溶液是气硬性胶凝材料，在空气中吸收 CO_2 形成无定形的硅胶，并逐渐干燥而硬化。其化学反应式如下：

$$Na_2O \cdot nSiO_2 + CO_2 + mH_2O = Na_2CO_3 + nSiO_2 \cdot mH_2O$$

由于空气中的二氧化碳含量极少，上述硬化过程很慢。若在水玻璃中掺入适量的硬化剂氟硅酸钠（Na_2SiF_6），加入水玻璃质量的 12%～15%，硅胶析出速度加快，从而加快水玻璃的凝结与硬化。

3.3.3 水玻璃的性质与应用

水玻璃的性质与应用

音频3.水玻璃的其他用途

扩展资源2.什么是菱苦土

3.4 本章小结

本章介绍了气硬性胶凝材料，主要包括石灰、石膏、水玻璃三种材料的生产工艺及应用。

本章主要知识点如下：

- 生产石灰的主要原料是以碳酸钙为主要成分的天然岩石。石灰按成品加工方法，分为生石灰、生石灰粉、消石灰粉、石灰浆；按其化学成分，分为钙质石灰和镁质石灰。石灰的可塑性和保水性好，硬化后强度低，硬化时体积收缩大，耐水性差。
- 石膏是一种以硫酸钙为主要成分的气硬性胶凝材料。石膏及其制品具有轻质、绝热、隔声、耐火等一系列优良性能，而且石膏原料来源丰富，生产工艺简单，生产能耗低，因而是一种理想的高效节能材料。
- 水玻璃俗称"泡花碱"，建筑上常使用模数为 2.5～2.8 的硅酸钠水玻璃水溶液。水玻璃具有耐酸性好、耐热性好、黏结力强等优点。

3.5 实训练习

一、单选题

1. 生产石灰的主要原料是( )。
   A. 氧化钙　　　B. 氢氧化钙　　　C. 碳酸钙　　　D. 硅酸钙
2. 生石灰加水，使之消解为消石灰，消石灰指的是( )。
   A. 氢氧化钙　　B. 氧化钙　　　　C. 硅酸钙　　　D. 碳酸钙
3. 生产石膏的主要原料是( )。
   A. 半水石膏　　B. 天然二水石膏　C. 可溶性硬石膏　D. 不溶性硬石膏
4. 下列( )不属于石灰的特点。
   A. 良好的保水性和可塑性　　　　B. 体积收缩大
   C. 耐水性强　　　　　　　　　　D. 吸湿性强
5. 生产水玻璃的方法有( )种。
   A. 5　　　　　B. 4　　　　　　C. 3　　　　　D. 2

二、多选题

1. 石灰在( )环境下不能硬化。
   A. 干燥空气　　B. 水蒸气　　　　C. 水
   D. 与空气隔绝的环境　　　　　　E. 湿润环境
2. 建筑中常用的石膏品种有( )。
   A. 建筑石膏　　B. 高强石膏　　　C. 半水石膏
   D. 无水石膏　　E. 高温煅烧石膏
3. 建筑石膏主要应用在( )方面。
   A. 配置石灰土(灰土)与三合土　　B. 室内抹灰及粉刷
   C. 建筑装饰制品　　　　　　　　D. 石膏板
   E. 配制砂浆和石灰乳
4. 高强石膏的应用特点有( )。
   A. 硬度高，强度大，耐磨性好　　B. 料浆流动性好，轮廓清晰，仿真性强
   C. 膨胀率低，精确度高　　　　　D. 凝结硬化慢，强度低
   E. 良好的保水性和可塑性
5. 水玻璃的性质有( )。
   A. 黏结力强、强度高　　　　　　B. 抗渗性好　　　　C. 吸水性强
   D. 耐酸性好　　　　　　　　　　E. 耐热性好

三、简答题

1. 石灰如何正确储运？
2. 建筑石膏的主要技术性能要求是什么？
3. 水玻璃是如何硬化的？

第3章
课后习题答案

实训工作单

班级		姓名		日期	
教学项目		气硬性胶凝材料			
任务	熟悉石灰、石膏、水玻璃的生产工艺及其应用		方式	查找书籍、资料	
相关知识		石灰的技术指标； 建筑工程中常用的石膏； 水玻璃的形成			
其他要求					

学习总结气硬性胶凝材料的相关知识

第 4 章　水硬性胶凝材料

水泥是水硬性胶凝材料。粉末状的水泥与水混合成可塑性浆体，在常温下经过一系列物理、化学作用后，逐渐凝结硬化成坚硬的水泥石状体，并能将散粒状(或块状)材料黏结成为整体。水泥浆体的硬化，不仅能在空气中进行，还能在水中保持并继续增长其强度，故称之为水硬性胶凝材料。

第 4 章拓展图片

水泥的诸多系列品种中，硅酸盐水泥系列应用最广，该系列是以硅酸盐水泥熟料和适量的石膏及规定的混合材料制成的水硬性胶凝材料。按所掺混合材料的种类及数量不同，硅酸盐水泥系列又分为硅酸盐水泥、普通硅酸盐水泥、火山灰质硅酸盐水泥、矿渣硅酸盐水泥、粉煤灰硅酸盐水泥和复合硅酸盐水泥。

第 4 章
文中案例答案

专用水泥是指有专门用途的水泥，如砌筑水泥、道路水泥、大坝水泥、油井水泥等。特性水泥是指其某种性能比较突出的一类水泥，如快硬硅酸盐水泥、快凝硅酸盐水泥、抗硫酸盐硅酸盐水泥、白色及彩色硅酸盐水泥、膨胀水泥等。

学习目标

1. 熟悉硅酸盐水泥。
2. 了解掺混合料的硅酸盐水泥。
3. 熟悉水泥的应用、验收与保管。
4. 了解其他品种的水泥。

教学要求

章节知识	掌握程度	相关知识点
硅酸盐水泥	熟悉硅酸盐水泥熟料的生产过程、矿物组成及特性和技术性质	硅酸盐水泥的水化
掺混合料的硅酸盐水泥	熟悉不同混合料的硅酸盐水泥	混合料的分类
水泥的应用、验收与保管	熟悉常用水泥的特性和应用、验收及保管	常用水泥的选用
其他品种的水泥	了解其他品种的水泥	其他品种水泥的技术性质

第4章 水硬性胶凝材料

思政目标

1824年,英国工程师约瑟夫·阿斯谱丁获得第一份水泥专利,标志着水泥的发明。水泥发明至今已有一百多年的历史,它始终是用途最广、用量最多的一种胶凝材料。在古代,中国有过辉煌于世界的建筑胶凝材料发展历史。在新石器时代的仰韶文化时期,我们的祖先就懂得用"白灰面"涂抹山洞,之后又学会了将黄泥制成浆体用来砌筑土坯墙;到了公元前7世纪,开始出现了胶凝材料石灰。在公元5世纪的南北朝时期,出现了一种名叫"三合土"的建筑材料,明清时代的"三合土"质量和技术水平都远远高于欧洲大陆的"罗马砂浆"。希望通过学习,使学生认识我国建筑材料的优秀历史文化,从而不断激发学生的学习精神,增强学生勇于探索的能力。

案例导入

某混凝土搅拌站买到一批42.5级普通硅酸盐水泥,化验室在做凝结时间测定时,发现该批水泥凝结时间正常,但做过终凝时间的试样一掰就碎。分析其原因后才知:该水泥属安定性不合格的水泥。该水泥安定性不良表现时间较早,才没有造成大的损失。

4.1 硅酸盐水泥

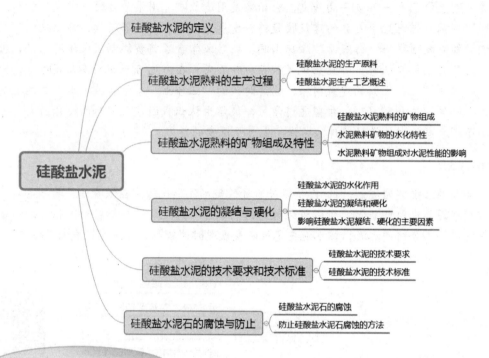

带着问题学知识

硅酸盐水泥熟料是如何生产的？
硅酸盐水泥熟料的矿物组成及特性有哪些？
硅酸盐水泥的凝结与硬化是怎样的？
硅酸盐水泥的技术要求和技术标准都包括哪些？

4.1.1 硅酸盐水泥的定义

由硅酸盐水泥熟料、0～5%的粒化高炉矿渣以及适量石膏磨细制成的水硬性胶凝材料，称为硅酸盐水泥。硅酸盐水泥分两种类型：不掺加混合材料的称为Ⅰ型硅酸盐水泥，其代号为P·Ⅰ；掺加不超过水泥质量5%的石灰石或粒化高炉矿渣混合材料的称为Ⅱ型硅酸盐水泥，其代号为P·Ⅱ。

4.1.2 硅酸盐水泥熟料的生产过程

1. 硅酸盐水泥的生产原料

生产硅酸盐水泥的原料，主要是石灰质原料和黏土质原料两类。石灰质原料(如石灰石、白垩、石灰质凝灰岩等)主要提供 CaO，黏土质原料(如黏土、黏土质页岩、黄土等)主要提供 SiO_2、Al_2O_3 及 Fe_2O_3。有时两种原料的化学组成不能满足要求，还要加入少量校正原料(如黄铁矿渣等)进行调整。硅酸盐水泥生产原料的化学组成如表 4-1 所示。

表 4-1 硅酸盐水泥生产原料的化学组成

氧化物名称	化学成分	常用缩写	大致含量/%
氧化钙	CaO	C	62～67
氧化硅	SiO_2	S	19～24
氧化铝	Al_2O_3	A	4～7
氧化铁	Fe_2O_3	F	2～5

2. 硅酸盐水泥生产工艺概述

硅酸盐水泥的烧成过程如下：①按比例配制水泥生料并磨细；②将生料煅烧至 1450℃ 左右，使之部分熔融形成熟料；③在熟料中加入适量石膏，有时还加入适量的混合材料共同磨细即得硅酸盐水泥。因此，硅酸盐水泥生产工艺概括起来简称为"两磨一烧"，具体生产过程如图 4-1 所示。

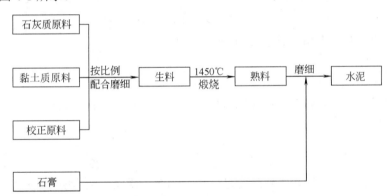

图 4-1 硅酸盐水泥生产过程

水泥生料的配合比例不同，直接影响硅酸盐水泥熟料的矿物成分比例和主要建筑技术性能。水泥生料在窑内的烧成(煅烧)过程，是保证水泥熟料质量的关键。

水泥生料的烧成，在达到 1000℃ 时各种原料完全分解出水泥中的有用成分，主要是氧化钙(CaO)、二氧化硅(SiO_2)、三氧化二铝(Al_2O_3)和三氧化二铁(Fe_2O_3)。其中，在 800℃ 左右少量分解出的氧化物已开始发生固相反应，生成铝酸一钙、少量的铁酸二钙及硅酸二钙；900～1100℃，铝酸三钙和铁铝酸四钙开始生成；1100～1200℃，大量生成硅酸二钙、铝酸三钙和铁铝酸四钙；1300～1450℃，铝酸三钙和铁铝酸四钙呈熔融状态，产生的液相把 CaO 及部分硅酸二钙溶解于其中，在此液相中，硅酸二钙吸收 CaO 化合生成硅酸三钙。这是煅烧水泥的关键，必须停留足够的时间，使原料中游离的氧化钙被吸收，以保证水泥熟料的质量。

【例 4-1】某立窑水泥厂生产的普通水泥游离 CaO 含量较高，加水拌合后，初凝时间仅为 40min，本属于废品，但放置一个月后，凝结时间却恢复正常，而强度下降，请分析原因。

4.1.3 硅酸盐水泥熟料的矿物组成及特性

1. 硅酸盐水泥熟料的矿物组成

硅酸盐水泥熟料简称熟料,是经过一定的高温烧结而成的,其主要矿物组成如下:硅酸三钙($3CaO \cdot SiO_2$,简写为 C_3S),含量为 37%~60%;硅酸二钙($2CaO \cdot SiO_2$,简写为 C_2S),含量为 15%~37%;铝酸三钙($3CaO \cdot Al_2O_3$,简写为 C_3A),含量为 7%~15%;铁铝酸四钙($4CaO \cdot Al_2O_3 \cdot Fe_2O_3$,简写为 C_4AF),含量为 10%~18%。

在硅酸盐水泥熟料中,硅酸三钙、硅酸二钙的含量占总量的 75%以上,故称为硅酸盐水泥;铝酸三钙、铁铝酸四钙占总量的 25%左右。除以上四种主要矿物外,硅酸盐水泥熟料中还含有少量其他成分,列举如下。

(1) 游离氧化钙。其含量过高将造成水泥体积安定性不良,危害很大。

(2) 游离氧化镁。若其含量高、晶粒大时,也会导致水泥体积安定性不良。

(3) 含碱矿物以及玻璃体等。含碱矿物及玻璃体中 Na_2O 和 K_2O 含量高的水泥,当遇到活性骨料时,容易产生碱-骨料膨胀反应。

2. 水泥熟料矿物的水化特性

水泥的建筑技术性能,主要是由水泥熟料中的几种主要矿物水化作用的结果决定的。水泥的各种矿物单独与水作用时所表现的特性如下。

1) 硅酸三钙

硅酸三钙是硅酸盐水泥中最主要的矿物组成,其含量通常在 50%左右,它对硅酸盐水泥的性质有重要影响。硅酸三钙水化速度较快,水化热高,且早期强度高,28d 的强度可达一年强度的 70%~80%。

2) 硅酸二钙

硅酸二钙在硅酸盐水泥中的含量为 15%~37%,也是硅酸盐水泥中的主要矿物组成。硅酸二钙遇水时水化反应较慢,水化热很低,早期强度较低而后期强度高,耐化学侵蚀性好,干缩性较小。

3) 铝酸三钙

铝酸三钙在硅酸盐水泥中的含量通常在 15%以下,它是四种矿物组成中遇水反应速度最快、水化热最高的组分。铝酸三钙的含量决定了水泥的凝结速度和放热量。铝酸三钙的强度形成快,3d 的强度几乎接近最终强度,对提高水泥的早期强度起一定的作用。但其耐化学侵蚀性差,干缩性大。

4) 铁铝酸四钙

铁铝酸四钙在硅酸盐水泥中通常含量为 10%~18%,遇水反应较快,水化热较高,强度低,对水泥抗折强度起重要作用。铁铝酸四钙的耐化学侵蚀性好,干缩性小。

硅酸盐水泥熟料的主要矿物组成的特性归纳如表 4-2 所示。

表 4-2 硅酸盐水泥熟料的主要矿物组成的特性

特 性	硅酸三钙(C_3S)	硅酸二钙(C_2S)	铝酸三钙(C_3A)	铁铝酸四钙(C_4AF)
含量/%	37~60	15~37	7~15	10~18
水化速度	快	慢	最快	快

续表

特 性	硅酸三钙(C_3S)	硅酸二钙(C_2S)	铝酸三钙(C_3A)	铁铝酸四钙(C_4AF)
水化热	高	低	最高	中
强度	高	早期低,后期高	低	低
耐化学侵蚀	差	好	最差	中
干缩性	大	中	最大	小

水泥熟料的各种矿物强度的增长情况如图4-2所示;放热量随龄期的增长情况如图4-3所示。

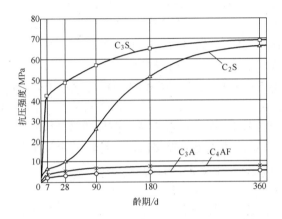

图4-2 水泥熟料矿物在不同龄期的抗压强度

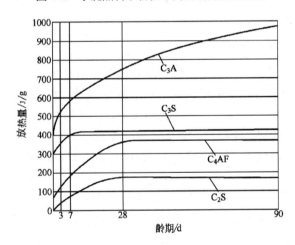

图4-3 水泥熟料矿物在不同龄期的放热量

3. 水泥熟料矿物组成对水泥性能的影响

由表4-2可知,水泥熟料中各矿物的含量,决定了水泥某一方面的性能,当改变各矿物的含量时,水泥性质即发生相应的变化。例如,提高熟料中C_3S的含量,就可制得高强度水泥;减少熟料中C_3A和C_3S的含量、提高C_2S的含量,可制得水化热低的大坝水泥;提高熟料中C_4AF和C_3S的含量,则可制得较高抗折强度的道路水泥。

4.1.4 硅酸盐水泥的作用、凝结与硬化

1. 硅酸盐水泥的水化作用

水泥加水后，水泥颗粒被水包围，其熟料矿物颗粒表面立即与水发生化学反应，生成了一系列新的化合物，并释放出一定的热量。其反应式如下：

$$2(3CaO \cdot SiO_2) + 6H_2O = 3CaO \cdot 2SiO_2 \cdot 3H_2O + 3Ca(OH)_2$$
（硅酸三钙）　　　　　　（水化硅酸钙）　　（氢氧化钙）

$$2(2CaO \cdot SiO_2) + 4H_2O = 3CaO \cdot 2SiO_2 \cdot 3H_2O + Ca(OH)_2$$
（硅酸二钙）　　　　　　（水化硅酸钙）　　（氢氧化钙）

$$3CaO \cdot Al_2O_3 + 6H_2O = 3CaO \cdot Al_2O_3 \cdot 6H_2O$$
（铝酸三钙）　　　　　（水化铝酸钙）

$$4CaO \cdot Al_2O_3 \cdot Fe_2O_3 + 7H_2O = 3CaO \cdot Al_2O_3 \cdot 6H_2O + CaO \cdot Fe_2O_3 \cdot H_2O$$
（铁铝酸四钙）　　　　　　（水化铝酸钙）　　　　（水化铁酸钙）

为了调节水泥的凝结时间，在熟料磨细时应掺加适量(3%左右)的石膏，这些石膏与部分水化铝酸钙反应，生成难溶的水化硫铝酸钙，呈针状晶体并伴有明显的体积膨胀。

$$3CaO \cdot Al_2O_3 \cdot 6H_2O + 3(CaSO_4 \cdot 2H_2O) + 19H_2O = 3CaO \cdot Al_2O_3 \cdot 3CaSO_4 \cdot 31H_2O$$
（水化铝酸钙）　　　　（石膏）　　　　　　　　　　（水化硫铝酸钙）

综上所述，硅酸盐水泥与水作用后，生成的主要水化产物有水化硅酸钙、水化铁酸钙凝胶体，氢氧化钙、水化铝酸钙和水化硫铝酸钙晶体。在完全水化的水泥石中，水化硅酸钙约占50%，氢氧化钙约占25%。

2. 硅酸盐水泥的凝结和硬化

随着水泥水化反应的进行，水泥浆体逐渐变稠失去可塑性，但尚不具有一定强度的过程称为"凝结"。此后，随着水化反应的进一步进行，凝结的水泥浆体开始产生一定强度并逐渐发展成坚硬的石状体——水泥石，这一过程称为"硬化"。一般按水泥的水化反应速率和水泥浆体的结构特征，将凝结、硬化过程分为初始反应期[见图4-4(a)]、潜伏期[又称诱导期，见图4-4(b)]、凝结期[见图4-4(c)]和硬化期[见图4-4(d)]四个阶段。

当水泥加水拌合后，在水泥颗粒表面立即发生水化反应，生成的胶体状水化产物聚集在颗粒表面，使化学反应减慢，未水化的水泥颗粒分散在水中，成为水泥浆体。此时水泥浆体具有良好的可塑性，如图4-4(a)所示。随着水化反应继续进行，新生成的水化物逐渐增多，自由水分不断减少，水泥浆体逐渐变稠，包有凝胶层的水泥颗粒凝结成多孔的空间网络结构。由于此时水化物还不多，包有水化物膜层的水泥颗粒相互间的引力较小，颗粒之间尚可分离，如图4-4(b)所示。水泥颗粒不断水化，水化产物不断生成，水化凝胶体的含量不断增加，生成的胶体状水化产物不断增多并在某些点接触，构成疏松的网状结构，使浆体失去流动性及可塑性，水泥逐渐凝结，如图4-4(c)所示。此后由于生成的水化硅酸钙凝胶、氢氧化钙和水化硫铝酸钙晶体等水化产物不断增多，它们相互接触连生，到一定程度建立起较紧密的网状结晶结构，并在网状结构内部不断充实水化产物，使水泥具有初步的强度。随着硬化时间(龄期)的延续，水泥颗粒内部未水化部分将继续水化，使晶体逐渐增多，凝胶

体逐渐密实，水泥石就具有越来越大的胶结力和强度，最后形成具有较高强度的水泥石，水泥进入硬化阶段，如图 4-4(d)所示。这就是水泥的凝结硬化过程。

硬化后的水泥石是由晶体、胶体、未水化完的水泥熟料颗粒、游离水分和大小不等的孔隙组成的不均质结构体，如图 4-4(d)所示。

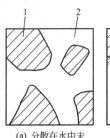 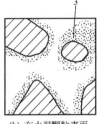 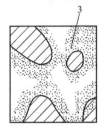 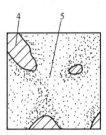

(a) 分散在水中未水化的水泥颗粒　(b) 在水泥颗粒表面形成水化物膜层　(c) 膜层长大并互相连接(凝结)　(d) 水化物进一步发展，填充毛细孔(硬化)

图 4-4　水泥凝结硬化过程示意图

1—水泥颗粒；2—水分；3—凝胶；4—水泥颗粒的未水化的内核；5—毛细孔

由上述过程可知，水泥的凝结硬化是从水泥颗粒表面逐渐深入到内层的，在最初的几天(1~3d)内水分渗入速度快，所以强度增加率快，大致 28d 可完成这个过程的基本部分。随后，水分渗入越来越难，所以水化作用就越来越慢。另外，强度的增长还与温度、湿度有关。温度、湿度越高，水化速度越快，则凝结硬化越快；反之则慢。若水泥石处于完全干燥的情况下，水化就无法进行，硬化停止，强度不再增长。所以，混凝土构件浇注后应加强洒水养护；当温度低于 0℃时，水化基本停止。因此，冬期施工时，需要采取保温措施，保证水泥凝结硬化的正常进行。实践证明，若温度和湿度适宜，未水化的水泥颗粒仍将继续水化，水泥石的强度在几年甚至几十年后仍缓慢增长。

3. 影响硅酸盐水泥凝结、硬化的主要因素

1) 水泥矿物组成和水泥细度的影响

水泥的矿物组成及各组分的比例是影响水泥凝结硬化最主要的因素。不同矿物成分单独和水起反应时所表现出来的特点是不同的，其强度发展规律也必然不同，如在水泥中提高 C_3A 的含量，将使水泥的凝结硬化速度加快，同时水化热也大。一般地，若在水泥熟料中掺加混合材料，则将使水泥的抗侵蚀性提高、水化热降低、早期强度降低。

水泥颗粒的粗细直接影响水泥的水化、凝结硬化、强度及水化热等。这是因为水泥颗粒越细，总表面积越大，与水的接触面积也大，因此水化和凝结硬化速度也相应增快，早期强度也高。但水泥颗粒过细，容易与空气中的水分及二氧化碳反应，致使水泥不宜久存。过细的水泥硬化时产生的收缩亦较大，水泥磨得越细，耗能越多，成本越高。通常，水泥颗粒的粒径为 7~200μm。

2) 石膏掺量的影响

石膏称为水泥的缓凝剂，主要用于调节水泥的凝结时间，是水泥中不可缺少的组分。水泥熟料在不加入石膏的情况下与水拌合会立即凝结，同时释放出热量。其主要原因是熟料中的 C_3A 的水化活性比水泥中其他矿物成分的活性高，可以很快溶于水中，在溶液中电离出三价铝离子(Al^{3+})。在胶体体系中，当存在高价电荷时，可以促进胶体的凝结作用，使水泥不能正常使用。石膏起缓凝作用的机理：水泥水化时，石膏很快与 C_3A 作用产生很难溶于水的水化硫铝酸钙(钙矾石)，它沉淀在水泥颗粒表面，形成保护膜，从而阻碍了 C_3A 过快的水化反应，并延缓了水泥的凝结时间。

石膏的掺量太少，缓凝效果不显著；过多地掺入石膏，其本身会生成一种促凝物质，反而使水泥快凝。适宜的石膏掺量主要取决于水泥中 C_3A 的含量和石膏中 SO_3 的含量，同时也与水泥细度及熟料中 SO_3 的含量有关。石膏掺量一般为水泥重量的 3%～5%。若水泥中石膏掺量超过规定的限量时，还会引起水泥强度降低，严重时会引起水泥体积安定性不良，使水泥石产生膨胀性破坏。所以国家标准规定硅酸盐水泥中 SO_3 的含量不得超过 3.5%。

3) 水灰比的影响

水泥水灰比的大小直接影响新拌水泥浆体内毛细孔的数量，拌合水泥时，用水量过大，新拌水泥浆体内毛细孔的数量就会增多。由于生成的水化物不能填充大多数毛细孔，从而不能使水泥总的孔隙率减小，必然使水泥的密实程度不高、强度降低。在不影响拌合、施工的条件下，水灰比小，则水泥浆稠，水泥石的整体结构内毛细孔减少，胶体网状结构易于形成，促使水泥的凝结硬化速度加快，强度得到显著提高。

4) 养护条件(温度、湿度)的影响

养护环境有足够的温度和湿度，有利于水泥的水化和凝结硬化过程，以及有利于水泥早期强度的发展。如果环境十分干燥，水泥中的水分蒸发，会导致水泥不能充分水化，同时硬化也将停止，严重时会使水泥石产生裂缝。

通常，养护时温度升高，水泥的水化加快，早期强度发展也快。若在较低的温度下硬化，虽然强度发展较慢，但最终强度不受影响。当温度低于5℃时，水泥的凝结硬化速度大大减慢；当温度低于0℃时，水泥的水化基本停止，强度不但不增长，甚至会因水结冰而导致水泥石结构被破坏。在实际工程中，常常通过蒸汽养护、压蒸养护来加快水泥制品的凝结硬化过程。

5) 养护龄期的影响

水泥的水化硬化是一个较长时期内不断进行的过程，随着水泥熟料颗粒内各矿物水化程度的提高，凝胶体不断增加，毛细孔不断减少，使得水泥石的强度随龄期增长而增加。实践证明，水泥一般在 28d 内强度发展较快，28d 后增长缓慢。

此外，水泥中外加剂的应用、水泥的储存条件等，对水泥的凝结硬化和强度都有一定的影响。

4.1.5 硅酸盐水泥的技术要求和技术标准

音频 1.外加剂对硅酸盐水泥凝结硬化的影响

1. 硅酸盐水泥的技术要求

1) 化学指标

水泥的化学指标主要是控制水泥中有害化学成分的含量，若超过最大允许限量，则意味着对水泥性能和质量可能产生有害的或潜在的影响。

(1) 氧化镁含量。

在水泥熟料中存在游离的氧化镁，它的水化速度很慢，通常在水泥硬化后才开始水化并产生体积膨胀，导致水泥石结构产生裂缝甚至破坏。因此，氧化镁是引起水泥体积安定性不良的原因之一。

(2) 三氧化硫含量。

水泥中的三氧化硫主要是在生产水泥的过程中掺入石膏，或者是煅烧水泥熟料时加入石膏矿化剂带入的。石膏含量超过一定限量后，还会继续水化并产生膨胀，使水泥性能变坏，甚至导致结构物破坏。因此，三氧化硫也是引起水泥体积安定性不良的原因之一。

(3) 烧失量。

烧失量是指水泥经高温灼烧后质量的损失，主要由水泥中未煅烧掉的组分所产生的。当水泥煅烧不理想或者受潮后，会导致烧失量增大。烧失量过高会影响水泥的性能，因此，烧失量是检验水泥质量的一项指标。

(4) 不溶物。

水泥中的不溶物主要是指煅烧过程中存留的残渣，其含量会影响水泥的黏结质量。水泥中不溶物的测定是用盐酸溶解滤去不溶残渣，经碳酸钠处理再用盐酸中和，高温灼烧到恒重后称量的，灼烧后不溶物质量占试样总质量的比例即为不溶物的含量。

(5) 碱含量。

碱含量是指水泥中 Na_2O 和 K_2O 的含量。水泥中含碱是引起混凝土产生碱-骨料反应的条件。当使用活性骨料时，要使用低碱水泥。

2) 物理指标

(1) 细度。

细度是指水泥颗粒的粗细程度。它直接影响着水泥的性能和使用，细度越细，水泥与水起反应的面积越大，水化反应速度越快、越充分。所以相同矿物组成的水泥，细度越大，早期强度越高，凝结硬化速度越快，析水量减少。但是，水泥太细，其在空气中硬化收缩较大，磨制水泥的成本也较高。因此，对水泥的细度应合理控制。

扩展资源 1.
水泥细度检验

水泥细度采用比表面积法或筛析法测定。比表面积法以 1kg 水泥所具有的总表面积 (m^2/kg) 来表示。硅酸盐水泥和普通硅酸盐水泥的比表面积应不小于 $300m^2/kg$。筛析法是以在 0.08mm 方孔筛上的筛余不大于 10%或 0.045mm 方孔筛上的筛余不大于 30%为合格。

(2) 水泥标准稠度用水量。

为使水泥的凝结时间和安定性的测定结果具有可比性，在测定这两项时必须采用标准稠度的水泥净浆。水泥标准稠度用水量是指水泥净浆达到标准稠度时的用水量，以水占水泥质量的百分数表示。采用标准维卡仪测定时，以试杆沉入水泥净浆并距底板(6 ± 1)mm 的净浆为"标准稠度"。水泥浆越稠，维卡仪下沉时所受的阻力越大，因此下沉深度越小(距底板的距离越大)；反之，下沉深度越大(距底板的距离越小)。因此，维卡仪试杆距底板的距离能反映出水泥浆的稀稠程度。

(3) 凝结时间。

水泥凝结时间分初凝时间和终凝时间。从水泥加入拌合用水中至水泥浆开始失去塑性所需的时间，称为初凝时间。自水泥加入拌合用水中至水泥浆完全失去塑性所需的时间，称为终凝时间。

水泥凝结时间用维卡仪测定，以标准稠度水泥净浆，在标准的温度、湿度下测定。国家标准规定，从水泥加入拌合水中起，至试针沉入水泥净浆中，并距底板(4 ± 1)mm 时所经历的时间称为初凝时间；从水泥加入拌合水中起，至试针沉入水泥净浆 0.5mm 时所经历的时间称为终凝时间，如图 4-5 所示。

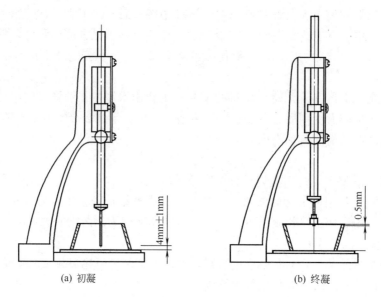

(a) 初凝　　　　　　　　　　(b) 终凝

图 4-5　用维卡仪测定水泥凝结时间示意图

水泥的凝结时间在施工中具有重要意义。初凝不宜过早，是为了保证有足够的时间在初凝之前完成混凝土成型等各工序的操作；终凝不宜过迟，是为了使混凝土在浇捣完毕后能尽早完成凝结硬化，以利于下一道工序及早进行。因此，应严格控制水泥的凝结时间。国家标准规定，硅酸盐水泥的初凝时间不得早于 45min，终凝时间不得迟于 6.5h；普通硅酸盐水泥的初凝时间不得早于 45min，终凝时间不得迟于 10h。

扩展资源 2.水泥凝结时间的测定

(4) 体积安定性。

水泥的体积安定性，是指水泥在凝结硬化过程中，水泥体积变化的均匀性。如果水泥凝结硬化后体积变化不均匀，水泥混凝土构件将产生膨胀性裂缝，降低建筑物的质量，甚至引起严重事故。这就是水泥的体积安定性不良。体积安定性不良的水泥作不合格品处理，不能用于工程中。

引起水泥体积安定性不良的主要原因是熟料中含过量的游离氧化钙、游离氧化镁、三氧化硫或粉磨熟料时掺入的石膏过量。过量物质熟化很慢，在水泥凝结硬化后才慢慢熟化，熟化过程中产生体积膨胀，使水泥石开裂。石膏掺入过量，将与已固化的水化铝酸钙作用生成水化硫铝酸钙晶体，产生 1.5 倍体积膨胀，造成已硬化的水泥石开裂。

国家标准规定，由游离氧化钙引起的水泥体积安定性不良可采用沸煮法检验。所谓沸煮法，包括试饼法和雷氏法两种。试饼法是将标准稠度水泥净浆做成试饼，沸煮 3h 后，若用肉眼观察未发现裂纹、用直尺检查没有弯曲现象，则称为安定性合格。雷氏法是测定水泥净浆在雷氏夹中沸煮硬化后的膨胀值，若膨胀值在规定范围内为安定性合格。当试饼法和雷氏法两者结论有矛盾时，以雷氏法为准。

游离氧化镁的水化作用比游离氧化钙更加缓慢，必须用压蒸法才能检验出它的危害作用。石膏的危害作用须经长期浸在常温水中才能发现。氧化镁和石膏所导致的体积安定性不良不便于快速检验，因此，通常在水泥生产中进行严格控制。国家标准规定，硅酸盐水泥和普通硅酸盐水泥中游离氧化镁的含量不得超过 5%，其他通用硅酸盐水泥中游离氧化镁的含量不得超过 6%；对于三氧化硫的含量，矿渣水泥不得超过 4%，其他水泥不得超过 3.5%。

扩展资源 3.水泥安定性实验

3) 力学性质

(1) 强度。

水泥强度是表明水泥质量的重要技术指标，也是划分水泥强度等级的依据。

国家标准《水泥胶砂强度检验方法(ISO 法)》(GB/T 17671—2021)规定，采用软练胶砂法测定水泥强度。该方法是将按质量计的一份水泥、三份中国 ISO 标准砂，用 0.5 的水灰比拌制成水泥胶砂，制成 40mm×40mm×160mm 的试件，试件连模一起在湿气中养护 24h 后，再脱模放在标准温度为(20±1)℃的水中养护，分别测定 3d 和 28d 的抗压强度和抗折强度。

(2) 强度等级及型号。

根据规定龄期的抗压强度及抗折强度来划分水泥的强度等级，硅酸盐水泥各龄期的强度值不低于表 4-3 中的数值。在规定各龄期的强度均符合某一强度等级的最低强度值要求时，以 28d 抗压强度值(MPa)作为强度等级，硅酸盐水泥分为 42.5、42.5R、52.5、52.5R、62.5、62.5R 六个强度等级。

表 4-3 硅酸盐水泥的强度指标

强度等级	抗压强度/MPa		抗折强度/MPa	
	3d	28d	3d	28d
42.5	≥17	≥42.5	≥3.5	≥6.5
42.5R	≥22		≥4	
52.5	≥23	≥52.5	≥4	≥7
52.5R	≥27		≥5	
62.5	≥28	≥62.5	≥5	≥8
62.5R	≥32		≥5.5	

为提高水泥的早期强度，我国现行标准将水泥分为普通型和早强型(或称 R 型)两个型号。早强型水泥 3d 的抗压强度较同强度等级的普通型水泥提高 10%～24%；早强型水泥 3d 的抗压强度可达 28d 抗压强度的 50%。为了确保水泥在工程中的使用质量，生产厂在控制出厂水泥 28d 的抗压强度时，均留有一定的富余强度。在设计混凝土强度时，可采用水泥实际强度。通常富余系数为 1～1.13。

2. 硅酸盐水泥的技术标准

硅酸盐水泥的技术标准，按我国现行国标《通用硅酸盐水泥》(GB 175—2007)的有关规定，汇总摘列于表 4-4。

国家标准中还规定：凡氧化镁、三氧化硫、氯离子、烧失量、不溶物、安定性、凝结时间和强度中任一项不符合标准规定时，均为不合格品；若水泥仅强度低于规定指标时，可以降级使用。

表 4-4 硅酸盐水泥的技术标准

项目	细度比表面积 /(m²/kg)	凝结时间 /min		安定性(沸煮法)	抗压强度 /MPa	不溶物/%		水泥中 MgO/%	水泥中 SO₃/%	烧失量/%		水泥中碱含量/%
		初凝	终凝			Ⅰ型	Ⅱ型			Ⅰ型	Ⅱ型	
指标	>300	≥45	≤390	必须合格	见表 4-3	≤0.75	≤1.5	≤5[①]	≤3.5	≤3	≤3.5	≤0.6%[②]
试验方法	GB/T 8074—2008	GB/T 1346—2011			GB/T 17671—2021	GB/T 176—2017						

注：① 如果水泥经压蒸安定性合格，则水泥中 MgO 含量允许放宽到 6%。

② 水泥中碱含量以 $Na_2O+0.658K_2O$ 计算值来表示，若使用活性骨料，用户要求低碱水泥时，水泥中的碱含量不得大于 0.6%或由买卖双方商定。

4.1.6 硅酸盐水泥石的腐蚀与防止

硅酸盐水泥石的腐蚀与防止

4.2 掺混合材料的硅酸盐水泥

凡在硅酸盐水泥熟料中，掺入一定量的混合材料和适量石膏共同磨细制成的水硬性胶凝材料，均属于掺混合材料的硅酸盐水泥。在硅酸盐水泥熟料中掺加一定量的混合材料，能改善水泥的性能，增加水泥的品种，提高水泥的产量，调节水泥的强度等级，扩大水泥的使用范围。掺混合材料的硅酸盐水泥有普通硅酸盐水泥、矿渣硅酸盐水泥、火山灰质硅酸盐水泥、粉煤灰硅酸盐水泥及复合硅酸盐水泥。

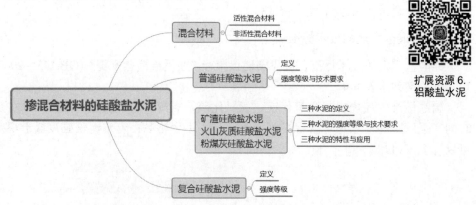

扩展资源 6. 铝酸盐水泥

> **带着问题学知识**
>
> 混合材料主要指哪些材料？
> 什么是普通硅酸盐水泥？
> 矿渣硅酸盐水泥、火山灰质硅酸盐水泥和粉煤灰硅酸盐水泥各是什么？
> 什么是复合硅酸盐水泥？

4.2.1 混合材料

用于水泥中的混合材料分为活性混合材料和非活性混合材料两大类。

1. 活性混合材料

磨成细粉掺入水泥后，能与水泥水化产物的矿物成分起化学反应，生成水硬性胶凝材料，凝结硬化后具有强度并能改善硅酸盐水泥的某些性质，称为活性混合材料。常用的活性混合材料有粒化高炉矿渣、火山灰质混合材料和粉煤灰。

1) 粒化高炉矿渣

粒化高炉矿渣是指将炼铁高炉的熔融矿渣经急速冷却而生成的质地疏松、多孔的颗粒状材料。粒化高炉矿渣中的活性成分，主要是活性 Al_2O_3 和 SiO_2，即使在常温下也可与 $Ca(OH)_2$ 起化学反应并产生强度。在含 CaO 较高的碱性矿渣中，因其中还含有 $2CaO·SiO_2$ 等成分，故本身具有弱的水硬性。

2) 火山灰质混合材料

这类材料是具有火山灰活性的天然的或人工的矿物质材料，火山灰、凝灰岩、硅藻石、烧黏土、煤渣、煤矸石渣等都属于火山灰质混合材料。这些材料都含有活性的 Al_2O_3 和 SiO_2，经磨细后，在 $Ca(OH)_2$ 的碱性作用下，可在空气中硬化，之后在水中继续硬化增加强度。

3) 粉煤灰

粉煤灰是指发电厂锅炉用煤粉做燃料，从其烟气中排出的细颗粒废渣。粉煤灰中含有较多的活性 Al_2O_3 和 SiO_2，与 $Ca(OH)_2$ 化合能力较强，具有较高的活性。

2. 非活性混合材料

经磨细后加入水泥中，不具有活性或活性很微弱的矿质材料，称为非活性混合材料。它们掺入水泥中仅起提高产量、调节水泥强度等级、节约水泥熟料的作用。这类材料有磨细石英砂、石灰石、黏土、慢冷矿渣及各种废渣。

上述活性混合材料都含有大量活性的 Al_2O_3 和 SiO_2，它们在 $Ca(OH)_2$ 溶液中，会发生水化反应，在饱和的 $Ca(OH)_2$ 溶液中水化反应更快，生成水化硅酸钙和水化铝酸钙，其反应式如下：

$$x\,Ca(OH)_2 + SiO_2 + mH_2O = xCaO·SiO_2·nH_2O$$

$$y\,Ca(OH)_2 + Al_2O_3 + mH_2O = yCaO·Al_2O_3·nH_2O$$

当液相中有 $CaSO_4·2H_2O$ 存在时，将与 $CaO·Al_2O_3·nH_2O$ 反应生成水化硫铝酸钙。水泥

熟料的水化产物 $Ca(OH)_2$，以及水泥中的石膏具备了使活性混合材料发挥活性的条件，即 $Ca(OH)_2$ 和 $CaSO_4·2H_2O$ 起着激发水泥水化、促进水泥硬化的作用，故称为激发剂。常用的激发剂有碱性激发剂和硫酸盐激发剂两类。硫酸盐激发剂的激发作用必须在有碱性激发剂的条件下才能充分发挥。

4.2.2 普通硅酸盐水泥

1. 定义

凡是由硅酸盐水泥熟料、6%～20%混合材料、适量石膏磨细制成的水硬性胶凝材料，称为普通硅酸盐水泥(简称普通水泥)，代号为 P·O。

掺活性混合材料时，最大掺量不得超过20%，其中允许用不超过水泥质量5%的窑灰或不超过水泥质量8%的非活性混合材料来代替。掺非活性混合材料，最大掺量不得超过水泥质量的8%。由于普通水泥混合料掺量很小，因此其性能与同等级的硅酸盐水泥相近。但由于掺入了少量的混合材料，与硅酸盐水泥相比，普通水泥的硬化速度稍慢，其 3d、28d 的抗压强度稍低，这种水泥被广泛应用于各种强度等级的混凝土或钢筋混凝土工程，是我国水泥的主要品种之一。

2. 强度等级与技术要求

普通水泥按照国家标准《通用硅酸盐水泥》(GB 175—2007)规定，分为42.5、42.5R、52.5、52.5R 四个强度等级，各强度等级水泥的各龄期强度不得低于表 4-5 中的数值，其他技术指标如表 4-6 所示。

表 4-5　普通硅酸盐水泥各龄期的强度要求

强度等级	抗压强度/MPa		抗折强度/MPa	
	3d	28d	3d	28d
42.5	≥17	≥42.5	≥3.5	≥6.5
42.5R	≥22		≥4	
52.5	≥23	≥52.5	≥4	≥7
52.5R	≥27		≥5	

注：R——早强型。

表 4-6　普通硅酸盐水泥的技术指标

项 目	细度比表面积 /(m²/kg)	凝结时间		安定性 (沸煮法)	抗压强度 /MPa	水泥中 MgO/%	水泥中 SO₃/%	烧失量 /%	水泥中碱含量 /%
		初凝 /min	终凝 /h						
指标	>300	≥45	≤600	必须合格	见表 4-5	≤5	≤3.5	≤5	0.6
试验方法	GB/T 8074—2008	GB/T 1346—2011			GB/T 17671—2021	GB/T 176—2017			

4.2.3 矿渣硅酸盐水泥、火山灰质硅酸盐水泥和粉煤灰硅酸盐水泥

1. 定义

1) 矿渣硅酸盐水泥

凡是由硅酸盐水泥熟料和粒化高炉矿渣、适量石膏磨细制成的水硬性胶凝材料称为矿渣硅酸盐水泥(简称矿渣水泥)，代号为 P·S(A 或 B)。水泥中粒化高炉矿渣掺量按质量百分比计为 21%～50%者，代号为 P·S·A；水泥中粒化高炉矿渣掺量按质量百分比计为 51%～70%者，代号为 P·S·B。允许用石灰石、窑灰、粉煤灰和火山灰质混合材料中的一种材料代替矿渣，代替数量不得超过水泥质量的 8%。

矿渣硅酸盐水泥的水化分两步进行，首先是熟料矿物的水化，生成水化硅酸钙、水化铝酸钙、水化铁酸钙、氢氧化钙、水化硫铝酸钙等水化物；其次是 $Ca(OH)_2$ 起着碱性激发剂的作用，与矿渣中的活性 Al_2O_3 和活性 SiO_2 作用生成水化硅酸钙、水化铝酸钙等水化物。两种反应既交替进行又相互制约。矿渣中的 C_2S 也和熟料中的 C_2S 一样参与水化作用，生成水化硅酸钙。

音频 2.矿渣硅酸盐水泥中石膏的作用

2) 火山灰质硅酸盐水泥

凡是由硅酸盐水泥熟料和火山灰质混合材料、适量石膏磨细制成的水硬性胶凝材料称为火山灰质硅酸盐水泥(简称火山灰水泥)，代号为 P·P。水泥中火山灰质混合材料掺量按质量百分比计为 21%～40%。

火山灰质硅酸盐水泥的水化、硬化过程及水化产物与矿渣硅酸盐水泥类似。水泥加水后，首先是熟料矿物的水化，生成水化硅酸钙、水化铝酸钙、水化铁酸钙、氢氧化钙、水化硫铝酸钙等水化物；其次是 $Ca(OH)_2$ 起着碱性激发剂的作用，再与火山灰质混合材料中的活性 Al_2O_3 和活性 SiO_2 作用生成水化硅酸钙、水化铝酸钙等水化物。火山灰质混合材料品种多，组成与结构差异较大，虽然各种火山灰水泥的水化、硬化过程基本相同，但水化速度和水化产物等却随着混合材料、硬化环境和水泥熟料的不同而发生变化。

3) 粉煤灰硅酸盐水泥

凡是由硅酸盐水泥熟料和粉煤灰、适量石膏磨细制成的水硬性胶凝材料称为粉煤灰硅酸盐水泥(简称粉煤灰水泥)，代号为 P·F。水泥中粉煤灰掺量按质量百分比计为 21%～40%。

粉煤灰硅酸盐水泥的水化、硬化过程与矿渣硅酸盐水泥相似，但也有不同之处。粉煤灰的活性组成主要是玻璃体，这种玻璃体比较稳定，而且结构致密、不易水化。在水泥熟料水化产物 $Ca(OH)_2$ 的激发下，经过 28d 到 3 个月的水化龄期，才能在玻璃体表面形成水化硅酸钙和水化铝酸钙。

2. 强度等级与技术要求

矿渣硅酸盐水泥、火山灰质硅酸盐水泥、粉煤灰硅酸盐水泥按照我国现行标准《通用硅酸盐水泥》(GB 175—2007)的规定，分为 32.5、32.5R、42.5、42.5R、52.5、52.5R 六个强度等级，各强度等级水泥的各龄期强度不得低于表 4-7 中的数值，其他技术指标如表 4-8 所示。

表 4-7 矿渣水泥、火山灰水泥、粉煤灰水泥各龄期的强度要求

强度等级	抗压强度/MPa		抗折强度/MPa	
	3d	28d	3d	28d
32.5	≥10	≥32.5	≥2.5	≥5.5
32.5R	≥15		≥3.5	
42.5	≥15	≥42.5	≥3.5	≥6.5
42.5R	≥19		≥4	
52.5	≥21	≥52.5	≥4	≥7
52.5R	≥23		≥4.5	

注：R——早强型。

表 4-8 矿渣水泥、火山灰水泥、粉煤灰水泥技术指标

项目	细度(0.88mm方孔筛)的筛余量/%	凝结时间		安定性(沸煮法)	抗压强度/MPa	水泥中MgO/%	水泥中 SO_3/%		碱含量按 Na_2O+0.658K_2O 计/%
		初凝/min	终凝/h				矿渣水泥	火山灰、粉煤灰水泥	
指标	≤10%	≥45	≤600	必须合格	见表4-7	≤6①	≤4	≤3.5	供需双方商定②
试验方法	GB/T 1345—2005	GB/T 1346—2011			GB/T 17671—2021	GB/T 176—2017			

注：① 如果水泥中氧化镁的含量(质量分数)大于6%时，须进行水泥压蒸安定性试验并合格。
② 若使用活性骨料需要限制水泥中的碱含量时，由供需双方商定。

3．矿渣水泥、火山灰水泥和粉煤灰水泥的特性与应用

1) 三种水泥的共性

三种水泥均掺有较多的混合材料，所以有以下共性。

(1) 凝结硬化慢，早期强度低，后期强度增长较快。

三种水泥的水化过程较硅酸盐水泥复杂。首先是水泥熟料矿物与水反应，生成的氢氧化钙和掺入水泥中的石膏分别作为混合材料的碱性激发剂和硫酸盐激发剂；其次是与混合材料中的活性氧化硅、氧化铝进行二次化学反应。由于三种水泥中熟料矿物含量减少，而且水化分两步进行，所以凝结硬化速度减慢，不宜用于早期强度要求较高的工程。

(2) 水化热较低。

由于水泥中熟料的减少，使水泥水化时发热量高的 C_3S 和 C_3A 的含量相对减少，故水化热较低，可优先使用于大体积混凝土工程，不宜用于冬季施工。

(3) 抗腐蚀能力好，抗碳化能力较差。

这类水泥水化产物中 $Ca(OH)_2$ 含量少、碱度低，故抗碳化能力较差，对防止钢筋锈蚀不利，不宜用于重要的钢筋混凝土结构和预应力混凝土。但其抗溶出性侵蚀、抗盐酸类侵

蚀及抗硫酸盐侵蚀的能力较强，宜用于有耐腐蚀要求的混凝土工程。

(4) 对温度敏感，蒸汽养护效果好。

这三种水泥在低温条件下水化速度明显减慢，在蒸汽养护的高温高湿环境中，活性混合材料参与二次水化反应，强度增长比硅酸盐水泥快。

(5) 抗冻性、耐磨性差。

与硅酸盐水泥相比较，这三种水泥由于加入较多的混合材料，用水量增大，水泥石中孔隙较多，故抗冻性、耐磨性较差，不适用于受反复冻融作用的工程及有耐磨要求的工程。

2) 三种水泥的特点

矿渣水泥、火山灰水泥和粉煤灰水泥除上述共性外，还有其各自的特点。

(1) 矿渣水泥。

由于矿渣水泥硬化后氢氧化钙的含量低，矿渣又是水泥的耐火掺料，所以矿渣水泥具有较好的耐热性，可用于配制耐热混凝土。同时，由于矿渣为玻璃体结构，亲水性差，因此矿渣水泥保水性差，容易生产泌水，干缩性较大，不适用于有抗渗要求的混凝土工程。

(2) 火山灰水泥。

火山灰水泥需水量大，在硬化过程中的干缩比矿渣水泥更显著，在干热环境中容易产生干缩裂缝。因此，火山灰水泥不适用于干燥环境中的混凝土工程，使用时必须加强养护，使其在较长时间内保持潮湿状态。

火山灰水泥颗粒较细，泌水性小，故具有较高的抗渗性，适用于有一般抗渗要求的混凝土工程。

(3) 粉煤灰水泥。

粉煤灰水泥的主要特点是干缩性比较小，甚至比硅酸盐水泥及普通水泥还小，因而抗裂性较好；由于粉煤灰的颗粒多呈球形微粒，吸水率小，所以粉煤灰水泥的需水量小，配制的混凝土和易性较好。

【例 4-2】某住宅工程工期较短，现有强度等级同为 42.5 硅酸盐水泥和矿渣水泥可选用。从有利于完成工期的角度来看，选用哪种水泥更有利？

4.2.4 复合硅酸盐水泥

1. 定义

凡由硅酸盐水泥熟料、两种或两种以上规定的混合材料、适量石膏磨细制成的水硬性胶凝材料，称为复合硅酸盐水泥(简称复合水泥)，代号为 P·C。水泥中混合材料总掺量按质量百分比计应大于 20%，但不超过 50%。允许用不超过 8%的窑灰代替部分混合材料；掺矿渣时混合材料掺量不得与矿渣硅酸盐水泥重复。

复合硅酸盐水泥中掺入两种或两种以上的混合材料，可以明显地改善水泥的性能，克服了掺加单一混合材料水泥的弊端，有利于水泥的使用与施工。复合硅酸盐水泥的性能一般受所用混合材料的种类、掺量及比例等因素的影响，早期强度高于矿渣硅酸盐水泥、火山灰质硅酸盐水泥、粉煤灰硅酸盐水泥，性能大体上与上述三种水泥相似，适用范围较广。

2. 强度等级

按照国家标准《通用硅酸盐水泥》(GB 175—2007/XG3—2018)的规定，水泥熟料中氧化镁的含量、三氧化硫的含量、细度、安定性、凝结时间等指标与火山灰质硅酸盐水泥、粉煤灰硅酸盐水泥相同。复合硅酸盐水泥分为 32.5、32.5R、42.5、42.5R、52.5、52.5R 六个强度等级，各强度等级水泥的各龄期强度不得低于表 4-9 中的数值。

表 4-9 复合硅酸盐水泥各龄期的强度要求

强度等级	抗压强度/MPa		抗折强度/MPa	
	3d	28d	3d	28d
42.5	≥15	≥42.5	≥3.5	≥6.5
42.5R	≥19		≥4	
52.5	≥21	≥52.5	≥4	≥7
52.5R	≥23		≥4.5	
32.5	≥10	≥32.5	≥2.5	≥5.5
32.5R	≥15		≥3.5	

注：R——早强型。

4.3 水泥的应用、验收与保管

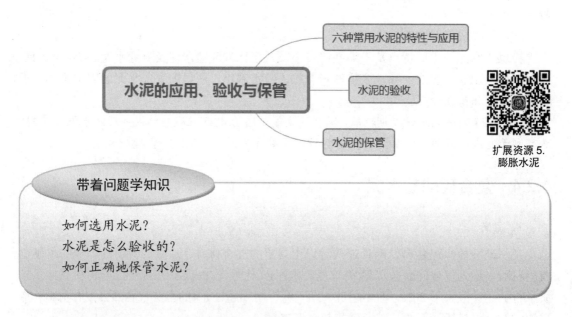

扩展资源 5. 膨胀水泥

带着问题学知识

如何选用水泥？
水泥是怎么验收的？
如何正确地保管水泥？

4.3.1 六种常用水泥的特性与应用

硅酸盐水泥、普通水泥、矿渣水泥、火山灰水泥、粉煤灰水泥及复合水泥等水泥是在工程中应用最广的水泥品种，这六种水泥的特性如表 4-10 所示，它们的应用如表 4-11 所示。

第4章 水硬性胶凝材料

表 4-10 常用水泥的特性

性 质	硅酸盐水泥	普通水泥	矿渣水泥	火山灰水泥	粉煤灰水泥	复合水泥
凝结硬化	快	较快	慢	慢	慢	与所掺两种或两种以上混合材料的种类、掺量有关,其特性基本与矿渣水泥、火山灰水泥、粉煤灰水泥的特性相似
早期强度	高	较高	低	低	低	
后期强度	高	高	增长较快	增长较快	增长较快	
水化热	大	较大	较低	较低	较低	
抗冻性	好	较好	差	差	差	
干缩性	小	较小	大	大	较小	
耐蚀性	差	较差	较好	较好	较好	
耐热性	差	较差	好	较好	较好	
泌水性	—	—	大	抗渗性较好	—	
抗碳化能力	—	—	差			

表 4-11 水泥的选用

混凝土工程特点及所处环境条件		优先选用	可以选用	不宜选用
普通混凝土	1 在一般气候环境中的混凝土	普通水泥	矿渣水泥、火山灰水泥、粉煤灰水泥和复合水泥	—
	2 在干燥环境中的混凝土	普通水泥	矿渣水泥	火山灰水泥、粉煤灰水泥
	3 在高温环境中或长期处于水中的混凝土	矿渣水泥、火山灰水泥、粉煤灰水泥、复合水泥	普通水泥	—
	4 厚大体积的混凝土	矿渣水泥、火山灰水泥、粉煤灰水泥、复合水泥	—	硅酸盐水泥、普通水泥
有特殊要求的混凝土	1 要求快硬、高强(>C60)的混凝土	硅酸盐水泥	普通水泥	矿渣水泥、火山灰水泥、粉煤灰水泥、复合水泥
	2 严寒地区的露天混凝土、寒冷地区处于水位升降范围的混凝土	普通水泥	矿渣水泥(强度等级>32.5)	火山灰水泥、粉煤灰水泥
	3 严寒地区处于水位升降范围的混凝土	普通水泥(强度等级>42.5)	—	矿渣水泥、火山灰水泥、粉煤灰水泥、复合水泥
	4 有抗渗要求的混凝土	普通水泥、火山灰水泥		矿渣水泥
	5 有耐磨性要求的混凝土	硅酸盐水泥、普通水泥	矿渣水泥(强度等级>32.5)	火山灰水泥、粉煤灰水泥
	6 受侵蚀性介质作用的混凝土	矿渣水泥、火山灰水泥、粉煤灰水泥、复合水泥		硅酸盐水泥

4.3.2 水泥的验收

水泥可以采用袋装或者散装,袋装水泥每袋净含量 50kg,且不得少于标志质量的 99%;随机抽取 20 袋水泥,其总质量不得少于 1000kg。

水泥袋上应清楚地标明下列内容:执行标准、水泥品种、代号、强度等级、生产者名

视频2:水泥的验收

称、生产许可证标志(QS)及编号、出厂编号、包装日期、净含量。包装袋两侧应根据水泥的品种采用不同的颜色印刷水泥名称和强度等级，硅酸盐水泥和普通硅酸盐水泥采用红色，矿渣硅酸盐水泥采用绿色，火山灰质硅酸盐水泥、粉煤灰硅酸盐水泥和复合硅酸盐水泥采用黑色或蓝色。

散装水泥发运时应提交与袋装水泥标志相同内容的卡片。

建设工程中使用水泥之前，要对同一生产厂家、同期出厂的同品种、同强度等级的水泥，以一次进场的、同一出厂编号的水泥为一批，按照规定的抽样方法抽取样品，对水泥性能进行检验。袋装水泥以每一编号内随机抽取不少于 20 袋水泥取样；散装水泥于每一编号内采用散装水泥取样器随机取样。重点检验水泥的凝结时间、安定性和强度等级，合格后方可投入使用。存放期超过 3 个月的水泥，使用前必须进行复验，并按复验结果确定是否使用。

音频 3.水泥试验的取样方法

4.3.3 水泥的保管

水泥在运输和储存时不得受潮和混入杂物，不同品种和强度等级的水泥应分别储存，不得混杂；使用时应考虑先存先用，不可储存过久。

储存水泥的库房必须干燥，库房地面应高出室外地面 30cm。若地面有良好的防潮层并以水泥砂浆抹面，可直接存放，否则应用木料垫高地面 20cm。袋装水泥堆垛不宜过高，一般为 10 袋，如储存时间短、包装质量好可堆至 15 袋。袋装水泥垛一般应离开墙壁和窗户 30cm 以上。水泥垛应设立标示牌，注明生产厂家、水泥品种、强度等级、出厂日期等。应尽量缩短水泥的储存期，通用水泥不宜超过 3 个月，否则应重新测定强度等级，按实际强度使用。露天临时储存袋装水泥，应选择地势高、排水条件好的场地，并应进行垫盖处理，以防受潮。

4.4 其他品种的水泥

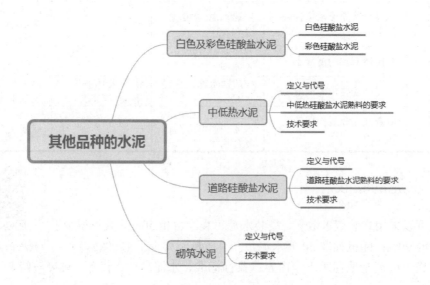

> **带着问题学知识**
>
> 膨胀水泥主要划分为哪几种类型?
> 中低热水泥包括哪几种?
> 什么是道路硅酸盐水泥?
> 砌筑水泥的技术要求有哪些?

4.4.1 白色及彩色硅酸盐水泥

1. 白色硅酸盐水泥

在氧化铁含量少的硅酸盐水泥熟料中加入适量的石膏，磨细制成的水硬性胶凝材料称为白色硅酸盐水泥(简称白水泥)，代号为 P·W。磨细水泥时，允许加入不超过水泥质量 10%的石灰石或窑灰作为外加物；水泥粉磨时，允许加入不损害水泥性能的助磨剂，加入量不得超过水泥质量的 1%。

白水泥与常用水泥的主要区别在于氧化铁含量少，因而色白。白水泥与常用水泥的生产制造方法基本相同，关键是严格控制水泥原料的铁含量，严防在生产过程中混入铁质。此外，锰、铬等的氧化物也会导致水泥白度降低，必须控制其含量。

白水泥的性能与硅酸盐水泥基本相同。根据国家标准《白色硅酸盐水泥》(GB/T 2015—2017)的规定，白色硅酸盐水泥分为 32.5、42.5 和 52.5 三个强度等级，各强度等级水泥各龄期的强度不得低于表 4-12 中的数值。

表 4-12 白色硅酸盐水泥强度等级要求

强度等级	抗压强度/MPa		抗折强度/MPa	
	3d	28d	3d	28d
32.5	≥12	≥32.5	≥3	≥6
42.5	≥17	≥42.5	≥3.5	≥6.5
52.5	≥22	≥52.5	≥4	≥7

白水泥的技术要求中与其他品种水泥最大的不同是有白度要求，白度的测定方法按《建筑材料与非金属矿产品白度测量方法》(GB/T 5950—2008)进行，水泥白度值不低于 87。

白水泥其他各项技术要求包括：细度要求为 0.08mm 方孔筛筛余量不超过 10%；其初凝时间不得早于 45min，终凝时间不得迟于 10h；体积安定性用沸煮法检验必须合格，同时熟料中氧化镁的含量不得超过 5%，三氧化硫的含量不得超过 3.5%。

2. 彩色硅酸盐水泥

彩色硅酸盐水泥根据其着色方法不同，有三种生产方式：一是直接烧成法，在水泥生料中加入着色原料而直接煅烧成彩色水泥熟料，再加入适量石膏共同磨细；二是染色法，将白色硅酸盐水泥熟料或硅酸盐水泥熟料、适量石膏和碱性着色物质共同磨细制得彩色水泥；三是将干燥状态下的着色物质直接掺入白水泥或硅酸盐水泥中。当工程使用量较少时，常用第三种方法。

彩色硅酸盐水泥有红色、黄色、蓝色、绿色、棕色、黑色等。根据行业标准《彩色硅酸盐水泥》(JC/T 870—2012)的规定，彩色硅酸盐水泥可分为 27.5、32.5 和 42.5 三个强度等级，各强度等级彩色水泥各龄期的强度不得低于表 4-13 中的数值。

表 4-13 彩色硅酸盐水泥的强度等级要求

强度等级	抗压强度/MPa		抗折强度/MPa	
	3d	28d	3d	28d
27.5	≥7.5	≥27.5	≥2	≥5
32.5	≥10	≥32.5	≥2.5	≥5.5
42.5	≥15	≥42.5	≥3.5	≥6.5

彩色硅酸盐水泥其他各项技术要求为：细度要求 0.08mm 方孔筛筛余量不得超过 6%；初凝时间不得早于 1h，终凝时间不得迟于 10h；体积安定性用沸煮法检验必须合格，彩色水泥中三氧化硫的含量不得超过 4%。

白色和彩色硅酸盐水泥主要应用于建筑装饰工程中，常用于配制各类彩色水泥浆、水泥砂浆，用于饰面刷浆或陶瓷铺贴的勾缝，配制装饰混凝土、彩色水刷石、人造大理石及水磨石等制品，并以其特有的色彩装饰性，用于雕塑艺术和各种装饰部件。

4.4.2 中低热水泥

中低热水泥包括中热硅酸盐水泥、低热硅酸盐水泥，在《中热硅酸盐水泥、低热硅酸盐水泥》(GB/T 200—2017)中，对这两种水泥作出了相应的规定。

1. 定义与代号

1) 中热硅酸盐水泥

以适当成分的硅酸盐水泥熟料，加入适量石膏，磨细而成的具有中等水化热的水硬性胶凝材料，称为中热硅酸盐水泥(简称中热水泥)，代号为 P·MH。

2) 低热硅酸盐水泥

以适当成分的硅酸盐水泥熟料，加入适量石膏，磨细而成的具有低水化热的水硬性胶凝材料，称为低热硅酸盐水泥(简称低热水泥)，代号为 P·LH。

2. 中低热硅酸盐水泥熟料的要求

(1) 中热硅酸盐水泥熟料要求硅酸三钙($3CaO·SiO_2$)的含量不超过 55%，铝酸三钙($3CaO·Al_2O_3$)的含量不超过 6%，游离氧化钙(CaO)的含量不超过 1%。

(2) 低热硅酸盐水泥熟料要求硅酸三钙($3CaO·SiO_2$)的含量不少于 40%，铝酸三钙($3CaO·Al_2O_3$)的含量不超过 6%，游离氧化钙(CaO)的含量不超过 1%。

3. 技术要求

现行规范《中热硅酸盐水泥、低热硅酸盐水泥》(GB/T 200—2017)对两种中低热水泥提出了一系列的技术要求和等级要求，分别如表 4-14 和表 4-15 所示。

表 4-14 中热硅酸盐水泥、低热硅酸盐水泥技术要求

水泥品种	技术标准								
	细度比表面积 /(m²/kg)	凝结时间		安定性(沸煮法)	抗压强度 /MPa	水泥中 MgO/%	水泥中 SO₃/%	烧失量 /%	水泥中碱含量/%
		初凝 /min	终凝 /min						
中热水泥	≥250	≥60	≤720	必须合格	见表4-16	≤5①	≤3.5	≤3	≤0.6②
低热水泥									
试验方法	GB/T 8074—2008	GB/T 1346—2011			GB/T 17671—2021	GB/T 176—2017			

注：① 如果水泥经压蒸安定性合格，则水泥中 MgO 的含量允许放宽到 6%。
② 水泥中的碱含量以 $Na_2O+0.658K_2O$ 的计算值来表示，由供需双方商定。若使用活性骨料或用户提出低碱要求时，中热及低热水泥中的碱含量不得大于 0.6%，低热矿渣中的碱含量不得大于 1%。

表 4-15 中热硅酸盐水泥、低热硅酸盐水泥强度等级要求

品 种	强度等级	抗压强度/MPa			抗折强度/MPa		
		3d	7d	28d	3d	7d	28d
中热水泥	42.5	≥12	≥22	≥42.5	≥3	≥4.5	≥6.5
低热水泥	32.5	—	≥10	≥32.5	—	≥3	≥5.5
	42.5	—	≥13	≥42.5	—	≥3.5	≥6.5

中低热水泥各龄期的水化热应不大于表 4-16 中的数值，且低热水泥 28d 的水化热应不大于 310 kJ/kg。

表 4-16 水泥强度等级的各龄期水化热

品 种	强度等级	水化热/(kJ/kg)	
		3d	7d
中热水泥	42.5	≤251	≤293
低热水泥	32.5	≤197	≤230
	42.5	≤230	≤260

中低热水泥主要用于要求水化热较低的大坝和大体积工程。中热水泥主要适用于大坝溢流面的面层和水位变动区等要求耐磨性和抗冻性的工程，低热水泥和低热矿渣水泥主要适用于大坝或大体积建筑物内部及水下工程。

4.4.3 道路硅酸盐水泥

1. 定义与代号

由道路硅酸盐水泥熟料、适量石膏，或加入《道路硅酸盐水泥》(GB/T 13693—2017)规定的混合材料，磨细制成的水硬性胶凝材料，称为道路硅酸盐水泥(简称道路水泥)，代号

为 P·R。

2. 道路硅酸盐水泥熟料的要求

道路硅酸盐水泥熟料要求铝酸三钙($3CaO·Al_2O_3$)的含量应不超过 5%，铁铝酸四钙($4CaO·Al_2O_3·Fe_2O_3$)的含量应不低于 15%；游离氧化钙(CaO)的含量不应大于 1%。

3. 技术要求

现行规范《道路硅酸盐水泥》(GB/T 13693—2017)对道路硅酸盐水泥提出了一系列技术要求和等级要求，分别如表 4-17 和表 4-18 所示。

道路水泥是一种强度高，特别是抗折强度高，耐磨性好，干缩性小，抗冲击性好，抗冻性和抗硫酸性比较好的水泥。它适用于道路路面、机场跑道道面、城市广场等工程。

表 4-17 道路硅酸盐水泥技术要求

水泥品种	技术标准										
	细度比表面积/(m^2/kg)	凝结时间		安定性(沸煮法)	强度/MPa	水泥中MgO/%	水泥中SO_3/%	烧失量/%	水泥中碱含量/%	干缩性(28d 干缩率)/%	耐磨性(28d 磨耗量)kg/m^2
		初凝/min	终凝/min								
道路水泥	300~450	≥90	≤720	必须合格	见表4-19	≤5	≤3.5	≤3	≤0.6	≤0.1	≤30
试验方法	GB/T 8074—2008	GB/T 1346—2011			GB/T 17671—2021	GB/T 176—2017				JC/T 603—2004	JC/T 421—2004

注：水泥中的碱含量以 $Na_2O+0.658K_2O$ 的计算值来表示，由供需双方商定。若使用活性骨料或用户提出低碱要求时，水泥中的碱含量不得大于 0.6%。

表 4-18 道路硅酸盐水泥强度等级要求

强度等级	抗折强度/MPa		抗压强度/MPa	
	3d	28d	3d	28d
7.5	≥4	≥7.5	≥21	≥42.5
8.5	≥5	≥8.5	≥26	≥52.5

4.4.4 砌筑水泥

1. 定义与代号

凡由一种或一种以上的水泥混合材料，加入适量硅酸盐水泥熟料和石膏，共同磨细制成的工作性较好的水硬性胶凝材料，称为砌筑水泥，代号为 M。水泥中混合材料掺量按质量百分比计应大于 50%，允许掺入适量的石灰石或窑灰。

2. 技术要求

现行规范《砌筑水泥》(GB/T 3183—2017)对砌筑水泥提出了一系列技术要求和等级要求，分别如表 4-19 和表 4-20 所示。

表 4-19 砌筑水泥技术要求

项目	细度(0.88mm方孔筛)的筛余量/%	凝结时间		安定性(沸煮法)	强度/MPa	保水率/%	水泥中 SO_3/%
		初凝/min	终凝/min				
指标	≤10%	≥60	≤720	必须合格	见表 4-21	≥80	≤3.5
试验方法	GB/T 1345－2005	GB/T 1346－2011			GB/T 17671－2021	GB/T 3183－2017	GB/T 176－2017

表 4-20 砌筑水泥强度等级要求

强度等级	抗压强度/MPa		抗折强度/MPa	
	7d	28d	7d	28d
12.5	≥7	≥12.5	≥1.5	≥3
22.5	≥10	≥22.5	≥2	≥4
32.5	—	≥32.5	—	≥5.5

砌筑水泥主要用于砌筑和抹面砂浆、垫层混凝土等，不应用于结构混凝土。

4.5 本章小结

本章主要知识点如下。
- 由硅酸盐水泥熟料、0～5%的粒化高炉矿渣、适量石膏磨细制成的水硬性胶凝材料，称为硅酸盐水泥。
- 用于水泥中的混合材料分为活性混合材料和非活性混合材料两大类。
- 在一般气候环境中的混凝土优先选择普通水泥。
- 水泥袋上应清楚地标明下列内容：执行标准、水泥品种、代号、强度等级、生产者名称、生产许可证标志(QS)及编号、出厂编号、包装日期、净含量。
- 水泥在运输和储存时不得受潮和混入杂物，不同品种和强度等级水泥应分别储存，不得混杂；使用时应考虑先存先用，不可储存过久。

4.6 实训练习

一、单选题

1. 硅酸盐水泥中最主要的矿物成分是(　　)。
   A. 硅酸三钙　　B. 硅酸二钙　　C. 铝酸三钙　　D. 铁铝酸四钙

2. 硅酸盐水泥熟料矿物中硅酸三钙、铝酸三钙、硅酸二钙与水反应的快慢依次是(　　)。
　　A. 最快 最慢 中等　　　　　　　B. 最慢 中等 最快
　　C. 中等 最慢 最快　　　　　　　D. 中等 最快 最慢

3. 下列(　　)的耐热性最好。
　　A. 硅酸盐水泥　　B. 粉煤灰水泥　　C. 矿渣水泥　　D. 普通硅酸盐水泥

4. 下列(　　)的抗渗性最差。
　　A. 硅酸盐水泥　　B. 粉煤灰水泥　　C. 矿渣水泥　　D. 普通硅酸盐水泥

5. 道路水泥中含量最高的成分是(　　)。
　　A. C2SC4AF　　B. C3SC4AF　　C. C2AC4AF　　D. C2SC3S

二、多选题

1. 水泥细度可用(　　)方法测定。
　　A. 筛析法　　B. 比表面积法　　C. 试饼法
　　D. 雷氏法　　E. 勃氏法

2. 影响水泥体积安定性的因素主要有(　　)。
　　A. 熟料中氧化镁含量　　　　　　B. 熟料中硅酸三钙含量
　　C. 水泥的细度　　　　　　　　　D. 水泥中氧化硫含量
　　E. 水泥的强度

3. 水泥的活性混合材料包括(　　)。
　　A. 石英砂　　B. 粒化高炉矿渣　　C. 粉煤灰
　　D. 黏土　　　E. 火山灰质混合材料

4. 水泥石的腐蚀包括(　　)。
　　A. 溶出性腐蚀　　B. 盐类腐蚀　　C. 酸性腐蚀
　　D. 碱性腐蚀　　　E. 高温腐蚀

5. 下列五大品种水泥中，抗冻性好的水泥有(　　)。
　　A. 硅酸盐水泥　　B. 粉煤灰水泥　　C. 矿渣水泥
　　D. 火山灰水泥　　E. 普通水泥

三、简答题

1. 硅酸盐水泥是如何生产的？
2. 影响硅酸盐水泥凝结硬化的主要因素有哪些？
3. 如何正确地保管水泥？

第4章
课后习题答案

实训工作单

班级		姓名		日期	
教学项目		水硬性胶凝材料			
任务		熟悉各种水硬性胶凝材料		方式	查找书籍、资料
相关知识		硅酸盐水泥的水化 混合料的分类 常用水泥的选用 其他品种水泥的技术性质			
其他要求					

学习总结水硬性胶凝材料的相关知识

第 5 章 混 凝 土

混凝土是指由胶凝材料、水、粗集料、细集料按适当比例混合，拌制成拌合物，经一定时间硬化而成的人造石材。目前，工程上使用最多的是以水泥为胶凝材料，砂、石为集料的普通水泥混凝土(简称普通混凝土)。混凝土是一种重要的建筑材料，广泛应用于工业与民用建筑、水利、交通、港口等工程中。随着现代建筑技术的发展，具有不同性能的特种混凝土也逐渐应用于实际施工中。

第 5 章拓展图片

第 5 章文中案例答案

◎ 学习目标

1. 掌握水泥混凝土对组成材料的技术要求。
2. 掌握水泥混凝土的主要技术性质及其影响因素，主要技术性能的检测方法和评价指标以及混凝土的配合比设计。
3. 了解其他品种混凝土的主要性质及应用。

◎ 教学要求

章节知识	掌握程度	相关知识点
混凝土概述	了解混凝土材料的基本构成	钢筋混凝土的使用要求
普通混凝土的组成材料	掌握普通混凝土的组成材料	高性能混凝土的配合比及材料组成
混凝土的主要技术性能	掌握混凝土的主要性能	浇筑混凝土时的施工要求
混凝土的质量控制与强度评定	掌握混凝土的质量控制与强度评定	寒冷地区的混凝土使用时如何进行控制与评定
混凝土的配合比设计	掌握混凝土的配合比设计	砂浆材料的质量控制及使用配合比
其他品种混凝土	熟悉其他品种的混凝土	绿色环保混凝土的特点

◎ 思政目标

扎实掌握土木工程学科的基本原理，广泛涉猎并深入钻研土木工程的专业知识，获得土木工程专业技能实践训练，具备解决土木工程领域复杂工程问题、从事土木工程相关专业工作的能力。通过本章的学习，培养学生高尚的品德修养与职业操守，良好的人文情怀和科学素养，以及较强的批判思维能力。

第 5 章 混凝土

> **案例导入**
>
> 沪昆高铁北盘江特大桥是沪昆高速铁路全线建设中难度最大的桥梁。沪昆高速铁路连接上海与昆明，是"八纵八横"高速铁路的主通道，是中国东西向线路里程最长、速度等级最高、经过省份最多的高速铁路。沪昆高速铁路开通后，上海到昆明的列车行程时间由 34h 缩短至 8h 左右，既缩短了东西部的交通时间，也拉近了沿途百姓的心理距离，大大促进了长江以南、东、中、西部地区经济互联互补，带动了沿线区域经济协调发展，促进了社会公平。
>
> 面向西部山区高速铁路建设的国家重大需求，经过多年的科技攻关，创新了艰险山区高速铁路特大跨度混凝土拱桥的建造与运维关键技术，解决了高铁桥梁"特大跨度—高平顺性"的尖锐矛盾，克服了山区恶劣环境带来的诸多难题，实现了高铁混凝土拱桥从 270m 到 445m 的巨大跨越。沪昆高铁北盘江特大桥代表钢筋混凝土拱桥建造的世界最高水平，是跨度最大的高铁桥梁。
>
> 现结合上述混凝土桥梁工程的发展历史，分阶段介绍典型混凝土桥梁工程的设计情况，并结合国家对于桥梁的发展所制定的战略，找出对混凝土新材料、新工艺与新结构研究的新方法。

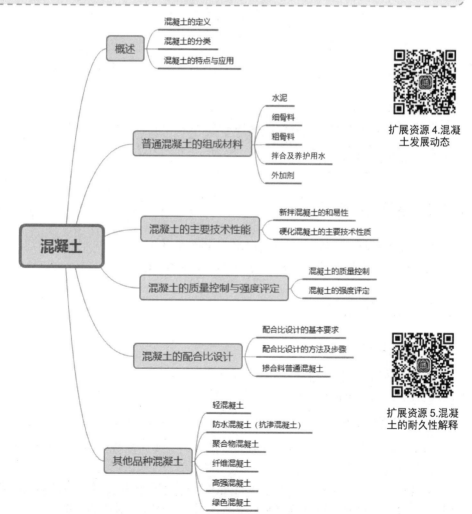

扩展资源 4. 混凝土发展动态

扩展资源 5. 混凝土的耐久性解释

5.1 概　　述

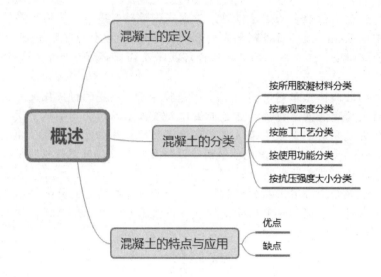

带着问题学知识

混凝土的分类方式有哪些？
高强混凝土和中强混凝土怎样区别？
混凝土的优点是什么？

5.1.1 混凝土的定义

凡由胶凝材料、骨料和水(或不加水)按适当的比例混合、拌制而成的混合物，经一定时间后硬化而成的人造石材，均称为混凝土，简写为"砼"。

5.1.2 混凝土的分类

1. 按所用胶凝材料分类

混凝土按所用胶凝材料的不同，可分为水泥混凝土、沥青混凝土、聚合物混凝土、水玻璃混凝土、石膏混凝土和硅酸盐混凝土等。

2. 按表观密度分类

混凝土按表观密度的不同，可分为重混凝土、普通混凝土和轻质混凝土。

1) 重混凝土

重混凝土，是表观密度大于 2500kg/m³，用特别密实和特别重的骨料制成的混凝土，如重晶石混凝土、钢屑混凝土等，它们具有不透 x 射线和 y 射线的性能。

2) 普通混凝土

普通混凝土是在建筑中常用的混凝土，表观密度为1900～2500kg/m³，骨料为砂、石。

3) 轻质混凝土

轻质混凝土是表观密度小于1950 kg/m³的混凝土。它可以分为以下三类。

(1) 轻骨料混凝土，其表观密度为800～1950kg/m³，轻骨料包括浮石、火山渣、陶粒、膨胀珍珠岩和膨胀矿渣等。

(2) 多孔混凝土(泡沫混凝土、加气混凝土)，其表观密度为300～1000kg/m³。泡沫混凝土是由水泥浆或水泥砂浆与稳定的泡沫制成的；加气混凝土是由水泥、水与发气剂制成的。

(3) 大孔混凝土(普通大孔混凝土、轻骨料大孔混凝土)，其组成中无细骨料。普通大孔混凝土的表观密度为1500～1900kg/m³，用碎石、软石和重矿渣作为骨料配制的；轻骨料大孔混凝土的表观密度为500～1500kg/m³，用陶粒、浮石、碎砖和矿渣等作为骨料配制的。

3. 按施工工艺分类

混凝土按施工工艺的不同，可分为泵送混凝土、预拌混凝土(商品混凝土)、碾压混凝土、喷射混凝土和真空脱水混凝土等。

4. 按使用功能分类

混凝土按用途的不同，可分为防水混凝土、防辐射混凝土、耐酸混凝土、耐热混凝土、道路混凝土和水工混凝土等。

5. 按抗压强度大小分类

混凝土按抗压强度的大小，可分为低强混凝土(f_{cu}<30MPa)、中强混凝土(30MPa≤f_{cu}<60MPa)、高强混凝土(60MPa≤f_{cu}<100MPa)和超高强混凝土(f_{cu}≥100MPa)等。

5.1.3 混凝土的特点与应用

1. 优点

混凝土的种类很多，性能各异，但具有以下共同优点。

视频1：混凝土特点

(1) 原材料资源丰富，造价低廉。占混凝土体积70%左右的砂石骨料属于地方性材料，资源丰富，可就地取材，降低了混凝土的造价。

(2) 良好的可塑性。水泥混凝土拌合物在凝结硬化前可按照工程结构要求，利用模板浇灌成各种形状和尺寸的构件或整体结构。

(3) 可调整性能。通过改变混凝土各组成材料的品种及比例，可制得不同物理力学性能的混凝土，来满足工程上的不同要求。

(4) 抗压强度高。混凝土的抗压强度一般为7.5～60MPa，当掺入高效减水剂和掺合料时，抗压强度可达100MPa以上。

(5) 耐久性好。性能良好的混凝土具有很强的抗冻性、抗渗性及耐腐蚀性等，使得混凝土长期使用仍能保持原有性能。

2. 缺点

(1) 自重大。每立方米普通混凝土重达2400kg左右，致使在建筑工程中形成肥梁、胖柱、厚基础的现象，对高层、大跨度建筑很不利，不利于提高有效承载能力，也给施工安装带来了一定困难。

(2) 抗拉强度低。混凝土是一种脆性材料，抗拉强度一般只有抗压强度的 1/20～1/10，因此，受拉时易产生脆性破坏。

(3) 硬化慢，生产周期长。混凝土浇筑成型受气候(如温度、湿度、雨雪等)影响较大，同时需要较长时间的养护才能达到一定强度。

(4) 导热系数大。普通混凝土导热系数为 1.4W/(m·K)，是红砖的两倍，故隔热保温性能差。

5.2　普通混凝土的组成材料

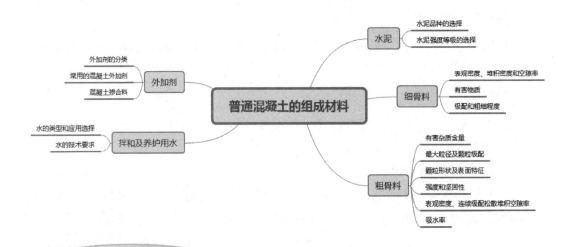

带着问题学知识

普通混凝土的组成是什么？
粗骨料和细骨料中的有害杂质有哪些？
常见的混凝土外加剂都有哪些？

普通混凝土通常由水泥、水、细骨料和粗骨料组成，根据工程需要，有时还需加入外加剂和掺合料。

在混凝土中，水泥和水形成的水泥浆体包裹在骨料表面并填充骨料颗粒之间的空隙，在混凝土硬化前起润滑作用，赋予混凝土拌合物一定的流动性，硬化后起胶结作用，将砂石骨料胶结成具有一定强度的整体；粗、细骨料(又称集料)在混凝土中起着骨架、支撑和稳定体积(减少水泥在凝结硬化时的体积变化)的作用；外加剂和掺合料起着改善混凝土性能、降低混凝土成本的作用。为了确保混凝土的质量，各组成材料必须满足相应的技术要求。混凝土的组织结构如图 5-1 所示。

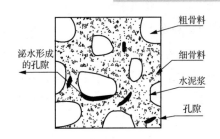

图 5-1　混凝土的组织结构

5.2.1　水泥

1. 水泥品种的选择

水泥是混凝土中的重要组分，同时也是造价最高的组分。配制混凝土时，应根据工程性质、部位、气候条件、环境条件及施工设计要求等，按水泥的特性合理地选择水泥品种；在满足上述要求的前提下，应尽量选用价格较低的水泥品种，以降低混凝土的工程造价。

2. 水泥强度等级的选择

水泥强度等级应与混凝土设计强度等级相对应，低强度时，水泥强度等级为混凝土设计强度等级的 1.5～2 倍；高强度时，水泥强度等级为混凝土设计强度等级的 0.9～1.5 倍，即低强度混凝土应选择低强度等级的水泥，高强度混凝土应选择高强度等级的水泥。若采用低强度水泥配制高强度混凝土会增加水泥用量，同时引起混凝土收缩和水化热增大；若采用高强度水泥配制低强度混凝土，会因水泥用量过少而影响混凝土拌合物的和易性与密实度，导致混凝土强度和耐久性下降。具体强度等级对应关系可参考表 5-1。

表 5-1　不同强度混凝土所选用的水泥强度等级

混凝土强度等级	所选水泥强度等级	混凝土强度等级	所选水泥强度等级
C7.5～C25	32.5	C50～C60	52.5
C30	32.5、42.5	C60	52.5、62.5
C35～C45	42.5	C70～C80	62.5

5.2.2　细骨料

普通混凝土中的细集料通常是砂，一般可分为天然砂和机制砂。天然砂是自然生成的，经人工开采和筛分的粒径小于 4.75mm 的岩石颗粒，包括河砂、湖砂、山砂、淡化海砂，但不包括软质、风化的岩石颗粒。机制砂是经除土处理，由机械破碎、筛分制成的，粒径小于 4.75 mm 的岩石、矿山尾矿或工业废渣颗粒(不包括软质、风化的颗粒)，俗称人工砂。混合砂是由天然砂和机制砂混合而成的砂。砂按细度模数分为粗、中、细三种规格，其细度模数依次分别为 3.7～3.1、3～2.3 和 2.2～1.6。砂按技术要求分为Ⅰ类、Ⅱ类和Ⅲ类。

按国家标准《建设用砂》(GB/T 14684—2022)的规定，混凝土用砂的技术要求和技术标准如下。

1. 表观密度、堆积密度和空隙率

砂表观密度、堆积密度、空隙率应符合以下规定：表观密度不小于 2500kg/m³，表观密度大，说明砂粒结构的密实程度大。松散堆积密度不小于 1400kg/m³，砂的堆积密度反映砂堆积起来后空隙率的大小。空隙率不大于 44%，砂的空隙率大小还与颗粒形状及级配有关，带有棱角的砂，空隙率较大。

2. 有害物质

砂中含有云母、轻物质、有机物、硫化物及硫酸盐、氯化物以及贝壳等。砂中的有害物质及其对混凝土的危害如表 5-2 所示。混凝土用细骨料的有害杂质含量限值如表 5-3 所示。

表 5-2　砂中的有害杂质及其对混凝土的危害

有害杂质名称	有害杂质的特点	对混凝土的主要危害
泥	粒径小于 0.075mm 的尘屑、淤泥、黏土	增大骨料的总表面积，增加水泥浆的用量，加剧混凝土的收缩；包裹砂石表面，妨碍水泥石与骨料间的黏结，降低混凝土的强度和耐久性
泥块	粒径大于 1.18mm，经水洗、手捏后可破碎成小于 0.6mm 的颗粒	在混凝土中形成薄弱部位，降低混凝土的强度和耐久性
石粉	人工砂中粒径小于 0.075mm 的颗粒	增大混凝土拌合物需水量，影响和易性，降低混凝土强度
云母	节理清晰、表面光滑，呈薄片状	与水泥石间的黏结力极差，降低混凝土的强度和耐久性
SO_3	指硫化物或硫酸盐，常以 FeS 或 $CaSO_4 \cdot 2H_2O$ 的碎屑存在	与水泥石中的水化铝酸钙反应生成钙矾石晶体，体积膨胀，从而引起混凝土安定性不良
轻物质	相对密度小于 2 的颗粒，包括树叶、草根、煤块、炉渣等	质量轻，颗粒软弱，与水泥石间黏结力差，妨碍骨料与水泥石间的黏结，降低混凝土的强度
有机物	动植物的腐殖质、腐殖土等	延缓水泥的水化，降低混凝土的强度，尤其是混凝土的早期强度
Cl^-	来自氯盐	引起钢筋混凝土中的钢筋锈蚀，从而导致混凝土体积膨胀，造成开裂

表 5-3　混凝土用细骨料的有害杂质含量限值

项　目	质量标准		
	Ⅰ类	Ⅱ类	Ⅲ类
云母(按质量计)/%	≤1	≤2	
轻物质(按质量计)/%	≤1		
有机物	合格		
硫化物及硫酸盐(按 SO_3 质量计)/%	≤0.5		
氯化物(以氯离子质量计)/%	≤0.01	≤0.02	≤0.06
贝壳*(按质量计)/%	≤3	≤5	≤8

注：*指标仅适用于海砂，其他砂种不作要求。

3. 级配和粗细程度

1) 级配

骨料的级配是指骨料中不同粒径颗粒的分布情况。良好的级配应当能使骨料的空隙率和总表面积均较小，从而不仅可以减少水泥浆的用量，还可以提高混凝土的密实度、强度等性能。

图 5-2 所示分别为一种粒径、两种粒径、三种粒径的砂搭配起来的结构示意图。

(a) 一种粒径　　　　(b) 两种粒径　　　　(c) 三种粒径

图 5-2　不同粒径的砂搭配的结构示意图

从图 5-2 中可以看出，相同粒径的砂搭配起来，空隙率最大；当砂中含有较多的粗颗粒，并以适量的中粗颗粒及少量的细颗粒填充时，能形成最密集的堆积，空隙率达到最小。

砂的级配可通过筛分析法确定。筛分析法是将预先通过 9.5mm 孔径的干砂，称取 500g 置于一套筛孔分别为 4.75mm、2.36mm、1.18mm、0.6mm、0.3mm、0.15mm(方孔筛)的标准筛上，由粗到细依次过筛，然后分别得到存留在各筛上砂的质量，并按下述方法计算各级配参数。

(1) 分计筛余百分率。

分计筛余百分率是指某号筛上的筛余质量占试样总质量的百分率，可按下式求得：

$$a_i = \frac{m_i}{M} \times 100\% \tag{5-1}$$

式中：a_i——某号筛的分计筛余率；

m_i——存留在某号筛上的质量，g；

M——试样的总质量，g。

(2) 累计筛余百分率。

累计筛余百分率是指某号筛上分计筛余百分率与大于该号筛的各筛的分计筛余百分率的总和，按下式计算：

$$A_i = a_{4.75} + a_{2.36} + \cdots + a_i \tag{5-2}$$

式中：A_i——累计筛余百分率；

$a_{4.75}$、$a_{2.36}$、$\cdots$、a_i——从 4.75mm、2.36mm……至计算的某号筛的分计筛余百分率。

2) 粗细程度

砂的粗细程度是指不同粒径的砂混合在一起的平均粗细程度。粗度是评价砂的粗细程度的一种指标，通常用细度模数(细度模量)表示。

对水泥混凝土用砂，可按式(5-3)计算细度模数，精确至 0.01。

$$M_x = \frac{(A_{2.36} + A_{1.18} + A_{0.6} + A_{0.3} + A_{0.15}) - 5A_{4.75}}{100 - A_{4.75}} \tag{5-3}$$

式中：M_x——细度模数；

$A_{4.75}$、$A_{2.36}$、…、$A_{0.15}$——4.75mm、2.36mm、…、0.15mm 各筛的累计筛余百分率。

💡 **注意**：计算砂的细度模数时，公式中的 A_i 用百分点而不用百分率来计算。例如 $A_{2.36}=15\%$，计算时代入 15，而不是 0.15。

细度模数越大，表示砂越粗。按细度模数划分，砂的粗度的标准如表 5-4 所示。

表 5-4 砂的粗度的标准

分类	粗砂	中砂	细砂
细度模数	3.1～3.7	2.3～3	1.6～2.2

由上述细度模数的计算式可以看出，M_x 在很大程度上取决于粗颗粒的含量，故它不能全面反映砂的各级粒径的分布情况，不同级配的砂可以具有相同的细度模数。

在混凝土中，砂的表面须由水泥浆包裹，砂的表面积越小，包裹砂粒表面所需的水泥浆越少，越省水泥。但砂过粗，拌合物易出现离析、泌水等现象。因此，混凝土用砂不宜过细，也不宜过粗。最理想的组成是总表面积和空隙率都小，使水泥浆用量最少。

3) 级配区

《建设用砂》(GB/T 14684—2022)标准将砂分为三个级配区，如表 5-5 所示；级配范围曲线如图 5-3 所示。

表 5-5 砂的级配颗粒区

砂的分类	天然砂			机制砂		
级配区	1 区	2 区	3 区	1 区	2 区	3 区
方筛孔	累计筛余/%					
4.75mm	10～0	10～0	10～0	10～0	10～0	10～0
2.36mm	35～5	25～0	15～0	35～5	25～0	15～0
1.18mm	65～35	50～10	25～0	65～35	50～10	25～0
600μm	85～71	70～41	40～16	85～71	70～41	40～16
300μm	95～80	92～70	85～55	95～80	92～70	85～55
150μm	100～90	100～90	100～90	97～85	94～80	94～75

注：① 砂的实际颗粒级配，除 4.75mm、0.6mm 筛孔外，其余各筛孔累计筛余允许超出本表规定界限，但其超出的总量应小于 5%。

② 1 区人工砂中 0.15mm 筛孔的累计筛余可以放宽到 100%～85%；2 区人工砂中 0.15mm 筛孔的累计筛余可以放宽到 100%～80%；3 区人工砂中 0.15mm 筛孔的累计筛余可以放宽到 100%～75%。

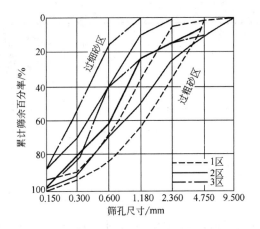

图 5-3 砂的 1、2、3 级配区曲线

超过 3 区往左上偏时，表示砂过细，拌制混凝土时需要的水泥浆量多，易使混凝土强度降低，收缩增大；超过 1 区往右下偏时，表示砂过粗，配制的混凝土的拌合物的和易性不易控制，而且内摩擦大，不易振捣成型。

【例 5-1】 从工地取回水泥混凝土用烘干砂 500g 做筛分试验，筛分结果如表 5-6 所示。计算该砂试样的各筛分参数、细度模数，并判断该砂所属级配区，评价其粗细程度和级配情况。

表 5-6 筛分结果

筛孔尺寸/mm	9.5	4.75	2.36	1.18	0.6	0.3	0.15	筛底
存留量/g	0	25	35	90	125	125	75	35
规范要求通过范围/%	100	90～100	75～100	50～90	30～59	8～30	0～10	—

5.2.3 粗骨料

集料粒径大于 4.75mm 的岩石颗粒称为粗集料，常用的有碎石和卵石。碎石大多由天然岩石经破碎、筛分而成，也可将大卵石轧碎、筛分而得。碎石表面粗糙，多棱角，且较为洁净，与水泥浆黏结得比较牢固。碎石是建筑工程中用量最大的粗集料。卵石又称砾石，是由天然岩石经自然条件长期作用而形成的粒径大于 5mm 的颗粒。粗骨料的材料要求如下。

1. 有害杂质含量

粗骨料中常含有如黏土、淤泥、硫酸盐及硫化物和有机质等一些有害杂质，它们在混凝土中所产生的危害作用与细骨料相同。其含量不应超过表 5-7 中的规定。

表 5-7 粗骨料中有害杂质含量指标

类 别	指 标		
	Ⅰ类	Ⅱ类	Ⅲ类
卵石含泥量(质量分数)/%	≤0.5	≤1	≤1.5
碎石泥粉含量(质量分数)/%	≤0.5	≤1.5	≤2

续表

类别	指标		
	Ⅰ类	Ⅱ类	Ⅲ类
泥块含量(含量分数)/%	≤0.1	≤0.2	≤0.7
针片状颗粒(质量分数)/%	≤5	≤8	≤15
有机物	合格	合格	合格
硫化物及硫酸盐(按 SO_3 质量计)/%	≤0.5	≤1	≤1

2. 最大粒径及颗粒级配

1) 最大粒径

最大粒径是指通过率为100%的最小标准筛所对应的筛孔尺寸,通常为公称粒级的上限。骨料的粒径越大,总表面积相应越小,所需的水泥浆量相应越少,在一定的和易性和水泥用量的条件下,能减少用水量而提高混凝土强度。按《混凝土结构工程施工规范》(GB 50666—2011)的规定:粗骨料的最大粒径不得超过结构截面最小尺寸的1/4,同时不得大于钢筋最小净距的3/4。对于混凝土实心板,粗骨料的最大粒径不宜超过板厚的1/3,且不得超过40mm。

2) 颗粒级配

粗骨料的级配原理与细骨料基本相同,良好的级配应当是:空隙率小,以减少水泥浆用量,并保证混凝土的和易性、密实度和强度;总表面积小,以减少水泥浆的用量,保证混凝土的经济性。

粗骨料的颗粒级配分连续级配和间断级配两种形式。采石场按供应方式,也将石子分为连续粒级和单粒级两种。《建设用卵石、碎石》(GB/T 14685—2022)中连续粒级共有6个,单粒级有5个,如表5-8所示。

资源1.粗集料的颗粒级配

表5-8 普通水泥混凝土用碎石或卵石的颗粒级配规定

公称粒径/mm	累计筛余(按质量计,%)										
	2.36	4.75	9.5	16	19	26.5	31.5	37.5	53	63	75	90
	筛孔尺寸(方孔筛)/mm										
连续粒级 5～16	95～100	85～100	30～60	0～10	—	0	—	—	—	—	—	—
5～20	95～100	90～100	40～80	—	0～10	0	—	—	—	—	—	—
5～25	95～100	90～100	—	30～70	—	0～5	0	—	—	—	—	—
5～31.5	95～100	90～100	70～90	—	15～45	—	0～5	0	—	—	—	—
5～40	—	95～100	70～90	—	30～65	—	—	0～5	0	—	—	—
单粒级 5～10	95～100	80～100	0～15	0	—	—	—	—	—	—	—	—
10～16	—	95～100	80～100	0～15	—	—	—	—	—	—	—	—
10～20	—	95～100	85～100	—	0～15	0	—	—	—	—	—	—
16～25	—	—	95～100	55～70	25～40	0～10	0	—	—	—	—	—
16～31.5	—	95～100	—	85～100	—	—	0～10	0	—	—	—	—
20～40	—	—	95～100	—	80～100	—	—	0～10	0	—	—	—
25～31.5	—	—	—	95～100	—	80～100	0～10	0	—	—	—	—
40～80	—	—	—	—	95～100	—	—	70～100	—	30～60	0～10	0

注:"—"表示该孔径累计筛余不作要求;"0"表示该孔径累计筛余为0。

3. 颗粒形状及表面特征

1) 颗粒形状

粗骨料的颗粒形状大致可分为蛋圆形、棱角形、针状及片状。所谓针状颗粒，是指颗粒长度大于其平均粒径的 2.4 倍；片状颗粒是指颗粒厚度小于其平均粒径的 0.4 倍。水泥混凝土用粗骨料的颗粒形状应该是接近球形或立方体形，而针状、片状颗粒不宜过多。因为针、片状颗粒不仅本身受力时易折断，在混凝土搅拌过程中会产生较大的阻力，而且易产生架空现象，增大骨料空隙率，使混凝土拌合物的和易性变差，难以成型密实，使强度降低。所以应限制粗骨料中针状、片状颗粒的含量。

2) 表面特征

表面特征是指骨料表面的粗糙程度及孔隙特征等。骨料的表面特征主要影响骨料与水泥石之间的黏结性能，影响混凝土的强度，尤其是抗弯强度，这对高强混凝土更明显。一般情况下，碎石表面粗糙并且具有吸收水泥浆的孔隙，所以它与水泥石的黏结能力较强；卵石表面圆润光滑，与水泥石的黏结能力较差，但混凝土拌合物的和易性较好。一般来说，在水泥用量与用水量相同的情况下，碎石混凝土比卵石混凝土的强度高 10%左右。

4. 强度和坚固性

1) 强度

岩石立方体强度检验，是将碎石或卵石制成标准试件(边长为 50mm 的立方体或直径与高均为 50mm 的圆柱体)，在水饱和状态下，测定其极限强度与设计所要求的混凝土强度等级之比，作为岩石强度指标。现行标准《建设用卵石、碎石》(GB/T 14685—2022)规定：岩石试件的抗压极限强度火成岩不应低于 80MPa，变质岩不应低于 60MPa，沉积岩不应低于 45MPa。

扩展音频 1. 压碎值指标

压碎值指标可间接表示粗骨料强度，粗骨料的压碎值指标如表 5-9 所示。

表 5-9 水泥混凝土用粗骨料的压碎值指标

项 目	指 标		
	Ⅰ类	Ⅱ类	Ⅲ类
碎石压碎指标/%	≤10	≤20	≤30
卵石压碎指标/%	≤12	≤14	≤16

2) 坚固性

有抗冻要求的混凝土所用的粗骨料，要求测定其坚固性，即用硫酸钠坚固法检验，试样经 5 次循环后，其质量损失应符合现行标准《建设用卵石、碎石》(GB/T 14685—2022)的规定，如表 5-10 所示。

表 5-10 碎石或卵石的坚固性指标

项 目	指 标		
	Ⅰ类	Ⅱ类	Ⅲ类
质量损失/%	≤5	≤8	≤12

5. 表观密度、连续级配松散堆积空隙率

卵石、碎石的表观密度、连续级配松散堆积空隙率应符合下列规定。
(1) 表观密度不小于 2600kg/m³。
(2) 连续级配松散堆积空隙率应符合表 5-11 的规定。

表 5-11　连续级配松散堆积空隙率规定

类别	I 类	II 类	III 类
空隙率/%	≤43	≤45	≤47

6. 吸水率

卵石、碎石的吸水率应符合表 5-12 的规定。

表 5-12　吸水率

类别	I 类	II 类	III 类
吸水率/%	≤1	≤2	≤2.5

5.2.4　拌合及养护用水

水是混凝土的主要组成材料之一，用于拌合、养护混凝土的水应满足下列要求。
(1) 不影响混凝土的凝结、硬化。
(2) 无损于混凝土的强度和耐久性。
(3) 不加快钢筋的腐蚀和导致预应力钢筋的脆断。
(4) 不污染混凝土的表面等。

具体分析讨论如下。

1. 水的类型和应用选择

混凝土拌合用水按水源可分为饮用水、地表水、地下水、再生水、海水以及经适当处理或处置后的工业废水等。符合国家标准的饮用水，可直接用于拌制和养护混凝土。地表水或地下水，首次使用时，必须进行适用性检验，合格才能使用。海水只允许用来拌制素混凝土，不得用来拌制钢筋混凝土、预应力混凝土和有饰面要求的混凝土。工业废水处理后必须经过检验，合格后方可使用。生活污水不能用作拌制混凝土。

2. 水的技术要求

1) 有害物质含量控制

混凝土拌合用水中的有害物质含量应符合《混凝土用水标准》(JGJ 63—2006)中的规定，如表 5-13 所示。对于设计使用年限为 100 年的结构混凝土，氯离子含量不得超过 500mg/L；对使用钢丝或经热处理钢筋的预应力混凝土，氯离子含量不得超过 350mg/L。

2) 对混凝土凝结时间的影响

用待检验水与蒸馏水(或符合国家标准的生活用水)进行水泥凝结时间试验，两者的初凝时间差及终凝时间差均不得大于 30min，待检验水拌制的水泥浆的凝结时间还应符合国家水泥标准《通用硅酸盐水泥》(GB 175—2007)的规定。

表 5-13 混凝土拌合用水质量要求

项 目	预应力混凝土	钢筋混凝土	素混凝土
pH	≥5	≥4.5	≥4.5
不溶物/(mg/L)	≤2000	≤2000	≤5000
可溶物/(mg/L)	≤2000	≤5000	≤10000
Cl^-/(mg/L)	≤500	≤1000	≤3500
SO_4^{2-}/(mg/L)	≤600	≤2000	≤2700
碱含量/(mg/L)	≤1500	≤1500	≤1500

注：碱含量按 $Na_2O+0.658K_2O$ 计数值来表示。采用非碱活性骨料时，可以不检验碱含量。

3) 对混凝土强度的影响

用待检验水配制水泥胶砂或混凝土，并测定其 3d 和 28d 的抗压强度，强度值不应低于饮用水拌制的相应水泥胶砂 3d 和 28d 强度的 90%。

5.2.5 外加剂

混凝土外加剂是指在混凝土搅拌之前或拌制过程中加入的，用以改善新拌混凝土或硬化混凝土性能的一类材料，掺量一般不超过水泥质量或胶凝材料质量的 5%(特殊情况除外)。

1．外加剂的分类

混凝土外加剂的种类繁多、功能多样，通常分为以下几种。

(1) 改变混凝土拌合物流动性的外加剂，包括各种减水剂、引气剂和泵送剂等。
(2) 调节混凝土凝结时间、硬化性能的外加剂，包括缓凝剂、早强剂和速凝剂等。
(3) 改善混凝土耐久性的外加剂，包括引气剂、防水剂和阻锈剂等。
(4) 改善混凝土其他性能的外加剂，包括加气剂、膨胀剂、防冻剂、防水剂和泵送剂等。

目前建筑工程中应用较多和较成熟的外加剂有减水剂、引气剂、缓凝剂、早强剂、速凝剂和膨胀剂等。

2．常用的混凝土外加剂

1) 减水剂

减水剂是在保持混凝土坍落度基本不变的条件下，能减少拌合用水量的外加剂；或在保持混凝土拌合物用水量不变的情况下，增大混凝土坍落度的外加剂。

资源 2.减水剂的掺加方法

(1) 减水剂的分子结构和特性。

减水剂多属于表面活性剂，其分子由亲水(憎油)基团和憎水(亲油)基团两部分组成，如图 5-4 所示。减水剂的分子能溶解于水中，并且其分子中的亲水基团指向溶液，憎水基团指向空气、固体或非极性液体并做定向排列，如图 5-5 所示。

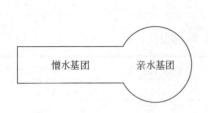 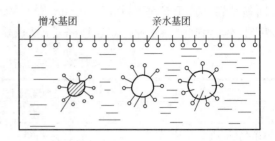

图 5-4 减水剂的分子结构　　　　图 5-5 减水剂分子在水溶液中的运动

(2) 减水剂的减水机理。

水泥加水拌合后,由于水泥颗粒间分子引力的作用,产生了许多絮状物,形成絮凝结构(见图 5-6),其中包裹了许多拌合水,从而降低了混凝土拌合物的流动性。

若向水泥浆体中加入减水剂,则减水剂的憎水基团定向吸附于水泥颗粒表面,亲水基团指向水溶液,一方面使水泥颗粒表面带上了相同的电荷,加大了水泥颗粒间的静电斥力,导致水泥颗粒相互分散[见图 5-7(a)],絮凝状结构中包裹的游离水被释放出来,从而有效地增加了混凝土拌合物的流动性;另一方面,由于亲水基团对水的亲和力较大,因此在水泥颗粒表面形成了一层稳定的溶剂化水膜,包裹在水泥颗粒周围,增加了水泥颗粒间的滑动力,使拌合物流动性增大,同时,水膜又将水泥颗粒隔开,使水泥颗粒的分散程度增大[见图 5-7(b)]。综合以上两种作用,混凝土拌合物在不增加用水量的情况下,增大了流动性。

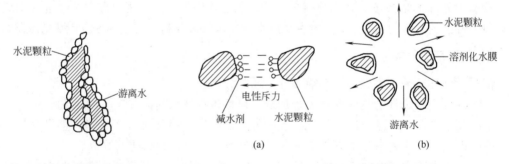

图 5-6 水泥浆的絮凝结构　　　　图 5-7 减水剂作用示意图

(3) 减水剂的技术经济效果。

① 若用水量不变,可不同程度地增大混凝土拌合物的坍落度。

② 若混凝土拌合物的坍落度及水泥用量不变,可减水 10%~20%,降低水胶比,提高混凝土强度 15%~20%(特别是提高早期强度),同时提高耐久性。

③ 若混凝土拌合物的流动性与混凝土的强度不变,可减水 10%~20%,节约水泥 10%~20%,降低混凝土成本。

④ 减少混凝土拌合物的分层、离析、泌水,减缓水化放热速度和降低最高温度。

⑤ 可配制特殊混凝土或高强度混凝土。

(4) 常用的减水剂。

① 木质素系减水剂(M 型)。木质素系减水剂主要使用木质素磺酸钙(木钙),属于阴离子表面活性剂,为普通减水剂,其适宜掺量为 0.2%~0.3%,减水率为 10%左右。它对混凝

土有缓凝作用，一般缓凝1~3h。其适用于各种预制混凝土、大体积混凝土、泵送混凝土。

② 萘系减水剂。萘系减水剂属于高效减水剂，其主要成分为β-萘磺酸盐甲醛缩合物，属于阴离子表面活性剂，可减水10%~20%，或使坍落度提高100~150 mm，或提高强度20%~30%。萘系减水剂的适宜掺量为0.5%~1%，缓凝性很小，大多为非引气型。其适用于日最低气温0℃以上的所有混凝土工程，尤其适用于配制高强混凝土、早强混凝土、流态混凝土等。

③ 树脂类减水剂。树脂类减水剂属于早强非引气型高效减水剂，为水溶性树脂，主要为磺化三聚氰胺甲醛树脂减水剂，简称密胺树脂减水剂，为阴离子表面活性剂。

④ 糖蜜类减水剂。糖蜜类减水剂属于普通减水剂。它是以制糖工业的糖渣、废蜜为原料，采用石灰中和而成，为棕色粉状物或糊状物，其中含糖较多，属于非离子表面活性剂。其适宜掺量为0.2%~0.3%，减水率为10%左右，属于缓凝减水剂。

2) 引气剂

引气剂是指在混凝土搅拌过程中，引入大量分布均匀的微小气泡，以减少混凝土拌合物的泌水、离析，改善和易性，并能显著提高硬化混凝土抗冻性、耐久性的外加剂。目前，应用较多的引气剂为松香热聚物、松香皂和烷基苯磺酸盐等。引气剂的掺量极小，为0.005%~0.01%，引气量为3%~6%。

引气剂对混凝土的质量的影响包括以下几方面。

① 可改善混凝土拌合物的和易性，减少单位用水量。通常每增加含气量1%，能减少单位用水量3%。

② 提高混凝土的抗渗性、抗腐蚀性和耐久性。

③ 含气量每提高1%，抗压强度下降4%~5%，抗折强度下降2%~3%。

④ 引入空气会使混凝土干缩增大，但若同时减少用水量，对干缩的影响不会太大。

⑤ 使混凝土对钢筋的黏结强度有所降低。一般含气量为4%时，对垂直方向的钢筋黏结强度降低10%~15%，对水平方向的钢筋黏结强度稍有下降。

3) 缓凝剂

缓凝剂是指能延缓混凝土的凝结时间，并对混凝土后期强度发展无不利影响的外加剂。

缓凝剂的缓凝作用是由于在水泥颗粒表面形成了不溶性物质，使水泥悬浮体的稳定程度提高并抑制水泥颗粒凝聚，因而延缓了水泥的水化和凝聚。

缓凝剂具有缓凝、减水、降低水化热等作用，对钢筋也无锈蚀作用，主要适用于大体积混凝土、炎热气候下施工的混凝土、需长时间停放或长距离运输的混凝土。缓凝剂不宜用于在日最低气温5℃以下施工的混凝土，也不宜单独用于有早强要求的混凝土及蒸养混凝土。常用的缓凝剂有酒石酸钠、柠檬酸、糖蜜、含氧有机酸和多元醇等，其掺量一般为水泥质量的0.01%~0.2%。掺量过大会使混凝土长期不硬，强度严重下降。

4) 早强剂

能提高混凝土早期的强度，并对后期强度无显著影响的外加剂，称为早强剂。常见的早强剂的品种、掺量及其作用效果如表5-14所示。

音频2.三乙醇胺

表 5-14　常见的早强剂的品种、掺量及其作用效果

种类	无机盐类早强剂	有机物类早强剂	复合早强剂
主要品种	氯化钙、硫酸钠	三乙醇胺、三异丙醇胺、尿素等	二水石膏+亚硝酸钠+三乙醇胺
适宜掺量	氯化钙 1%～2%；硫酸钠 0.5%～2%	0.02%～0.05%	2%二水石膏+1%亚硝酸钠+0.05%三乙醇胺
作用效果	氯化钙：可使 2～3d 强度提高 40%～100%、7d 强度提高 25%	—	能使 3d 强度提高 50%
注意事项	氯盐会锈蚀钢筋，掺量必须符合有关规定	对钢筋无腐蚀作用	早强效果显著，适用于严格禁止使用氯盐的钢筋混凝土

5) 速凝剂

能使混凝土速凝，并能改善混凝土与基底黏结性和稳定性的外加剂，称为速凝剂。速凝剂主要用于喷射混凝土、堵漏等，能够增强喷射混凝土的抗渗性和抗冻性，但不利于其耐腐蚀性。

6) 膨胀剂

膨胀剂是指能使混凝土产生补偿收缩膨胀的外加剂，常用的品种为 U 形(明矾石型)膨胀剂，掺量为 10%～15%。掺量较大时可在钢筋混凝土内产生自应力。掺入后对混凝土的力学性能影响不大，可提高抗渗性，并使抗裂性大幅度提高。

3．混凝土掺合料

在混凝土拌合物制备时，为了节约水泥、改善混凝土性能和调节混凝土强度等级而加入的天然或人造的矿物材料，统称为混凝土掺合料。用于混凝土中的掺合料，常见的有磨细的粉煤灰、硅灰、粒化高炉矿渣以及火山灰质(如硅藻土、黏土、页岩和火山凝灰岩)等。

5.3　混凝土的主要技术性能

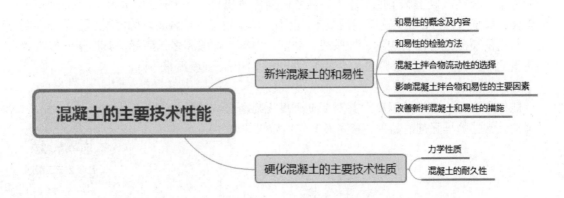

> **带着问题学知识**
>
> 什么是混凝土的和易性？
> 影响混凝土和易性的因素有哪些？

混凝土的主要技术性能包括：新拌混凝土的和易性(工作性)；硬化混凝土的主要技术性质。

5.3.1 新拌混凝土的和易性

1. 和易性的概念及内容

尚未凝结硬化的混凝土称为新拌混凝土或混凝土拌合物。新拌混凝土的工作性(亦称和易性)，是指混凝土拌合物易于施工操作(如拌合、运输、浇筑、振捣)且能够形成均匀、密实、稳定的混凝土的性能。

和易性是混凝土的一项综合技术性能，具体包括流动性、黏聚性和保水性。

流动性：拌合物在自重或机械振捣作用下，容易产生流动并能均匀密实填满模板的性能。流动性反映混凝土拌合物的稀稠程度，直接影响施工的难易程度和混凝土的浇筑质量。

黏聚性：拌合物内部材料之间有一定的凝聚力，在自重和一定外力的作用下，能保持整体性和稳定性而不会产生分层和离析现象的性能。

保水性：拌合物具有一定的保持内部水分的能力。保水性差，拌合物容易泌水，并在混凝土内形成贯通的泌水通道，不仅影响混凝土的密实性、降低强度，还会影响混凝土的抗渗性、抗冻性和耐久性。

流动性、黏聚性和保水性既相互联系又相互矛盾。流动性过大，将影响黏聚性和保水性，反之亦然。因此实际工程中应在流动性基本满足施工的条件下，力求保证黏聚性和保水性，从而得到和易性满足要求的拌合物。

2. 和易性的检验方法

目前国内外尚无能够全面反映混凝土拌合物和易性的测定方法。按《普通混凝土拌合物性能试验方法标准》(GB/T 50080—2016)的规定，混凝土拌合物的流动性可采用坍落度和维勃稠度两种试验方法。

1) 坍落度法

该测法是将拌合物按规定的试验方法装入坍落度筒内，然后按规定的方法垂直提起坍落度筒，测量筒高与坍落后混凝土试体中心点之间的高度差(见图 5-8)，即混凝土拌合物的坍落度，以 mm 为单位(精确至 5mm)。

测定坍落度的同时，必须辅助直观评定拌合物的黏聚性、保水性，以综合评价拌合物的和易性。

根据坍落度的不同，可将混凝土拌合物分为干硬性混凝土(坍落度≤10mm)、塑性混凝土(坍落度为 10～90mm)、流动性混凝土(坍落度为 100～150mm)、大流动性混凝土(坍落度≥160mm)。

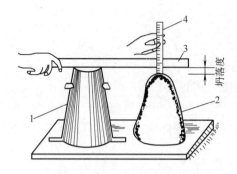

图 5-8 混凝土拌合物坍落度试验

1—坍落度筒；2—拌合物试体；3—木尺；4—钢尺

该方法适用于粗骨料最大粒径不大于 40mm、坍落度不小于 10mm 的混凝土拌合物稠度的测定。当坍落度大于 220mm 时，用单一的坍落度值往往并不足以区别不同的流动特性，通常辅以坍落扩展度表征。坍落扩展度是指坍落度试验时，混凝土流动扩展后的平均直径，单位为 mm。

按《混凝土质量控制标准》(GB 50164—2011)的规定：混凝土坍落度实测值与要求坍落度之间的允许偏差应符合表 5-15 中的规定。混凝土按坍落度的分级如表 5-16 所示。

表 5-15 混凝土实测坍落度和要求坍落度之间的允许偏差

混凝土要求坍落度/mm	允许偏差/mm	混凝土要求坍落度/mm	允许偏差/mm
≤40	±10	≥100	±30
50～90	±20		

表 5-16 混凝土按坍落度的分级

级 别	坍落度/mm
S1	10～40
S2	50～90
S3	100～150
S4	160～210
S5	≥220

注：坍落度检验结果，在分级评定时，其坍落度取值取舍至邻近的 10mm。

2) 维勃稠度法

该方法适用于骨料最大粒径不大于 40mm、坍落度小于 10mm 的混凝土拌合物稠度的测定。测法是按坍落度试验方法，将新拌混凝土装入坍落度筒内，再拔去坍落度筒，并在新拌混凝土顶上置一透明圆盘。开动振动台的同时，启动秒表并观察拌合物下落情况。当透明圆盘下面全部布满水泥浆时，按停秒表，记录时间，以秒计(精确至 0.1s)，即混凝土拌合物的维勃稠度值。维勃稠度试验装置如图 5-9 所示。根据混凝土拌合物的维勃稠度值，可将混凝土分为 5 级，如表 5-17 所示。

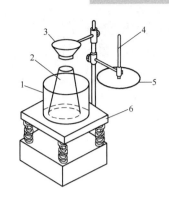

图 5-9 混凝土维勃稠度试验装置

1—圆柱形容器；2—坍落度筒；3—漏斗；4—测杆；5—透明圆盘；6—振动台

表 5-17 混凝土按维勃稠度分级

级 别	维勃稠度/s
V_0	≥31
V_1	30～21
V_2	20～11
V_3	10～6
V_4	5～3

3. 混凝土拌合物流动性的选择

混凝土的坍落度宜根据构件截面尺寸大小、钢筋的疏密程度和施工工艺等要求确定。流动性大的混凝土拌合物，虽施工容易，但水泥浆用量多，不利于节约水泥，易产生离析和泌水现象，对硬化后混凝土的性质不利；流动性小的混凝土拌合物，施工较困难，但水泥浆用量少，有利于节约水泥，对硬化后混凝土的性质较为有利。因此，在不影响施工操作和保证密实成型的前提下，应尽量选择较小流动性的混凝土拌合物。对于混凝土结构断面较大、配筋较疏且采用机械振捣的，应尽量选择流动性小的混凝土。依据《混凝土结构工程施工质量验收规范》(GB 50204—2015)，坍落度可参照表 5-18 选用。

表 5-18 混凝土灌注时的坍落度

序 号	结构种类	坍落度(振动器振动)/mm
1	小型预制块及便于浇筑振动的结构	0～20
2	桥涵基础、墩台等无筋或少筋的结构	10～30
3	普通配筋率的钢筋混凝土结构	30～50
4	配筋较密、断面较小的钢筋混凝土结构	50～70
5	配筋极密、断面高而窄的钢筋混凝土结构	70～90

注：① 本表建议的坍落度未考虑掺入外加剂而产生的作用。
② 水下混凝土、泵送混凝土的坍落度不在此列。
③ 用人工捣实时，坍落度宜增加 20～30mm。
④ 浇筑较高结构物混凝土时，坍落度宜随混凝土浇筑高度的上升而分段变动。

4．影响混凝土拌合物和易性的主要因素

混凝土的和易性受到各组成材料的影响，包括水泥特性与用量，细集料和粗集料的级配、形状、砂率、引气量及火山灰材料的数量，用水量和外加剂的用量和特性等。这些因素的影响主要有以下几方面。

1) 水泥浆的用量

水泥浆越多则流动性越大，但水泥浆过多时，拌合料容易产生分层、离析，即黏聚性明显变差；水泥浆太少，则流动性和黏聚性均较差。

2) 水泥浆的稠度(水胶比)

稠度大则流动性差，但黏聚性和保水性一般较好；稠度小则流动性大，但黏聚性和保水性较差。

影响混凝土和易性最主要的因素是水的含量。增加水量可以增加混凝土的流动性和密实性。同时，增加水量可能会导致离析和泌水，当然还会影响强度。混凝土拌合物需要一定的水量来达到可塑性，即必须有足够的水吸附在颗粒表面，水泥浆要填满颗粒之间的空隙，多余的水分包围在颗粒周围形成一层水膜润滑颗粒。颗粒越细，比表面积越大，需要的水量越多，但没有一定的细小颗粒，混凝土也不可能表现出可塑性。拌合物的用水量与集料的级配密切相关，越细的集料需要越多的水。

《普通混凝土配合比设计规程》(JGJ 55—2011)给出了干硬性和塑性混凝土的单位用水量，当水胶比在 0.4～0.8 时，根据粗集料品种、粒径和施工坍落度或维勃稠度的要求，按表 5-19 和表 5-20 选取。

表 5-19 干硬性混凝土的用水量

单位：kg/m³

拌合物稠度		卵石最大公称粒径/mm			碎石最大公称粒径/mm		
项目	指标	10	20	40	16	20	40
维勃稠度/s	16～20	175	160	145	180	170	155
	11～15	180	165	150	185	175	160
	5～10	185	170	155	190	180	165

表 5-20 塑性混凝土的用水量

单位：kg/m³

拌合物稠度		卵石最大公称粒径/mm				碎石最大公称粒径/mm			
项目	指标	10	20	31.5	40	10	20	31.5	40
坍落度/mm	10～30	190	170	160	150	200	185	175	165
	35～50	200	180	170	160	210	195	185	175
	55～70	210	190	180	170	220	105	195	185
	75～90	215	195	185	175	230	215	205	195

注：① 本表用水量是采用中砂时的取值。采用细砂时，每立方米混凝土用水量可增加 5～10kg；采用粗砂时，每立方米混凝土用水量可减少 5～10kg。

② 掺入矿物掺合料和外加剂时，用水量应相应地调整。

3) 砂率

砂率是混凝土中砂的质量占砂、石总质量的百分率。砂在混凝土拌合物中起着填充粗骨料空隙的作用。与粗骨料相比，砂具有粒径小、比表面积大的特点。砂率和混凝土拌合物坍落度的关系如图 5-10(a)所示。从图中可以看出，当砂率过大时，骨料的空隙率和总表面积增大，在水泥浆用量一定的条件下，拌合物的流动性减小；而当砂率过小时，虽然骨料的总表面积减小，但由于拌合物中砂浆量不足，不能在粗骨料的周围形成足够的起润滑作用的砂浆层，使拌合物的流动性降低，更严重的是影响了混凝土拌合物的黏聚性与保水性，使拌合物显得干涩、粗骨料离析、水泥浆流失，甚至出现溃散等不良现象。当砂率适宜时，砂不但填满了石子的空隙，而且还能保证粗骨料之间有一定厚度的砂浆层以便减小粗骨料的滑动阻力，使拌合物有较好的流动性，这个适宜的砂率称为合理砂率。在保证拌合物获得所要求的流动性及良好的均匀稳定性时，水泥用量最小，如图 5-10(b)所示。

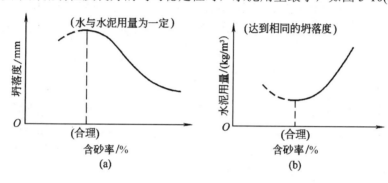

图 5-10 合理砂率

4) 环境条件

环境因素对拌合物和易性的影响主要有温度、湿度和风速。

(1) 温度。

拌合物的流动性随着温度的升高而减小，温度每升高 10℃，坍落度就减小 20～40mm，这是由于温度升高会加速水泥的水化，增加水分的蒸发，夏季施工时必须注意这一点。

(2) 湿度和风速。

湿度和风速会影响拌合物水分的蒸发速率，从而影响坍落度。风速越大、大气的湿度越小，拌合物的坍落度损失越快。

5) 外加剂

在拌制混凝土时，掺入外加剂(减水剂、引气剂)能使混凝土拌合物在不增加水泥和水量的条件下，显著提高流动性，且具有较好的均匀性、稳定性。

5．改善新拌混凝土和易性的措施

根据影响新拌混凝土和易性的因素，可采取以下措施改善新拌混凝土的和易性。

1) 调节材料组成

在保证混凝土强度、耐久性和经济性的前提下，合理地调整配合比，使之具有较好的和易性。

2) 掺入外加剂(如减水剂、引气剂等)

合理地利用外加剂，改善混凝土的和易性。

3) 提高振捣机械的效能

振捣效能的提高，可降低施工条件对混凝土拌合物和易性的要求，因而保持原有和易性也能达到捣实的性能。

5.3.2 硬化混凝土的主要技术性质

硬化混凝土的主要技术性质包括力学性质和耐久性。

1. 力学性质

硬化混凝土的力学性质包括强度和变形。

1) 强度

强度是硬化后混凝土最重要的力学指标，混凝土的强度包括抗压、抗拉、抗剪、抗折强度以及握裹强度等，其中以抗压强度最重要，工程中可以根据抗压强度的大小来估计其他的强度值。

(1) 立方体抗压强度标准值和强度等级。

① 立方体抗压强度。

按照《普通混凝土力学性能试验方法标准》(GB/T 50081—2019)规定的制作方法制成边长为150mm 的立方体试件，立即用不透水的薄膜覆盖表面。拆模后在标准养护条件[温度为(20±2)℃，相对湿度为95%以上的标准养护室中，或温度为(20±2)℃的不流动的 $Ca(OH)_2$ 饱和溶液中]下，养护至28d 龄期，按照标准测定方法测定其抗压强度值，即混凝土立方体试件抗压强度(简称立方体抗压强度)，以 f_{cu} 表示，按下式计算，以 MPa 即 N/mm^2 计：

$$f_{cu} = \frac{F}{A} \tag{5-4}$$

式中：F——试件破坏荷载，N；

A——试件承压面积，mm^2。

一组三个试件，按照混凝土强度评定方法确定每组试件的强度代表值。

按照《混凝土结构工程施工质量验收规范》(GB 50204—2015)的规定，混凝土立方体试件的最小尺寸应根据粗骨料的最大粒径确定，当采用非标准尺寸试件时，应将其抗压强度乘以换算系数(见表5-21)，折算为标准试件的立方体抗压强度。

表 5-21 试件尺寸换算系数

骨料最大粒径/mm	试件尺寸/mm	换算系数
≤31.5	100×100×100	0.95
≤40	150×150×150	1
≤63	200×200×200	1.05

② 立方体抗压强度标准值($f_{cu,k}$)。

立方体抗压强度标准值是按照标准方法制作和养护的边长为150mm 的立方体试件，在28d 龄期用标准试验方法测得的抗压强度总体分布中的一个值，强度低于该值的百分率不超过5%(具有95%保证率的抗压强度值)，单位为MPa，以 $f_{cu,k}$ 表示。

③ 强度等级。

强度等级是根据立方体抗压强度标准值来确定的。强度等级用符号 C 和立方体抗压强度标准值 $f_{cu,k}$ 两项内容表示。例如，"C30"表示混凝土立方体抗压强度标准值 $f_{cu,k}$=30MPa。

我国现行规范《混凝土结构设计规范》(GB 50010—2010)规定：普通混凝土按立方体抗压强度标准值划分为 C15、C20、C25、C30、C35、C40、C45、C50、C55、C60、C65、C70、C75 和 C80 共 14 个等级。现行规范《混凝土质量控制标准》(GB 50164—2011)规定：普通混凝土按其立方体抗压强度标准值共划分为 19 个等级，依次是 C10、C15、C20、C25、C30、C35、C40、C45、C50、C55、C60、C65、C70、C75、C80、C85、C90、C95 和 C100。

(2) 抗折强度(f_{cf})。

道路路面或机场道面用水泥混凝土，以抗折强度(或称抗弯强度)为主要强度指标，抗压强度为参考强度指标。道路水泥混凝土抗折强度是以标准操作方法制备成 150mm×150mm×550mm 的梁形试件，在标准条件下，经养护 28d 后，按三分点加荷方式(见图 5-11)，测定其抗折强度(f_{cf})，按式(5-5)计算，以 MPa 计：

$$f_{cf} = \frac{FL}{bh^2} \tag{5-5}$$

式中：F——试件破坏荷载，N；

L——支座间距，mm；

b——试件宽度，mm；

h——试件高度，mm。

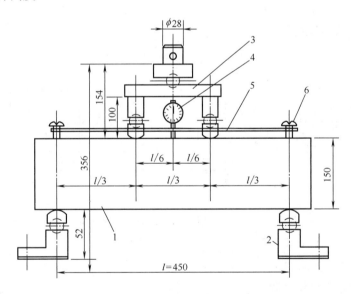

图 5-11 水泥混凝土抗折强度和抗折模量试验装置图(尺寸单位：mm)

1—试件；2—支座；3—加荷支座；4—千分表；5—千分表架；6—螺杆

(3) 轴心抗压强度(f_{cp})。

混凝土的立方体抗压强度只是评定强度等级的标志，不能直接作为结构设计的依据。为符合实际情况，在结构设计中混凝土受压构件的计算采用混凝土的轴心抗压强度(棱柱体强度)。按现行国家标准《混凝土物理力学性能试验方法标准》(GB/T 50081—2019)规定：采用尺寸为150mm×150mm×300mm的棱柱体作为标准试件，一般情况下，轴心抗压强度与立方体抗压强度的比值为0.7～0.8，轴心抗压强度(f_{cp})按式(5-6)计算，以MPa计：

$$f_{cp} = \frac{F}{A} \tag{5-6}$$

式中：F——试件破坏荷载，N；
  A——试件承压面积，mm^2。

(4) 劈裂抗拉强度(f_{ts})。

混凝土是一种脆性材料，直接受拉时，很小的变形就会产生脆性破坏。通常其抗拉强度只有抗压强度的1/20～1/10，且随着混凝土强度等级的提高，比值有所降低。测定混凝土抗拉强度的方法，有轴心抗拉试验法和劈裂试验法两种。由于轴心抗拉试验法试验结果的离散性很大，故一般采用劈裂法。

我国现行标准《公路工程水泥及水泥混凝土试验规程》(JTG 3420—2020)规定：采用150mm×150mm×150mm的立方体作为标准试件，在立方体试件中心面内用圆弧为垫条施加两个方向相反、均匀分布的压应力(见图5-12和图5-13)，当压力增大至一定程度时，试件就沿此平面劈裂破坏，这样测得的强度称为劈裂抗拉强度，简称劈拉强度(f_{ts})。劈拉强度按式(5-7)计算，以MPa计：

$$f_{ts} = \frac{2F}{\pi A} = \frac{0.637F}{A} \tag{5-7}$$

式中：F——试件破坏荷载，N；
  A——试件劈裂面面积，mm^2。

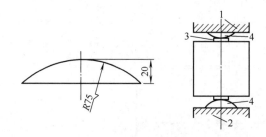

图5-12 劈裂抗拉试验装置(尺寸单位/mm)　　图5-13 劈裂试验时垂直于受力面的应力分布

1—上压板；2—下压板；3—垫层；4—垫条

试验研究表明，轴拉强度低于劈拉强度，两者的比值为0.8～0.9。在无试验资料时，劈拉强度也可通过立方体抗压强度由式(5-8)估算：

$$f_{ts} = 0.35 f_{cu}^{3/4} \tag{5-8}$$

(5) 影响混凝土强度的因素。

① 材料性质及其组成。

a. 水泥的强度。水泥是混凝土的胶结材料，水泥强度的大小直接影响着混凝土强度的高低。在配合比相同的条件下，水泥强度越高，水泥石的强度及其与骨料的黏结力越大，制成的混凝土强度也越高。试验证明，混凝土的强度与水泥强度成正比例关系。

b. 水灰比。在拌制混凝土时，为了获得必要的流动性，常须加入较多的水(占水泥质量的 40%～70%)。水泥完全水化所需的结合水，一般只占水泥质量的 10%～25%。在水泥强度和其他条件相同的情况下，混凝土强度主要取决于水灰比，水灰比越小，水泥石强度及与骨料的黏结强度越大，混凝土强度越高。但若水灰比太小，拌合物过于干硬，在一定的捣实成型条件下，无法保证浇灌质量，混凝土中将出现较多的蜂窝、孔洞，强度反而会下降。试验表明，混凝土的强度随水灰比的增大而降低，而与灰水比呈直线关系，如图 5-14 和图 5-15 所示。为提高混凝土的强度和耐久性，满足施工工作性能要求及某些特殊性能要求，混凝土中常掺入一定数量的矿物掺合料，这些矿物掺合料具有活性成分，能有条件地发生水化反应，与水泥合称为混凝土的胶凝材料，此时的水灰比相应改为水胶比。水胶比是指混凝土中用水量与胶凝材料用量的质量比。

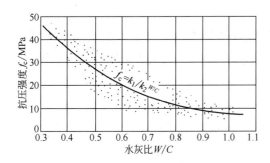
图 5-14 混凝土的抗压强度与水灰比的关系

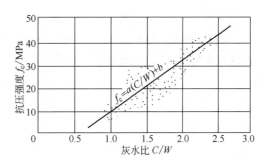
图 5-15 混凝土的抗压强度与灰水比的关系

c. 粗骨料的特征。骨料对混凝土的强度有明显影响，特别是粗骨料的形状与表面特征与强度有着直接的关系。在我国现行的混凝土强度公式中，对表面粗糙、有棱角的碎石以及表面光滑浑圆的卵石，它们的回归系数 α_a、α_b 均不相同。

随着现代混凝土技术的发展，在配制混凝土时常掺入矿物掺合料以改善混凝土的性能。《普通混凝土配合比设计规程》(JGJ 55—2011)中将掺入混凝土中的活性矿物掺合料和水泥统称为混凝土中的胶凝材料。混凝土强度经验公式如下：

$$f_{cu} = \alpha_a \cdot f_b \cdot \left(\frac{B}{W} - \alpha_b\right) \tag{5-9}$$

式中：f_{cu}——混凝土 28d 龄期的立方体抗压强度，MPa；

f_b——胶凝材料 28d 的胶砂抗压强度，MPa；

B/W——胶水比；

α_a、α_b——与粗集料有关的回归系数。按《普通混凝土配合比设计规程》(JGJ 55—2011) 的规定，无试验统计资料时，混凝土强度回归系数取值如表 5-22 所示。

表 5-22 回归系数 α_a、α_b 取值

骨料类别	回归系数	
	α_a	α_b
碎石	0.53	0.49
卵石	0.2	0.13

一般水泥厂为了保证水泥的出厂强度等级，其实际抗压强度往往比其强度等级要高一些，当无法取得水泥28d实际抗压强度数值时，用式(5-10)计算：

$$f_{ce} = \gamma_c \cdot f_{ce,g} \tag{5-10}$$

式中：f_{ce}——水泥强度等级的标准值，MPa；

γ_c——水泥强度等级的富余系数，该值按各地区实际统计资料确定，一般为1.1~1.16；

$f_{ce,g}$——水泥强度等级值，MPa。

d. 集浆比。集浆比对混凝土的强度也有一定的影响，特别是对高强度的混凝土更明显。试验证明，水灰比一定，增加水泥浆的用量，可增大拌合物的流动性，使混凝土易于成型，强度提高。但过多的水泥浆，易使硬化的混凝土产生较大的收缩，形成较多的孔隙，反而降低了混凝土的强度。

② 养护条件。

a. 温度。温度对混凝土早期强度的影响尤为显著。一般地，当温度在4~40℃范围内，养护温度提高，可以促进水泥的溶解、水化和硬化，提高混凝土的早期强度，如图5-16所示。

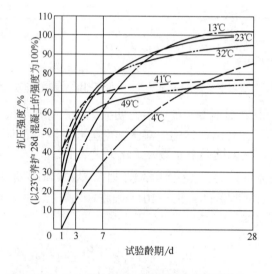

图5-16 养护温度对混凝土强度的影响

不同品种的水泥，对温度有不同的适应性，因此需要有不同的养护温度。对于硅酸盐水泥和普通水泥，若养护温度过高(40℃以上)，水泥水化速率加快，生成的大量水化产物来不及转移、扩散，使水化反应变慢，混凝土后期强度反而降低。而对于掺入大量混合材料的水泥(如矿渣、火山灰、粉煤灰水泥等)，因为有二次水化反应，提高养护温度不但能加快水泥的早期水化速度，而且对混凝土后期强度的增长也有利。

养护温度过低，混凝土强度发展缓慢，当温度降至0℃以下时，混凝土中的水分将结冰，水泥水化反应停止，这时不但混凝土强度停止增长，而且由于孔隙内水分结冰而引起体积膨胀(约9%)，对孔壁产生相当大的膨胀压力，导致混凝土已获得的强度受到损失，严重时会导致混凝土崩溃。混凝土强度与冻结龄期的关系如图5-17所示。

b. 湿度的影响。养护的湿度是决定水泥能否正常水化的必要条件。湿度对混凝土强度的影响如图 5-18 所示。适宜的湿度，有利于水化反应的进行，且混凝土强度增长较快；如果湿度不够，混凝土会失水干燥，甚至停止水化。

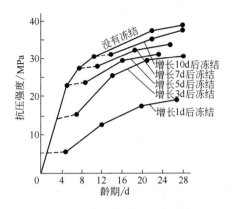

图 5-17 混凝土强度与冻结龄期的关系

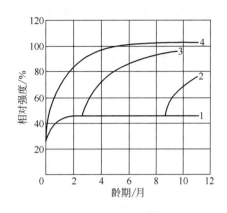

图 5-18 养护条件对混凝土强度的影响

1—空气养护；2—9 个月后水中养护；
3—3 个月后水中养护；4—标准湿度条件下养护

c. 龄期的影响。在正常条件下养护，混凝土的强度随龄期的增长而提高，最初 7～14d 内，强度增长较快，28d 以后增长缓慢并趋于平缓，如图 5-19 所示，所以混凝土强度以 28d 强度作为质量评定的依据。

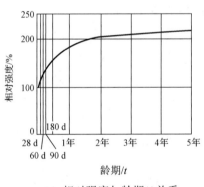

(a) 相对强度与龄期(t)关系

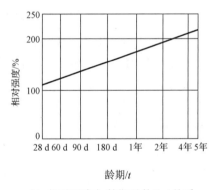

(b) 相对强度与龄期对数($\lg t$)关系

图 5-19 混凝土强度与龄期的关系

③ 试验条件的影响。

a. 试件的形状。试件受压面积相同而高度不同时，高宽比越大，抗压强度越小。原因是压力机压板与试件间的摩擦力，束缚了试件的横向膨胀作用，有利于强度的提高，如图 5-20 所示。离承压面越近，束缚力越大，致使试件破坏后，形成较完整的棱柱体，如图 5-21 所示。

b. 试件的尺寸。混凝土试件尺寸越小，测得的抗压强度值就越大。我国国家标准规定，采用边长为 150mm 的立方体试件作为标准试件，当采用非标准试件时，应将其抗压强度乘以尺寸折算系数，折算成边长为 150mm 的标准尺寸试件抗压强度。根据《混凝土强度检验评定标准》(GB/T 50107—2010)的要求，尺寸折算系数按下列规定采用：当混凝土强度等级低于 C60 时,对边长为 100mm 的立方体试件取 0.95,对边长为 200mm 的立方体试件取 1.05；当混凝土强度等级不低于 C60 时,宜采用标准尺寸试件；使用非标准尺寸试件时,尺寸折算系数应由试验确定,其试件数量不应少于 30 组。

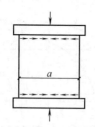
图 5-20 压力机压板对试件的约束作用

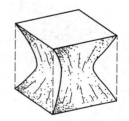
图 5-21 试件破坏后残存的棱柱体

c. 试件表面状态。表面光滑平整,压力值较小；当试件表面有油脂类润滑剂时,测得的强度值明显降低。由于束缚力大大减小,造成试件出现直裂破坏,如图 5-22 所示。

图 5-22 不受压板约束时试件的破坏情况

d. 加荷速度。加荷速度越快,测得的强度值越大,当加荷速度超过 1MPa/s 时,这种趋势更加显著。因此,我国国家标准规定,混凝土抗压强度的加荷速度：混凝土强度等级<C30 时,为 0.3～0.5MPa/s；混凝土强度等级≥C30 且<C60 时,为 0.5～0.8MPa/s；混凝土强度等级≥C60 时,为 0.8～1MPa/s,且应连续均匀地进行加荷。

(6) 提高混凝土强度的措施。

在实际施工中,为了加快施工进度,提高模板的周转效率,常须提高混凝土的早期强度,可采取以下几种方法。

① 采用高强度等级水泥和早强型水泥。硅酸盐水泥和普通水泥的早期强度比其他水泥高。对于紧急抢修工程、桥梁拼装接头、严寒的冬季施工以及其他要求早期强度高的结构物,则可优先选用早强型水泥配制混凝土。

② 采用水灰比较小、用水量较少的干硬性混凝土。

③ 采用质量合格、级配良好的碎石及合理砂率。

④ 掺加外加剂。掺加外加剂是提高混凝土强度的有效方法之一。减水剂和早强剂都能对混凝土的强度发展起到明显的促进作用,尤其是在高强度混凝土(强度等级大于 C60)的设计中,采用高效减水剂已成为关键的技术措施。但要指出的是,早强剂只能提高混凝土的早期(≤10d)强度,而对 28d 强度影响不大。

⑤ 改进施工工艺,提高混凝土的密实度。降低水灰比,采用机械振捣的方式,增加混凝土的密实度,提高混凝土的强度。

⑥ 采用湿热处理。

湿热处理就是提高水泥混凝土养护时的温度和湿度，以加快水泥的水化，提高早期强度。常用的湿热处理方法有蒸汽养护和蒸压养护。蒸汽养护是将混凝土放在温度低于100℃的常压蒸汽中养护，一般混凝土经过16~20h的蒸汽养护后，其强度可达正常混凝土28d强度的70%~80%。蒸汽养护最适宜的温度随水泥品种的不同而变化，用普通水泥时，最适宜的温度为80℃左右，而用矿渣水泥和火山灰水泥时，则为90℃左右。蒸压养护是将浇筑完的混凝土构件静停8~10h后，放入蒸压釜内，通入高温高压饱和蒸汽养护使水泥水化加速、硬化加快，以提高混凝土的早期强度。

2) 变形

混凝土的变形，主要包括非荷载作用下的变形及荷载作用变形。

(1) 非荷载作用下的变形。

① 塑性收缩。

混凝土成型后、凝结前，塑性阶段的收缩称为塑性收缩。塑性收缩是引起塑性开裂的主要原因之一。塑性收缩是因化学反应、重力作用及塑性阶段的干燥失水而引起的，一般是各向异性，主要表现在重力方向上的收缩。垂直方向的塑性收缩定义为沉降收缩。

② 化学收缩。

由于水泥水化产物的体积比水化反应前物质的总体积(包括水的体积)要小，因而使混凝土产生的收缩称为化学收缩。化学收缩是不能恢复的，收缩值随龄期增长而增加，40d以后渐趋稳定，但收缩率一般很小[在$(4~100)×10^{-6}$mm/mm]，在限制应力下不会对结构物产生破坏作用，但会在混凝土内部产生微细裂缝。

③ 干湿变形。

干湿变形是混凝土最常见的非荷载变形，主要表现为干缩湿胀。

资源3.防止发生干缩的措施

混凝土在干燥空气中硬化时，随着水分的逐渐蒸发，体积将逐渐发生收缩。而在水中或潮湿条件下养护时，混凝土的干缩将减少或略产生膨胀，如图5-23所示。但混凝土收缩值较膨胀值大，当混凝土产生干缩后，即使长期放在水中，仍有残留变形，残余收缩为收缩量的30%~60%。在一般工程设计中，通常采用混凝土的线性收缩值为$1.5×10^{-3}~2×10^{-4}$。

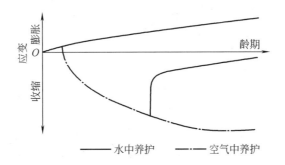

图5-23 混凝土的湿胀干缩变形

混凝土干缩后会在表面产生细微裂缝。当干缩变形受到约束时，常会引起构件的翘曲或开裂，影响混凝土的耐久性。因此，应通过调节骨料级配、增大粗骨料的粒径、减少水泥浆用量、选择合适的水泥品种、采用振动捣实、加强早期养护等措施来减小混凝土的干缩。

④ 碳化收缩。

水泥水化生成的氢氧化钙与空气中的二氧化碳发生反应，从而引起混凝土体积减小的收缩称为碳化收缩。碳化收缩的程度与空气的相对湿度有关，当相对湿度为30%～50%时，收缩值最大。碳化收缩过程通常伴随着干燥收缩，在混凝土表面产生拉应力，导致混凝土表面产生微细裂缝。

⑤ 温度变形。

混凝土也具有热胀冷缩的性质，这种热胀冷缩的变形称为温度变形。混凝土温度膨胀系数大约为 10×10^{-6} m/m·℃，即温度每升高或降低 1℃，长 1m 的混凝土将产生 0.01mm 的膨胀或收缩变形。温度变形对大体积及超长结构混凝土极为不利，极易产生温度裂缝。例如纵长 100m 的混凝土，温度升高或降低 30℃ 则产生 30mm 的膨胀或收缩，在完全约束条件下，混凝土内部将产生 7.5MPa 左右拉应力，足以导致混凝土开裂。故纵长结构或大面积混凝土均应采取设置伸缩缝、配制温度钢筋或掺入膨胀剂等技术措施，防止混凝土开裂。

(2) 荷载作用变形。

① 弹—塑性变形与弹性模量。

混凝土在荷载作用下，应力与应变的关系为如图 5-24 所示的曲线。其变形模量随应力的增加而减小。因此，工程上采用割线弹性模量上任一点与原点连线的斜率，它表示所选择点的实际变形，很容易测得。

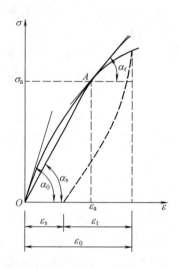

图 5-24 混凝土应力—应变曲线

当混凝土中骨料含量较多、水泥石的水灰比较小、养护较好、龄期较长时，混凝土的弹性模量就较大。蒸汽养护的混凝土比标准条件下养护的略低，强度等级为 C10～C60 的混凝土，其弹性模量为 $(1.75\sim3.6)\times10^4$ MPa。

② 徐变。

混凝土在长期荷载作用下，除了产生瞬间的弹性变形和塑性变形外，还会产生随时间而增长的非弹性变形。这种在长期荷载作用下，随时间而增长的变形称为徐变，也称蠕变。混凝土的变形与荷载作用时间的关系如图 5-25 所示。

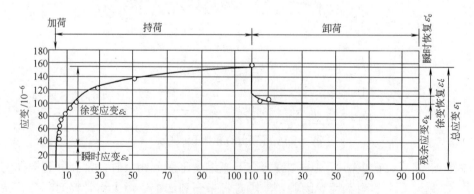

图 5-25 混凝土的变形与荷载作用时间的关系曲线

卸荷后，一部分变形瞬时恢复，但小于加荷瞬时变形；卸荷一段时间内变形继续恢复，称为徐变恢复；最后残存的不能恢复的变形，称为残余变形。混凝土的徐变对钢筋混凝土构件来说，能消除钢筋混凝土内的应力集中，使应力较均匀地重新分布；对大体积混凝土，能消除一部分由于温度变形所产生的破坏应力；但在预应力钢筋混凝土结构中，混凝土的徐变将使钢筋的预加应力受到损失。影响混凝土徐变变形的因素主要有水胶比、胶凝材料用量、骨料种类、应力等。水胶比一定时，胶凝材料用量越大，徐变越大；所用骨料弹性模量越大，徐变越小；所受应力越大，徐变越大。

2. 混凝土的耐久性

耐久性是指混凝土在使用条件下抵抗周围环境各种因素长期作用的能力。混凝土耐久性主要包括抗冻性、抗渗性、抗侵蚀性、碳化性和抗碱—骨料反应等。

5.4　混凝土的质量控制与强度评定

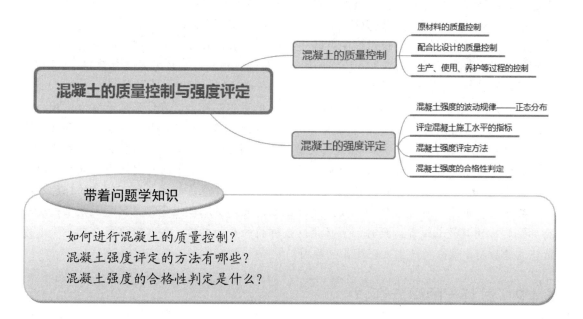

5.4.1　混凝土的质量控制

混凝土的生产是配合比设计、配料搅拌、运输浇筑、振捣养护等一系列过程的综合。要保证生产出的混凝土质量合格，必须在各个环节给予严格的质量控制。

1. 原材料的质量控制

混凝土是由多种材料混合制作而成的，任何一种组成材料的质量偏差或不稳定都会造成混凝土整体质量的波动。水泥要严格按其技术质量标准进行检验，并按有关条件进行品种的合理选用，特别要注意水泥的有效期；粗骨料、细骨料应控制其杂质和有害物质含量，若不符合要求，应经处理并检验合格后方能使用；采用天然水进行拌合的混凝土，对拌合用水的质量应按标准进行检验；水泥、砂、石、外加剂等主要材料应检查产品合格证、出厂检验报告和进场复验报告。

2. 配合比设计的质量控制

混凝土应按行业标准《普通混凝土配合比设计规程》(JGJ 55—2011)的有关规定，根据混凝土的强度等级、耐久性与和易性等要求进行配合比设计。首次使用的混凝土配合比应进行开盘鉴定，其和易性应满足设计配合比的要求。开始生产时应至少留置一组标准养护试件，作为检验配合比的依据。混凝土拌制前，应测定砂、石的含水率，根据测试结果及时调整材料用量，提出施工配合比。生产时应检验配合比设计资料、试件强度试验报告、骨料含水率测试结果和施工配合比通知单。

3. 生产、使用、养护等过程的控制

混凝土的原材料必须称量准确，每盘称量的允许偏差应控制在水泥、掺合料±2%，粗骨料、细骨料±3%，水、外加剂±1%。每工作班抽查不少于一次，各种衡器应定期检验。混凝土运输、浇筑完毕后，应按施工技术方案及时采取有效的养护措施，应随时观察并检查施工记录。混凝土的运输、浇筑及间歇的全部时间不应超过混凝土的初凝时间。要实际观察、检查施工记录。在运输、浇筑过程中要防止离析、泌水、流浆等不良现象的发生，并分层按顺序振捣，严防漏振。混凝土浇筑完毕后，应按施工技术方案及时采取有效的养护措施，应随时观察并检查施工记录。

【例 5-2】现有一建筑工程为剪力墙结构，采用商品混凝土，设计强度等级为 C30，坍落度要求为 180 mm，正常情况下，该施工季节混凝土浇筑 10h 后拆模。在浇筑七层梁板墙混凝土 10h 后拆模时发现，局部混凝土呈塑性从拆模处流出，施工人员停止拆模并将此情况上报给工程项目部，工程项目部负责人通知混凝土搅拌站技术人员现场查看并分析原因及提出处理方案。混凝土搅拌站技术人员查看现场，发现浇筑部位底部有较多的棕色水泥浆。技术人员据此查看了当时的混凝土搅拌记录，未发现配合比异常且问题混凝土出现在局部，其后的混凝土正常。此时，上层钢筋已绑扎并开始支模，按监理要求全部拆除以免留下质量隐患。试分析产生上述现象的原因。

5.4.2 混凝土的强度评定

考虑到影响混凝土强度的因素是随机变化的，因此，工程中采用数理统计的方法评定混凝土的质量。在混凝土生产管理过程中，由于混凝土的抗压强度与其他性能有较好的相关性，能较好地反映混凝土的整体质量情况，因此，工程上常以混凝土抗压强度作为评定和控制其质量的主要指标。

1. 混凝土强度的波动规律——正态分布

同一种混凝土进行系统的随机抽样，若以强度为横坐标、以某一强度出现的概率为纵坐标绘图，则得到的曲线符合正态分布规律，如图 5-26 所示。

正态分布曲线有以下特点。

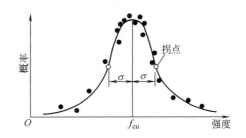

图 5-26　混凝土强度正态分布曲线

（1）曲线呈钟形对称。对称轴和曲线的最高峰均出现在平均强度处。这表明混凝土强度接近其平均强度时出现的次数最多，远离对称轴的强度测定值出现的概率逐渐减小，最后趋于零。

（2）曲线和横坐标之间所包围的面积为概率的总和，等于 100%；对称轴两边出现的概率相等，各为 50%。

（3）在对称轴两边的曲线上各有一个拐点。两拐点间的曲线向下弯曲，拐点以外的曲线向上弯曲，并以横坐标轴为渐近线。

正态分布曲线矮而宽，表示强度数据的离散程度大，说明施工控制水平差；反之，曲线高而窄，表示强度数据的分布集中，说明施工控制水平高，如图 5-27 所示。

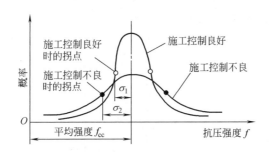

图 5-27　平均值相同而 σ 值不同的正态分布曲线

2. 评定混凝土施工水平的指标

评定混凝土施工水平的指标主要包括正常生产控制条件下混凝土的平均强度、变异系数和强度保证率等。

1) 平均强度

$$\bar{f}_{cu} = \frac{\sum_{i}^{n} f_{cu,i}}{n} \tag{5-11}$$

式中：$f_{cu,i}$——第 i 组试件的抗压强度，MPa；

$\bar{f}_{cu}$——n 组抗压强度的算术平均值，MPa；

n——试件组数。

平均强度能反映混凝土总体强度的平均值，但不能反映混凝土强度的波动情况。

2) 混凝土强度标准差（σ）

混凝土强度的标准差又称均方差，按下式计算：

$$\sigma = \sqrt{\frac{\sum_{i=1}^{n}(f_{cu,i} - \overline{f}_{cu})^2}{n-1}} = \sqrt{\frac{\sum_{i=1}^{n} f^2_{cu,i} - n\overline{f}_{cu}^2}{n-1}} \tag{5-12}$$

式中：n——试验组数，$n \geq 25$；

$f_{cu,i}$——第 i 组试件的抗压强度，MPa；

$\overline{f}_{cu}$——n 组抗压强度的算术平均值，MPa；

σ——n 组抗压强度的标准差，MPa。

标准差是评定混凝土质量均匀性的指标。它是强度分布曲线上拐点距平均强度的差距。其值越小，则曲线高而窄，说明强度值分布较集中，混凝土质量越稳定，均匀性越好。

3）变异系数（C_v）

变异系数又称离散系数，按下式计算：

$$C_v = \frac{\sigma}{\overline{f}_{cu}} \times 100\% \tag{5-13}$$

C_v 也是用来评定混凝土质量均匀性的一种指标，C_v 值越小，表明混凝土质量越稳定。一般情况下，$C_v \leq 0.2$，应尽量控制在 0.15 以下。

4）强度保证率（P）

强度保证率是指混凝土强度总体大于等于设计强度等级（$f_{cu,k}$）的概率，在混凝土强度正态分布曲线图中以阴影面积表示，如图 5-28 所示。

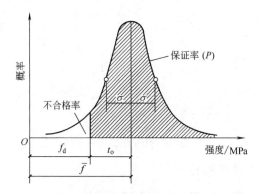

图 5-28 混凝土强度保证率

工程上 P 值可根据统计周期内混凝土试件强度不低于要求强度等级的组数 N_0 与试件总数 $N(N \geq 25)$ 之比求得，即

$$P = \frac{N_0}{N} \times 100\% \tag{5-14}$$

我国在《混凝土强度检验评定标准》(GB/T 50107—2010)中规定，根据统计周期内混凝土强度 σ 值和保证率 P，可将混凝土生产单位的生产管理水平划分为优良、一般、差三个等级，如表 5-23 所示。

表 5-23 混凝土生产管理水平

生产状况	质量等级					
	优 良		一 般		差	
混凝土强度等级	<C20	≥20	<20	≥C20	<20	≥20
预拌混凝土厂和预制混凝土构件厂	混凝土强度标准差 σ /MPa					
	≤3	≤3.5	≤4	≤5	>4	>5
集中搅拌混凝土的施工现场	≤3.5	≤4	≤4.5	≤5.5	>4.5	>5.5
预拌混凝土厂和预制混凝土构件厂及集中搅拌混凝土的施工现场	强度不低于要求强度等级的百分率 P/%					
	≥95		>85		≤85	

3. 混凝土强度评定方法

1) 验收批的条件

实际生产中,混凝土强度的检验评定是分批进行的。构成同一验收批的混凝土的质量状态应满足下列要求。

(1) 强度等级相同。

(2) 龄期相同。

(3) 生产工艺条件(搅拌方式、运输条件和浇筑形式)基本相同。

(4) 配合比基本相同。

2) 验收批的批量和样本容量

同批混凝土试件组的数量称样本容量,而它所代表的该批混凝土的数量,为被验收混凝土的批量。

对不同的评定方法,混凝土验收的试件组数(样本容量)和代表混凝土数量(验收批量)要求如表 5-24 所示。

表 5-24 样本容量和验收批量要求

生产状况	评定方法	试件组数(样本容量)	代表混凝土数量(验收批量)/m³
预拌混凝土厂、预制混凝土构件厂施工现场集中搅拌混凝土	方差已知统计法	3 组	最大为 300
	方差未知统计法	≥10 组	最少为 1000
零星生产的预制构件厂或现场搅拌批量不大的混凝土	非统计法	1~9 组	最大为 900

3) 强度评定方法

(1) 统计方法。

① 标准差已知的统计方法。

该方法适用于混凝土的生产条件在较长时间内能保持一致,且同一品种混凝土的强度变异性能较稳定的情形。要求检验期不超过三个月,该期内强度数据由连续三组试件代表一个验收批,其强度应同时符合下列要求。

当 $C_x \leq C_{20}$ 时,

$$m_{f_{cu}} \geq f_{cu,k} + 0.7\sigma_0$$

$$f_{cu,min} \geq f_{cu,k} - 0.7\sigma_0$$
$$f_{cu,min} \geq 0.85 f_{cu,k}$$

当 $C_x > C_{20}$ 时，
$$m_{f_{cu}} \geq f_{cu,k} + 0.7\sigma_0$$
$$f_{cu,min} \geq f_{cu,k} - 0.7\sigma_0$$
$$f_{cu,min} \geq 0.90 f_{cu,k}$$

式中：$m_{f_{cu}}$——同一验收批混凝土强度平均值；

$f_{cu,k}$——设计的混凝土强度标准值；

$f_{cu,min}$——同一验收批混凝土强度的最小值；

σ_0——验收批混凝土强度的标准差。

$$\sigma_0 = \frac{0.59}{m}\sum_{i=1}^{m}\Delta f_{cu,i} \quad (i=1 \sim m) \tag{5-15}$$

式中：$\Delta f_{cu,i}$——前一检验期内第 i 验收批混凝土试件立方体抗压强度中最大值与最小值之差，MPa；

m——前一检验期内验收批的总批数。

注意：混凝土试样应在浇注地点随机抽取。

② 标准差未知的统计方法。

当混凝土的生产条件在较长时间内不能保持基本一致，且混凝土强度变异性不能保持稳定时，或前一检验期内同一品种混凝土没有足够的混凝土强度数据用以确定验收批混凝土强度标准差 σ_0，但验收混凝土的强度数据较多(组数≥10)时，由生产单位自行评定的一种方法。

验收条件：
$$\begin{cases} m_{f_{cu}} \geq f_{cu,k} + \lambda_1 S_{f_{cu}} \\ f_{cu,min} \geq \lambda_2 f_{cu,k} \end{cases} \tag{5-16}$$

式中：λ_1、λ_2——混凝土强度的合格性判定系数（见表 5-25）；

$S_{f_{cu}}$——验收批混凝土强度标准差。

表 5-25 混凝土强度的合格性判定系数

系　数	试件组数		
	10~14	15~19	≥20
λ_1	1.15	1.05	0.95
λ_2	0.9	0.85	

$$S_{f_{cu}} = \sqrt{\frac{\sum_{i=1}^{n}f_{cu,i}^2 - nm_{f_{cu}}^2}{n-1}} \tag{5-17}$$

式中：$f_{cu,i}$——验收批第 i 组试件强度值；

n——验收批混凝土试件的总组数。

当 $S_{f_{cu}}$ 计算值小于 2.5MPa 时，应取 2.5MPa。

(2) 非统计方法。

小批量零星生产的混凝土,其试件的数量有限,不具备统计方法评定混凝土强度条件时,采用非统计方法。非统计方法其强度应同时满足下列要求:

$$\begin{cases} m_{f_{cu}} \geqslant 1.15 f_{cu,k} \\ f_{cu,min} \geqslant 0.95 f_{cu,k} \end{cases} \tag{5-18}$$

4. 混凝土强度的合格性判定

(1) 当检验结果满足合格条件时,则该批混凝土强度判为合格;当检验结果不能满足上述规定时,则该批混凝土判为不合格。

(2) 由不合格批混凝土制成的结构或构件,应进行鉴定。对经检验后不合格的结构或构件,必须及时处理。

(3) 当对混凝土试件强度的代表性有怀疑时,可采用从结构或构件中钻取试样的方式或采用非破损检验方法,按有关标准的规定对结构或构件中混凝土的强度进行推定。

(4) 结构或构件拆模、出池、出厂、吊装、预应力筋张拉或放张,以及施工期间须短暂负荷时的混凝土强度,应满足设计要求或现行国家标准的有关规定。

5.5 混凝土的配合比设计

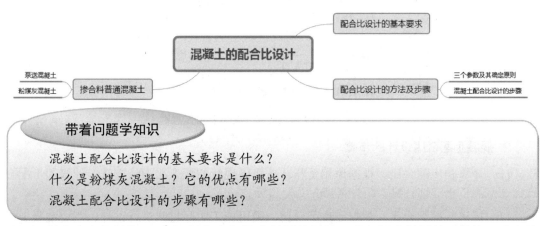

混凝土配合比是指 $1m^3$ 混凝土中各组成材料的用量,或各组成材料的质量比。确定这种数量比例关系的工作,就称为混凝土配合比设计。

混凝土配合比的表示方法有两种:①单位用量表示法,以 $1m^3$ 混凝土中各种材料的用量(kg)表示;②相对用量表示法,以水泥的质量为1,其他材料的用量与水泥相比较,并按"水泥:细骨料:粗骨料:水灰比"的顺序排列表示,如表5-26所示。

表5-26 混凝土配合比表示方法

配合比表示方法	组成材料			
	水 泥	砂	石	水
单位用量表示/(kg/m³)	300	720	1200	180
相对用量表示/(kg/m³)	1	2.4	4	0.6

5.5.1 配合比设计的基本要求

(1) 满足混凝土结构设计的强度等级。
(2) 满足施工所要求的混凝土拌合物的和易性。
(3) 满足耐久性等技术性能要求。
(4) 在保证混凝土质量的前提下,最大限度地节约胶凝材料用量,降低混凝土成本。

5.5.2 配合比设计的方法及步骤

1. 三个参数及其确定原则

水胶比、单位用水量和砂率是混凝土配合比设计的三个基本参数。混凝土配合比设计中确定三个参数的原则:在满足混凝土强度和耐久性的基础上,确定水胶比;在满足施工要求的新拌混凝土和易性的基础上,根据粗骨料的种类和规格,确定单位用水量;砂率应以填充石子空隙后略有富余,并使拌合物有足够黏聚性和保水性的原则来确定。具体如图 5-29 所示。

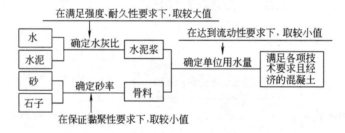

图 5-29 混凝土配合比三个参数的确定原则

2. 混凝土配合比设计的步骤

(1) 计算初步配合比。根据原始资料,按我国现行的配合比设计方法,计算初步配合比,即水泥:水:细骨料:粗骨料=$m_{c0}:m_{w0}:m_{s0}:m_{g0}$。

(2) 提出基准配合比。根据初步配合比,采用施工实际材料进行试拌,测定混凝土拌合物的和易性,调整材料用量,提出满足和易性要求的基准配合比,即 $m_{ca}:m_{wa}:m_{sa}:m_{ga}$。

(3) 确定试验室配合比。以基准配合比为基础,增大或减小水胶比,拟定几组适合和易性要求的配合比,通过制备试块、测定强度,确定既符合强度与和易性要求,又比较经济的试验室配合比,即 $m_{cb}:m_{wb}:m_{sb}:m_{gb}$。

(4) 换算施工配合比。根据工地现场材料的实际含水率,将试验室配合比换算为施工配合比,即 $m_c:m_w:m_s:m_g$。

1) 计算初步配合比

根据原始资料,利用我国现行的配合比设计方法,按《普通混凝土配合比设计规程》(JGJ 55—2011),初步计算出各组成材料的用量比例。当以混凝土的抗压强度为设计指标时,计算步骤如下:

(1) 确定混凝土的配制强度($f_{cu,o}$)。

当混凝土的设计强度等级小于 C60 级时，配制强度可按式(5-18)来确定：

$$f_{cu,o} \geq f_{cu,k} + 1.645\sigma \tag{5-19}$$

式中：$f_{cu,o}$——混凝土的配制强度，MPa；

$f_{cu,k}$——混凝土立方体抗压强度标准值，即设计要求的混凝土强度等级，MPa；

1.645——对应于 95%强度保证率的保证率系数；

σ——混凝土强度标准差，MPa。

σ 是评定混凝土质量均匀性的一种指标。σ 值越小，说明混凝土质量越稳定，强度均匀性越好，表明该单位施工质量管理水平越高。

当混凝土的设计强度等级不小于 C60 级时，配制强度可按式(5-19)来确定：

$$f_{cu,0} \geq 1.15 f_{cu,k} \tag{5-20}$$

当具有近 1~3 个月的同一品种、同一强度等级混凝土的强度资料时，其混凝土强度标准差 σ 可按下式计算：

$$\sigma = \sqrt{\frac{\sum_{i=1}^{n} f_{cu,i}^2 - n m_{f_{cu}}^2}{n-1}} \tag{5-21}$$

式中：$f_{cu,i}$——统计周期内，同类混凝土第 i 组试件的抗压强度值，MPa；

$m_{f_{cu}}$——统计周期内，同类混凝土 n 组试件的抗压强度平均值，MPa；

n——统计周期内相同强度等级的混凝土试件组数，$n \geq 30$。

当强度等级不大于 C30 级，其强度标准差计算值小于 3MPa 时，计算配制强度时的标准差应取 3MPa；当混凝土强度等级大于 C30 且小于 C60 级，其强度标准差计算值小于 4MPa 时，计算配制强度时的标准差应取 4MPa。

当没有近期的同一品种、同一强度等级混凝土强度资料时，σ 根据要求的强度等级按表 5-27 中的规定取用。

表 5-27 标准差 σ 值

单位：MPa

混凝土强度标准值	≤C20	C25~C45	C50~C55
σ	4	5	6

(2) 计算水灰比(W/C)。

① 按混凝土要求强度等级计算水灰比。

根据已确定的混凝土配制强度 $f_{cu,o}$，按下式计算水灰比：

$$f_{cu,o} = \alpha_a f_{ce} \left(\frac{C}{W} - \alpha_b \right) \tag{5-22}$$

式中：$f_{cu,o}$——混凝土的配制强度，MPa；

α_a、α_b——混凝土强度回归系数，根据使用的水泥、粗骨料、细骨料经过试验得出的灰水比与混凝土强度关系式来确定。若无上述试验统计资料时，可采用表 5-28 中的数值；

W/C——混凝土所要求的水灰比；

f_{ce}——水泥 28d 的实际抗压强度值，MPa。

表 5-28 回归系数 α_a、α_b 的选用表

石子品种系数	碎 石	卵 石
α_a	0.53	0.49
α_b	0.20	0.13

无实际强度时,可按式(5-23)计算。

$$f_{ce} = \gamma_c \cdot f_{ce,g} \tag{5-23}$$

式中:γ_c——水泥强度等级值的富余系数,该值按各地区水泥品种、产地、牌号统计得出,通常取 1.12～1.16。

$f_{ce,g}$——水泥强度等级标准值,MPa。

由式(5-22)得:

$$\frac{W}{C} = \frac{\alpha_a \cdot f_{ce}}{f_{cu,o} + \alpha_a \cdot \alpha_b \cdot f_{ce}} \tag{5-24}$$

② 按混凝土要求的耐久性校核水灰比。

按式(5-24)计算所得的水灰比,是按强度要求计算得到的结果。在确定采用的水灰比时,还应根据混凝土所处的环境条件、耐久性要求的允许最大水灰比进行校核。若按强度计算的水灰比大于耐久性允许的最大水灰比,应采用耐久性允许的最大水灰比。

(3) 选定单位用水量(m_{w0})。

① 水灰比在 0.4～0.8 时,根据粗骨料的品种、粒径及施工要求的混凝土拌合物稠度,按表 5-29 和表 5-30 直接选取用水量,或先内插求得水灰比后再选取相应的用水量。

表 5-29 干硬性混凝土的用水量

单位:kg/m³

项 目	指 标	拌合物稠度					
		卵石最大粒径/mm			碎石最大粒径/mm		
		10	20	40	16	20	40
维勃稠度	16～20	175	160	145	180	170	155
	11～15	180	165	150	185	175	160
	5～10	185	170	155	190	180	165

表 5-30 塑性混凝土的用水量

单位:kg/m³

项 目	指 标	拌合物稠度							
		卵石最大粒径/mm				碎石最大粒径/mm			
		10	20	31.5	40	16	20	31.5	40
坍落度	10～30	190	170	160	150	200	185	175	165
	35～50	200	180	170	160	210	195	185	175
	55～70	210	190	180	170	220	205	195	185
	75～90	215	195	185	175	230	215	205	195

注:① 摘自《普通混凝土配合比设计规程》(JGJ 5—2011)。

② 本表用水量是采用中砂时的平均值。采用细砂时,每立方米混凝土用水量可增加 5～10kg;采用粗砂时,则每立方米混凝土用水量可减少 5～10kg。

③ 掺加各种外加剂或掺合料时,用水量应作相应调整。

② 水灰比小于0.4的混凝土以及采用特殊成型工艺的混凝土用水量应通过试验确定。
使用查表法选择用水量，还应考虑下列因素的影响。

a. 水泥中混合材品种的影响。水泥在生产时如采用火山灰或沸石代替部分混合材，则在配制混凝土时就应增加用水量。

b. 骨料质量的影响。对风化颗粒多、质量差的骨料，用水量也须适当增加。

c. 施工条件的影响。在空气干燥、炎热或远距离运输的情况下，也应适当增加用水量。

(4) 计算单位水泥用量(m_{b0})。

① 按强度要求计算单位水泥用量。

每立方米混凝土拌合物的用水量(m_{w0})选定后，可根据强度或耐久性要求已确定的水灰比(W/C)值计算单位水泥用量。

$$m_{b0} = \frac{m_{w0}}{W/C} \tag{5-25}$$

式中：m_{w0}——计算配合比每立方米混凝土中用水量，kg/m^3；

W/C——根据强度式或耐久性要求已确定的水灰比。

② 按耐久性要求校核单位水泥用量。

根据耐久性要求，普通水泥混凝土的最小水泥用量，依结构物所处环境条件确定，具体如表5-31所示。

表5-31 普通混凝土最大水胶比和最小胶凝材料用量

单位：kg/m^3

最大水胶比	最小胶凝材料用量		
	素混凝土	钢筋混凝土	预应力混凝土
0.6	250	280	300
0.55	280	300	300
0.5	320		
≤0.45	330		

按强度要求由式(5-24)计算出的单位水泥用量，应不低于表5-31中规定的最小水泥用量。

(5) 选定砂率(β_s)。

① 试验。

通过试验，考虑混凝土拌合物的坍落度、黏聚性及保水性等特征，确定合理砂率。

② 查表。

如无使用经验，可根据粗骨料的品种、最大粒径和混凝土拌合物的水灰比按表5-32确定。

表5-32 混凝土的砂率

单位：%

水胶比 (W/B)	卵石最大粒径/mm			碎石最大粒径/mm		
	10	20	40	16	20	40
0.4	26~32	25~31	24~30	30~35	29~34	27~32
0.5	30~35	29~34	28~33	33~38	32~37	30~35

续表

水胶比 (W/B)	卵石最大粒径/mm			碎石最大粒径/mm		
	10	20	40	16	20	40
0.6	33～38	32～37	31～36	36～41	35～40	33～38
0.7	36～41	35～40	34～39	39～44	38～43	36～41

注：① 本表数值系中砂的选用砂率，对细砂或粗砂，可相应地减小或增大砂率。
② 只用一个单粒级粗骨料配制混凝土时，砂率应适当增大。
③ 对薄壁构件，砂率取偏大值。
④ 本表中的砂率是指砂与骨料总量的质量比。
⑤ 本表适用于坍落度为 10～60mm 的混凝土。对于坍落度大于 60mm 的混凝土砂率，可按经验确定，也可在表 5-32 的基础上，按坍落度每增大 20mm，砂率增大 1%的幅度予以调整。坍落度小于 10mm 的混凝土，其砂率应经试验确定。
⑥ 采用人工砂配制混凝土时，砂率可适当增大。

(6) 计算粗骨料、细骨料单位用量（m_{g0}、m_{s0}）。

粗骨料、细骨料的单位用量，可用质量法或体积法求得。

① 质量法。联立混凝土拌合物的假定体积密度和砂率两个方程，可解得 $1m^3$ 混凝土粗骨料、细骨料的用量。

$$\begin{cases} m_{f0} + m_{c0} + m_{g0} + m_{s0} + m_{w0} = m_{cp} \\ \beta_s = \dfrac{m_{s0}}{m_{g0} + m_{s0}} \times 100\% \end{cases} \quad (5\text{-}26)$$

式中：m_{f0}——计算配合比每立方米混凝土中矿物掺合料用量，kg/m^3；

m_{c0}——计算配合比每立方米混凝土中水泥用量，kg/m^3；

m_{g0}——计算配合比每立方米混凝土中粗骨料用量，kg/m^3；

m_{s0}——计算配合比每立方米混凝土中细骨料用量，kg/m^3；

m_{w0}——计算配合比每立方米混凝土中的用水量，kg/m^3；

m_{cp}——计算配合比每立方米混凝土中拌合物的假定质量，kg/m^3，可取 2350～2450kg/m^3；

β_s——砂率。

② 体积法。联立 $1m^3$ 混凝土拌合物的体积和混凝土的砂率两个方程，可解得 $1m^3$ 混凝土粗骨料、细骨料的用量。

$$\dfrac{m_{f0}}{\rho_f} + \dfrac{m_{c0}}{\rho_c} + \dfrac{m_{g0}}{\rho_g} + \dfrac{m_{s0}}{\rho_s} + \dfrac{m_{w0}}{\rho_w} + 0.01\alpha = 1 \quad (5\text{-}27)$$

式中：ρ_f——矿物掺合料密度，kg/m^3，可按《水泥密度测定方法》(GB/T 208—2014)测定；

ρ_c——水泥密度，kg/m^3，应按《水泥密度测定方法》(GB/T 208—2014)测定，也可取 2900～3100kg/m^3；

ρ_g——粗骨料的表观密度，kg/m^3，应按现行行业标准《普通混凝土用砂、石质量及检验方法标准》(JGJ 52—2006)测定；

ρ_s——细骨料的表观密度，kg/m^3，应按现行行业标准《普通混凝土用砂、石质量及检验方法标准》(JGJ 52—2006)测定；

ρ_w——水的密度，kg/m³，可取 1000kg/m³；

α——混凝土的含气量百分数，在不使用引气型外加剂时，α 可取为 1。

一般认为，质量法比较简便，不需要各种组成材料的密度资料，如施工单位已积累了当地常用材料所组成的混凝土假定体积密度资料，亦可得到准确的结果。体积法由于是根据各组成材料实测的密度进行计算的，所以能获得较为精确的结果，但工作量相对较大。

2) 试配，调整，测定和易性，确定基准配合比

初步配合比计算过程中，使用了经验公式和经验数据。按此配合比拌制的混凝土，和易性能否满足工程要求，必须通过试验加以验证和调整。

(1) 试配的要点。

混凝土试配应满足《普通混凝土配合比设计规程》(JGJ 55—2011)的规定，如表 5-33 所示。

表 5-33 混凝土配合比试配要点

序 号	项 目	要 点
1	设备工艺	混凝土试配应采用强制式搅拌机进行搅拌，并应符合现行行业标准《混凝土试验用搅拌机》(JG/T 244—2009)的规定，搅拌方法宜与施工采用的方法相同
2	材料	试验室成型条件应符合现行国家标准《普通混凝土拌合物性能试验方法标准》(GB/T 50080—2016)的规定
3	每盘拌合量	① 粗骨料：最大粒径≤31.5mm 时，总量≥20L；最大粒径=40mm 时，总量≥25L。 ② 机械搅拌：总量≥额定搅拌量的 1/4 且不应大于搅拌机公称容量
4	试配项目及次序	①应采用三个不同的配合比，其中一个应为《普通混凝土配合比设计规程》(JGJ 55—2011)确定的试拌配合比，另外两个配合比的水胶比宜较试拌配合比分别增加和减少 0.05，用水量应与试拌配合比相同，砂率可分别增加和减少 1%； ②进行混凝土强度试验时，拌合物性能应符合设计和施工要求； ③进行混凝土强度试验时，每个配合比应至少制作一组试件，并应标准养护到 28d 或设计规定龄期时试压

(2) 工作性不符的调整。

新拌混凝土工作性不符合要求的调整方法如表 5-34 所示。

表 5-34 新拌混凝土工作性不符合要求的调整方法

试配混凝土的实测情况	调整方法
混凝土较稀，实测坍落度大于设计要求	保持砂率不变，增加骨料，每减少 10mm 坍落度，增加骨料 2%～5%；或保持水灰比不变，减少水和水泥的用量
混凝土较稠，实测坍落度小于设计要求	保持水灰比不变，增加水泥浆的用量，每增大 10mm 坍落度，需增加水泥浆 5%～8%
由于砂浆过多，引起坍落度过大	降低砂率
砂浆不足以包裹石子，黏聚性、保水性不良	单独加砂，即增大砂率

(3) 基准配合比的确定。

① 计算调整后拌合物的总重。经过调整后,和易性已满足要求的拌合物的总质量为 $C_{拌}+S_{拌}+G_{拌}+W_{拌}$,即水泥、砂、石、水的实际拌合用量。

② 测定和易性满足设计要求的拌合物的实际体积密度 $\rho_{c,t}$,kg/m³。

③ 计算混凝土的基准配合比(以 1m³ 混凝土各材料用量计,kg)。

$$\begin{cases} C_{基} = \dfrac{C_{拌}}{C_{拌}+S_{拌}+G_{拌}+W_{拌}} \times \rho_{c,t} \\ S_{基} = \dfrac{S_{拌}}{C_{拌}+S_{拌}+G_{拌}+W_{拌}} \times \rho_{c,t} \\ G_{基} = \dfrac{G_{拌}}{C_{拌}+S_{拌}+G_{拌}+W_{拌}} \times \rho_{c,t} \\ W_{基} = \dfrac{W_{拌}}{C_{拌}+S_{拌}+G_{拌}+W_{拌}} \times \rho_{c,t} \end{cases} \quad (5\text{-}28)$$

基准配合比是和易性调整合格后的混凝土各材料之间的用量比例,可作为检验混凝土强度的依据。

3) 强度的检验与调整

(1) 强度的测试及调整。

配合比调整应符合下列规定。

① 在试拌配合比的基础上,用水量和外加剂用量应根据确定的水胶比作出调整。

② 胶凝材料的用量应以用水量乘以确定的胶水比计算得出。

③ 粗骨料和细骨料用量应根据用水量和胶凝材料用量进行调整。

(2) 表观密度的调整。

混凝土拌合物表观密度和配合比校正系数的计算应符合下列规定。

① 配合比调整后的混凝土拌合物的表观密度应按下式计算:

$$\rho_{c,c} = m_f + m_c + m_g + m_s + m_w \quad (5\text{-}29)$$

式中:$\rho_{c,c}$——混凝土拌合物的表观密度计算值,kg/m³;

m_f——每立方米混凝土中矿物掺合料用量,kg/m³;

m_c——每立方米混凝土中水泥用量,kg/m³;

m_g——每立方米混凝土中粗骨料用量,kg/m³;

m_s——每立方米混凝土中细骨料用量,kg/m³;

m_w——每立方米混凝土中的用水量,kg/m³。

② 计算混凝土配合比的校正系数 δ:

$$\delta = \dfrac{\rho_{c,t}}{\rho_{c,c}} \quad (5\text{-}30)$$

式中:$\rho_{c,t}$——混凝土拌合物的表观密度实测值,kg/m³;

δ——混凝土配合比校正系数;

$\rho_{c,c}$——混凝土拌合物的表观密度计算值,kg/m³。

③ 试验室配合比的确定。

当混凝土拌合物表观密度实测值与计算值之差的绝对值不超过计算值的2%时，按上述(1)中调整的配合比可维持不变；当二者之差超过2%时，应将配合比中每项材料的用量均乘以校正系数，即得最终确定的试验室配合比。

$$\begin{cases} m'_{cb} = m_{cb} \cdot \delta \\ m'_{wb} = m_{wb} \cdot \delta \\ m'_{sb} = m_{sb} \cdot \delta \\ m'_{gb} = m_{gb} \cdot \delta \end{cases} \tag{5-31}$$

式中：m_{cb}——水泥用量，kg；

m_{wb}——单位用水量，kg；

m_{sb}——细骨料用量，kg；

m_{gb}——粗骨料用量，kg。

$m'_{cb}：m'_{wb}：m'_{sb}：m'_{gb}$ 为最终确定的试验室配合比。

4) 换算——确定施工配合比

试验室最后确定的配合比，是按骨料为绝干状态计算的。而施工现场砂、石材料均为露天堆放，都有一定的含水率。因此，施工现场应根据砂、石的实际含水率的变化，将试验室配合比换算为施工配合比。

设施工现场实测砂、石含水率分别为 $a\%$、$b\%$。则施工配合比的各种材料单位用量可按式(5-32)计算。

$$\begin{aligned} m_c &= m'_{cb} \\ m_s &= m'_{sb}(1 + a\%) \\ m_g &= m'_{gb}(1 + b\%) \\ m_w &= m'_{wb} - (m'_{sb} \cdot a\% + m'_{gb} \cdot a\%) \end{aligned} \tag{5-32}$$

施工配合比为 $m_c：m_w：m_s：m_g$。

5.5.3 掺合料普通混凝土

有时为了改善混凝土拌合物的性能，经常掺入一些掺合材料。用于混凝土中的掺合材料常有磨细的粉煤灰、粒化高炉矿渣以及火山灰质混合材料。掺合料普遍混凝土包括泵送混凝土和粉煤灰混凝土等。

1. 泵送混凝土

1) 泵送混凝土的定义

泵送混凝土是指混凝土拌合物的坍落度不小于80mm，在混凝土泵的推动下沿输送管道进行输送并在管道出口处直接浇注的混凝土。泵送混凝土适用于狭窄的施工场地以及大体积混凝土结构物和高层建筑的施工。它能一次完成垂直运输和水平运输，生产效率高、节省劳动力，是国内外建筑施工广泛采用的一种混凝土。

2) 泵送混凝土对组成材料的要求

选择混凝土原材料时应做到以下几点。

(1) 水泥宜选用硅酸盐水泥、普通硅酸盐水泥、矿渣硅酸盐水泥或粉煤灰硅酸盐水泥，而不宜采用火山灰质硅酸盐水泥。

(2) 粗骨料应采用连续级配，针状、片状颗粒的含量不宜大于10%；最大粒径与输送管径之比应符合表5-35的规定。

表5-35 粗骨料最大粒径与输送管径之比

粗骨料品种	粗骨料最大粒径与输送管径之比	泵送高度/m
碎石	≤1∶3	<50
	≤1∶4	50～100
	≤1∶5	>100
卵石	≤1∶2.5	<50
	≤1∶3	50～100
	≤1∶4	>100

(3) 细骨料宜选用中砂，小于0.315mm的颗粒含量应不少于15%。

(4) 泵送混凝土应掺入泵送剂或减水剂，并宜掺入矿物掺合料。

3) 泵送混凝土配合比应符合下列规定

(1) 胶凝材料用量不宜小于300kg/m^3。

(2) 砂率宜为35%～45%。

(3) 泵送混凝土试配时应考虑坍落度经时损失。

2. 粉煤灰混凝土

1) 粉煤灰混凝土的定义及优点

粉煤灰混凝土是指掺入一定量粉煤灰的混凝土。

在混凝土中掺入一定量的粉煤灰后，由于粉煤灰中大量的具有较小表面积的微珠的润滑作用以及粉煤灰本身良好的火山灰性和潜在的水硬性，能有效地改善拌合物的和易性，提高混凝土的强度，降低混凝土的工程造价。粉煤灰混凝土的优点具体可概括如下。

(1) 改善水泥混凝土的工作性，提高工程质量；使混凝土流动性大，黏聚性好，离析和泌水减少；减少模板接缝处的渗浆，易于抹面，制品的外观质量好。

(2) 提高混凝土的抗渗性、抗冻性、抗腐蚀性和耐久性。

(3) 降低混凝土的成本，使用高强度等级水泥制作低强度混凝土时，可节约水泥；混凝土后期强度提高较快，一般比28d标准强度增长20%～30%，半年至一年的强度增长可达50%～70%。

(4) 改善混凝土的可泵性，扩大泵送使用范围；降低泵送压力，减少机械磨损。

2) 粉煤灰的质量标准及适于掺加的范围

用于混凝土中的粉煤灰，按其质量分为Ⅰ、Ⅱ、Ⅲ三个等级。其品质标准应满足表5-36的规定。

表 5-36 拌制水泥混凝土用粉煤灰的分级表

单位：%

等级	质量指标/%				适用范围
	细度(45μm方孔筛筛余)	烧失量	需水量	SO_3含量	
Ⅰ	≤12	≤5	≤95	≤3	适用于后张预应力钢筋混凝土构件和跨度小于6m的先张预应力钢筋混凝土构件
Ⅱ	≤25	≤8	≤105	≤3	适用于普通钢筋混凝土和轻骨料钢筋混凝土
Ⅲ	≤45	≤15	≤115	≤3	适用于无筋混凝土和砂浆；若经试验符合有关要求，也可用于钢筋混凝土

注：用于预应力混凝土、钢筋混凝土及设计强度等级 C30 及以上的无筋混凝土的粉煤灰等级，若经试验论证，可采用比表中列的规定低一级的粉煤灰。

3) 粉煤灰的掺量

(1) 粉煤灰的最大掺量如表 5-37 所示。

表 5-37 粉煤灰的最大掺量

单位：%

混凝土种类	硅酸盐水泥		普通硅酸盐水泥	
	水胶比≤0.4	水胶比>0.4	水胶比≤0.4	水胶比>0.4
预应力钢筋混凝土	30	25	25	15
钢筋混凝土	40	35	35	30
素混凝土	55		45	
碾压混凝土	70		65	

注：① 对浇筑量比较大的基础钢筋混凝土，粉煤灰最大掺量可增加 5%～10%。

② 当粉煤灰掺量超过本表规定时，应进行试验论证。

(2) 粉煤灰取代水泥率如表 5-38 所示。

表 5-38 对应于混凝土强度的粉煤灰取代水泥率

单位：%

混凝土强度等级或类别	取代普通水泥	取代矿渣水泥	粉煤灰级别
≤C15	15～25	10～20	Ⅲ级
C20	10～15	10	Ⅰ～Ⅱ级
C25～C30	15～20	10～15	—
预应力混凝土	<15	<10	Ⅰ级

注：① 以 42.5 级水泥配制的混凝土取表中下限值，以 52.5 级水泥配制的混凝土取表中上限值。

② 预应力混凝土只用于后张法或跨度小于 6m 的先张法预应力混凝土构件。

(3) 粉煤灰取代水泥的超量系数如表 5-39 所示。

表 5-39 粉煤灰取代水泥的超量系数选用表

粉煤灰级别	超量系数 k	备注
Ⅰ	1.1～1.4	混凝土强度为 C25 以下取上限，C25 以上取下限
Ⅱ	1.3～1.7	
Ⅲ	1.5～2	

4) 设计原则与步骤

(1) 配合比设计原则。

① 粉煤灰混凝土的配合比应根据混凝土的强度等级、强度保证率、耐久性、拌合物的工作性等要求，采用工程实际使用的原材料进行设计。

② 粉煤灰混凝土的设计龄期应根据建筑物类型和实际承载时间确定，并宜采用较长的设计龄期。地上、地面工程宜为 28d 或 60d，地下工程宜为 60d 或 90d，大坝混凝土宜为 90d 或 180d。

③ 试验室进行粉煤灰混凝土配合比设计时，应采用搅拌机拌合。试验室确定的配合比应通过搅拌楼试拌检验后使用。

④ 粉煤灰混凝土的配合比设计可按体积法或重量法计算。

(2) 配合比设计步骤。

① 选择取代率，计算水泥用量。

根据基准混凝土配合比，查表 5-38，选择适当的粉煤灰取代水泥率，计算水泥用量。

$$m_c = m_{c0}(1-f) \tag{5-33}$$

式中：m_c——粉煤灰取代水泥后的水泥用量，kg；

m_{c0}——基准混凝土水泥用量，kg；

f——粉煤灰取代水泥率。

② 计算粉煤灰的掺入量。

按表 5-39 确定超量系数，按下式计算粉煤灰的掺入量 m_f：

$$m_f = k(m_{c0} - m_c) \tag{5-34}$$

式中：m_c、m_{c0}——意义同前，kg/m³；

m_f——粉煤灰的掺入量，kg；

k——粉煤灰超量系数。

③ 计算粉煤灰超出水泥的体积。

先算出每立方米粉煤灰混凝土中水泥、粉煤灰的绝对体积，并按下式求出粉煤灰超出水泥的体积(粉煤灰取代细骨料的体积)：

$$V_s = \frac{m_f}{\rho_f} - \frac{m_{c0} - m_c}{\rho_c} \tag{5-35}$$

式中：m_c、m_{c0}、m_f——意义同前，kg/m³；

ρ_f、ρ_c——分别为粉煤灰、水泥的密度，kg/m³。

V_s——粉煤灰超出水泥的体积，m³。

④ 计算砂的实际用量：
$$m_s = m_{s0} - V_s \rho_s \quad (5-36)$$

式中：V_s——粉煤灰超出水泥的体积，m^3；

m_s——砂在粉煤灰混凝土中的实际用量，kg；

m_{s0}——基准混凝土中砂的用量，kg；

ρ_s——砂的密度，kg/m^3。

⑤ 水和粗骨料的用量同基准混凝土的用量：$m_w = m_{w0}$，$m_g = m_{g0}$。

⑥ 求出粉煤灰混凝土的配合比：$m_c : m_s : m_g : m_f : m_w$。

5) 粉煤灰混凝土的应用

粉煤灰混凝土在土木工程中的应用有着广泛的前景，其技术、经济和社会效益都十分显著。它主要用于以下三个方面。

(1) 钻孔桩施工、水下混凝土、大体积混凝土、高强度高泵程预应力混凝土等。

(2) 修筑振碾式混凝土路面。

这种路面是采用掺加粉煤灰的干硬性混凝土，以振动压路机振动碾压后形成的结构，能够节约水泥25%～30%，仅为塑性混凝土的60%～70%。

与普通混凝土路面相比，这种路面用水量少，稠度低，能节约大量水泥，施工进度快，养护时间短，经济效益显著。

(3) 加筋挡墙工程。

加筋粉煤灰混凝土挡墙是由混凝土面板、筋带及粉煤灰填料组成的，在软土地基中适应性较强。

5.6 其他品种混凝土

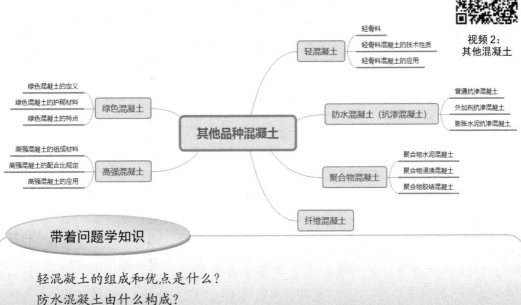

带着问题学知识

轻混凝土的组成和优点是什么？
防水混凝土由什么构成？
高强混凝土的定义及优点是什么？

5.6.1 轻混凝土

《轻骨料混凝土应用技术标准》(JGJ/T 12—2019)规定,用轻粗骨料、轻砂(或普通砂)、水泥和水配制而成的干体积密度不大于 1950kg/m³ 的混凝土称为轻骨料混凝土。而按其细骨料不同,又分为全轻混凝土(由轻砂做细骨料配制而成的轻骨料混凝土)和砂轻混凝土(由普通砂或普通砂中掺加部分轻砂做细骨料配制而成的轻骨料混凝土)。

1. 轻骨料

轻骨料可分为轻粗骨料和轻细骨料。凡粒径大于 5mm,堆积密度小于 1000kg/m³ 的轻质骨料,称为轻粗骨料;凡粒径不大于 5mm,堆积密度小于 1000kg/m³ 的轻质骨料,称为轻细骨料(或轻砂)。

轻骨料按其来源可分为工业废料轻骨料,如粉煤灰陶粒、自燃煤矸石、膨胀矿渣珠、煤渣及其轻砂;天然轻骨料,如浮石、火山渣及其轻砂;人造轻骨料,如页岩陶粒、黏土陶粒、膨胀珍珠岩及其轻砂。轻骨料按其粒形可分为圆球型、普通型和碎石型三种。

轻骨料的技术要求,主要包括堆积密度、粗细程度与颗粒级配、强度和吸水率四项;此外,对耐久性、安定性、有害杂质含量也提出了要求。

1) 堆积密度

轻骨料堆积密度的大小,将影响轻骨料混凝土的体积密度和性能。轻粗骨料按其堆积密度(kg/m³)分为 300、400、500、600、700、800、900、1000 八个密度等级;轻细骨料按其堆积密度(kg/m³)分为 500、600、700、800、900、1000、1100、1200 八个密度等级。

2) 粗细程度与颗粒级配

保温及结构保温轻骨料混凝土用的轻粗骨料,其最大粒径不宜大于 40mm。结构轻骨料混凝土用的轻粗骨料,其最大粒径不宜大于 20mm。

轻粗骨料的级配应符合表 5-40 的要求,其自然级配的空隙率不应大于 50%。

表 5-40 轻粗骨料的级配

项目		筛孔尺寸/mm			
		d_{min}	$0.5d_{max}$	d_{max}	$2d_{max}$
累计筛余(按质量计)/%	圆球型的及单一粒级	≥90	不规定	≤10	0
	普通型的混合级配	≥90	30~70	≤10	0
	碎石型的混合级配	≥90	40~60	≤10	0

轻砂的细度模数不宜大于 4;其大于 5mm 的累计筛余量不宜大于 10%。

3) 强度

轻粗骨料的强度对轻骨料混凝土的强度有很大影响。《轻骨料混凝土技术规程》(JGJ 51—2002)规定:采用筒压法测定轻粗骨料的强度,称为筒压强度。

将轻骨料装入一带底的圆筒内,上面加冲压模(见图 5-30),取冲压模压入深度为 20mm 时的压力值,除以承压面积,即得轻粗骨料的筒压强度值。对不同密度等级的轻粗骨料,其筒压强度应符合表 5-41 的规定。

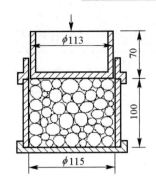

图 5-30　筒压强度测定方法示意图(单位：mm)

表 5-41　轻粗骨料的筒压强度及强度等级

密度等级	筒压强度 f_a/MPa		强度等级 f_{ak}/MPa	
	碎 石 型	普通型和圆球型	普 通 型	圆 球 型
300	0.2/0.3	0.3	3.5	3.5
400	0.4/0.5	0.5	5	5
500	0.6/1	1	7.5	7.5
600	0.8/1.5	2	10	15
700	1/2	3	15	20
800	1.2/2.5	4	20	25
900	1.5/3	5	25	30
1000	1.8/4	6.5	30	40

注：碎石型天然轻骨料取斜线以左值；其他碎石型轻骨料取斜线以右值。

筒压强度不能直接反映轻骨料在混凝土中的真实强度，它是一项间接反映粗骨料颗粒强度的指标。因此，《轻骨料混凝土技术规程》(JGJ 51—2002)还规定了采用强度等级来评定粗骨料的强度。轻粗骨料的强度越高，其强度等级也越高，适用于配制较高强度的轻骨料混凝土。所谓强度等级，即某种轻粗骨料配制混凝土的合理强度值，所配制的混凝土的强度不宜超过此值。

4) 吸水率

轻骨料的吸水率一般比普通砂石大，导致施工中混凝土拌合物的坍落度损失也较大，并且影响到混凝土的水灰比和强度发展。在设计轻骨料混凝土配合比时，如果采用干燥骨料，则必须根据骨料吸水率大小，再多加一部分被骨料吸收的附加水量。《轻骨料混凝土技术规程》(JGJ 51—2002)规定：轻砂和天然轻粗骨料的吸水率不作规定；其他轻粗骨料的吸水率不应大于22%。

5) 有害物质含量及其他性能

轻骨料中严禁混入煅烧过的石灰石、白云石及硫化铁等不稳定的物质。轻骨料的有害物质含量和其他性能指标应不大于表 5-42 所列的规定值。

表 5-42 轻骨料性能指标

项目名称	指 标
抗冻性(F15 质量损失/%)	5
安定性(沸煮法,质量损失/%)	5
烧失量①轻粗骨料(质量损失/%)	4
轻砂(质量损失/%)	5
硫酸盐含量(按 SO_3 计/%)	1
氯盐含量(按 Cl^- 计/%)	0.02
含泥量②(质量百分数)	3
有机杂质(比色法检验)	不深于标准色

注：① 煤渣烧失量可放宽至 15%。
② 不宜含有黏土块。

2. 轻骨料混凝土的技术性质

1) 和易性

轻骨料具有体积密度小、表面多孔粗糙、吸水性强等特点，其混凝土拌合物的和易性与普通混凝土有明显不同。轻骨料混凝土拌合物的黏聚性和保水性好，但流动性差。若加大流动性，则骨料上浮，容易离析。同时，因骨料吸水率大，使得加在混凝土中的水一部分将被轻骨料吸收，余下部分供水泥水化和赋予拌合物流动性。因而拌合物的用水量应由两部分组成：一部分为使拌合物获得要求流动性的用水量，称为净用水量；另一部分为轻骨料 1 小时的吸水量，称为附加水量。

2) 密度等级

轻骨料混凝土按其干表观密度可分为 14 个等级，如表 5-43 所示。某一密度等级轻骨料混凝土的密度标准值，可取该密度等级干表观密度变化范围的上限值。

表 5-43 轻骨料混凝土的密度等级

单位：kg/m³

密度等级	干表观密度变化范围 /(kg·m⁻³)	密度等级	干表观密度变化范围/(kg·m⁻³)
600	560～650	1300	1260～1350
700	660～750	1400	1360～1450
800	760～850	1500	1460～1550
900	860～950	1600	1560～1650
1000	960～1050	1700	1660～1750
1100	1060～1150	1800	1760～1850
1200	1160～1250	1900	1860～1950

3) 抗压强度

轻骨料混凝土按其立方体抗压强度标准值划分为 13 个强度等级：LC5.0、LC7.5、LC10、LC15、LC20、LC25、LC30、LC35、LC40、LC45、LC50、LC55 和 LC60。

轻骨料混凝土按其用途可分为三大类，如表 5-44 所示。

表 5-44 轻骨料混凝土按用途分类

类别名称	混凝土强度等级的合理范围	混凝土密度等级的合理范围	用途
保温轻骨料混凝土	LC5.0	≤800	主要用于保温的围护结构或热工构筑物
结构保温轻骨料混凝土	LC5.0 LC7.5 LC10 LC15	800～1400	主要用于既承重又保温的围护结构
结构轻骨料混凝土	LC15 LC20 LC25 LC30 LC35 LC40 LC45 LC50 LC55 LC60	1400～1900	主要用于承重构件或构筑物

轻骨料强度虽低于普通骨料，但轻骨料混凝土仍可达到较高强度。其原因在于轻骨料表面粗糙、多孔，轻骨料的吸水作用使其表面成低水灰比，提高了轻骨料与水泥石的界面黏结强度，使弱结合面变成了强结合面，混凝土受力时不是沿界面破坏，而是轻骨料本身先遭到破坏。对低强度的轻骨料混凝土，也可能是水泥石先开裂，然后裂缝向骨料延伸。因此，轻骨料混凝土的强度，主要取决于轻骨料的强度和水泥石的强度。

轻骨料混凝土的强度和表观密度是说明其性能的主要指标。强度越高、表观密度越小的轻骨料混凝土性能越好。性能优良的轻骨料混凝土，虽然其干表观密度为 1500～1800kg/m³，但其 28d 抗压强度却可达到 40～70MPa。

4) 弹性模量与变形

轻骨料混凝土较普通混凝土的弹性模量小 25%～65%，而且不同强度等级的轻骨料混凝土弹性模量可相差三倍多。这有利于改善普通建筑物的抗震性能和抵抗动荷载的作用。增加混凝土组分中普通砂的含量，可以提高轻骨料混凝土的弹性模量。由于轻骨料的弹性模量较普通集料小，所以，不能有效地抵抗水泥石的干缩变形，故轻骨料混凝土的干缩和徐变较大。同强度的结构轻骨料混凝土构件的轴向收缩为普通混凝土的 1～1.5 倍。轻骨料混凝土这种变形的特点，在设计和施工中都应给予足够的重视，在《轻骨料混凝土应用技术标准》(JGJ/T 12—2019)中，对弹性模量、收缩变形和徐变值的计算都有明确规定。

轻骨料混凝土的泊松比可取 0.2。泊松比是材料横向应变与纵向应变的比值，也称横向变形系数，它是反映材料横向变形的弹性常数。轻骨料混凝土的温度线膨胀系数，当温度为 0～100℃时，可取 $(7～10)×10^{-6}$。低密度等级者可取下限值，高密度等级者可取上限值。

5) 热工性

轻骨料混凝土具有良好的保温性能。当其体积密度为 1000kg/m³ 时，导热系数为

0.28W/(m·K); 当体积密度为 1400kg/m³ 和 1800kg/m³ 时，导热系数相应为 0.49W/(m·K)和 0.87W/(m·K)。当含水率增大时，导热系数也随之增大。

3. 轻骨料混凝土的应用

轻骨料混凝土的强度等级可达 C60，但表观密度较小。轻骨料混凝土与普通混凝土的最大不同在于骨料中存在大量孔隙，因而其质量轻、弹性模量小，有很好的防震性能，同时，导热系数大大降低，有良好的保温防热性及抗冻性。轻骨料混凝土是一种典型的轻质、高强、多功能的建筑材料，其综合效益良好，可使结构尺寸减小，增加建筑物的使用面积，降低工程费用和材料运输费用。轻骨料混凝土主要适用于高层和多层建筑、软土地基、大跨度结构、抗震结构、要求节能的建筑和旧建筑的加层等。

5.6.2 防水混凝土(抗渗混凝土)

防水混凝土是指抗渗等级在 P6 级及以上的混凝土，主要用于水工工程、地下基础工程、屋面防水工程等。

防水混凝土一般是通过混凝土组成材料的质量改善，合理选择混凝土配合比和骨料级配，以及掺加适量外加剂，达到混凝土内部密实或是堵塞混凝土内部毛细管通路，使混凝土具有较高的抗渗性。目前，常用的抗渗混凝土有普通抗渗混凝土、外加剂抗渗混凝土和膨胀水泥抗渗混凝土。

1. 普通抗渗混凝土

普通抗渗混凝土，是指以调整配合比的方法，提高混凝土自身密实性以满足抗渗要求的混凝土。其原理是在保证和易性的前提下减小水灰比，以减小毛细孔的数量和孔径，同时适当地提高水泥用量和砂率，在粗骨料周围形成质量良好和数量足够的砂浆包裹层，使粗骨料彼此隔离，以阻隔沿粗骨料相互连通的渗水孔网。

根据《普通混凝土配合比设计规程》(JGJ 55—2011)的规定，普通抗渗混凝土的配合比设计应符合以下技术要求。

(1) 水泥宜采用普通硅酸盐水泥。
(2) 粗骨料宜采用连续级配，其最大公称粒径不宜大于 40mm，含泥量不得大于 1%，泥块含量不得大于 0.5%。
(3) 细骨料宜采用中砂，含泥量不得大于 3%，泥块含量不得大于 1%。
(4) 抗渗混凝土宜掺入外加剂和矿物掺合料，粉煤灰等级应为Ⅰ级或Ⅱ级。
(5) 每立方米混凝土中的胶凝材料用量不宜小于 320kg。
(6) 砂率宜为 35%~45%。
(7) 最大水胶比对混凝土的抗渗性有很大影响，除应满足强度要求外，还应符合表 5-45 的规定。

表 5-45 抗渗混凝土的最大水胶比

抗渗等级	最大水胶比	
	C20~C30 混凝土	C30 以上混凝土
P6	0.6	0.55
P8~P12	0.55	0.5
P12 以上	0.5	0.45

2. 外加剂抗渗混凝土

外加剂抗渗混凝土，是指在混凝土中掺入适宜品种和数量的外加剂，改善混凝土内部结构，隔断或堵塞混凝土中的各种孔隙、裂缝及渗水通道，以达到改善抗渗性的一种混凝土。常用的外加剂有引气剂、防水剂、膨胀剂、减水剂和引气减水剂等。

掺入引气剂的抗渗混凝土，其含气量宜控制在 3%~5%。进行抗渗混凝土配合比设计时，应增加抗渗性能试验，并应符合下列规定。

(1) 试配要求的抗渗水压值应比设计值提高 0.2MPa。

(2) 试配时，宜采用水灰比最大的配合比做抗渗试验，其试验结果应符合下式要求：

$$P_t \geq \frac{P}{10} + 0.2 \tag{5-37}$$

式中：P_t——6 个试件中 4 个未出现渗水时的最大水压值，MPa；

P——设计要求的抗渗等级值。

(3) 掺入引气剂的混凝土还应进行含气量试验，试验结果含气量应符合 3%~5%的要求。

3. 膨胀水泥抗渗混凝土

膨胀水泥抗渗混凝土，是指采用膨胀水泥配制而成的混凝土。由于这种水泥在水化过程中能形成大量的钙矾石，会产生一定的体积膨胀，在有约束的条件下，能改善混凝土的孔结构，使毛细孔径减小，总孔隙率降低，从而使混凝土的密实度、抗渗性得到提高。

【例 5-3】某紧邻海边的海景房，建筑层数为 34 层，当浇筑完十层梁板混凝土终凝后，发现楼板混凝土出现不规则的裂纹，长短不等，深浅不一，个别地方出现上下贯通的透缝。此时正值炎热的暑期，混凝土强度等级为 C40，坍落度为 200mm。试分析产生的原因并提出解决办法。

5.6.3 聚合物混凝土

聚合物混凝土是指由有机聚合物、无机胶凝材料和骨料结合而成的一种新型混凝土。聚合物混凝土体现了有机聚合物和无机胶凝材料的优点，克服了水泥混凝土的一些缺点。聚合物混凝土按其组合及制作工艺可分为以下三种。

1. 聚合物水泥混凝土

用聚合物乳液(和水分散体)拌合物，并掺入砂或其他骨料制成的混凝土，称为聚合物水泥混凝土(PCC)。聚合物的硬化和水泥的水化同时进行,聚合物能均匀地分布于混凝土内,填充水泥水合物和骨料之间的空隙,与水泥水化物结合成一个整体,从而改善混凝土的抗渗性、耐腐蚀性、耐磨性及抗冲击性,并可提高抗拉强度及抗折强度。由于其制作简单,成本较低,故实际应用较多,目前主要用于现场浇注无缝地面、耐腐蚀性地面及修补混凝土路面、机场跑道面层和做防水层。

2. 聚合物浸渍混凝土

聚合物浸渍混凝土(PIC)是指以混凝土为基材(被浸渍的材料),将聚合物有机单体渗入混凝土中,然后再用加热或放射线照射的方法使其聚合,使混凝土与聚合物形成一个整体。

在聚合物浸渍混凝土中,聚合物填充了混凝土的内部空隙,除了全部填充水泥浆中的毛细孔外,很可能也大量地进入了胶孔,形成了连续的空间网络相互穿插,使聚合物混凝土形成了完整的结构。因此,这种混凝土具有高强度(抗压强度可达 200MPa 以上,抗拉强度可达 10MPa 以上)、高防水性(几乎不吸水、不透水),其抗冻性、抗冲击性、耐腐蚀性和耐磨性都有显著提高。

这种混凝土适用于要求高强度、高耐久性的特殊结构,特别适用于储运液体的有筋管、无筋管、坑道等,在国外已用于耐高压的容器,如原子堆、液化天然气贮罐等。

3. 聚合物胶结混凝土

聚合物胶结混凝土又称树脂混凝土,是指以合成树脂为胶结材料的一种聚合物混凝土。常用的合成树脂有环氧树脂、不饱和聚酯树脂等热固性树脂。这种混凝土具有较高的强度以及良好的抗渗性、抗冻性、耐腐蚀性和耐磨性,并且有很强的黏结力,缺点是硬化时收缩大,耐火性差。这种混凝土适用于机场跑道面层、耐腐蚀的化工结构、混凝土构件的修复、堵缝材料等,但考虑到树脂的成本,目前其在工程中的应用受到了一定限制。

5.6.4 纤维混凝土

纤维混凝土是以普通混凝土为基体,外掺各种短切纤维材料而组成的复合材料。按材质分,纤维材料有钢纤维、碳纤维、玻璃纤维、石棉及合成纤维等。按纤维弹性模量分,纤维材料有高弹性模量纤维,如钢纤维、玻璃纤维、碳纤维等;低弹性模量纤维,如尼龙纤维、聚乙烯纤维等。在纤维混凝土中,纤维的含量、纤维的几何形状及其在混凝土中的分布状况,对纤维混凝土的性能有重要影响。通常,纤维的长径比为 70~120,掺加的体积率为 0.3%~8%。纤维在混凝土中起增强作用,可提高混凝土的抗压、抗拉、抗弯强度和冲击韧性,并能有效地改善混凝土的脆性。纤维混凝土的冲击韧性为普通混凝土的 5~10 倍,初裂抗弯强度提高 2.5 倍,劈裂抗拉强度提高 2.5 倍。混凝土掺入钢纤维后,抗压强度提高不大,但从受压破坏的形式来看,破坏时无碎块、不崩裂,基本保持原来的外形,有较大的吸收变形的能力,也改善了韧性,是一种良好的抗冲击材料。目前,纤维混凝土主要用于飞机跑道、高速公路、桥面、水坝覆面、桩头、屋面板、墙板、军事工程等要求高耐磨性、高抗冲击性和抗裂的部位及构件的制造。

5.6.5 高强混凝土

强度等级在 C60 及以上的混凝土称为高强混凝土。高强混凝土的特点是强度高、耐久性好、变形小，能适应现代工程结构向大跨度、重载、高耸发展和承受恶劣环境条件的需要。使用高强混凝土可获得明显的工程效益和经济效益。

1. 高强混凝土的组成材料

① 水泥应选用硅酸盐水泥或普通硅酸盐水泥。

② 粗骨料宜采用连续级配，其最大公称粒径不宜大于 25mm，针状、片状颗粒含量不宜大于 5%，含泥量不应大于 0.5%，泥块含量不应大于 0.2%。

③ 细骨料的细度模数宜为 2.6~3，含泥量不应大于 2%，泥块含量不应大于 0.5%。

④ 宜采用减水率不小于 25% 的高性能减水剂。

⑤ 宜复合掺入粒化高炉矿渣粉、粉煤灰和硅灰等矿物掺合料，粉煤灰等级不应低于 II 级；对强度等级不低于 C80 的高强混凝土宜掺入硅灰。

2. 高强混凝土的配合比规定

高强混凝土配合比的计算方法和步骤可按《普通混凝土配合比设计规程》(JGJ 5—2011) 中的有关规定进行。

① 水胶比、胶凝材料用量和砂率可按表 5-46 选取，并应经试配确定。

② 外加剂和矿物掺合料的品种、掺量，应通过试配确定。矿物掺合料掺量宜为 25%~40%；硅灰掺量不宜大于 10%。

③ 水泥用量不宜大于 500kg/m^3。

表 5-46 水胶比、胶凝材料用量和砂率

抗渗等级	水胶比	胶凝材料用量 /(kg·m^{-3})	砂率/%
≥C60，＜C80	0.28~0.34	400~560	35~42
≥C80，＜C100	0.26~0.28	520~580	
C100	0.24~0.26	550~600	

在试配过程中，应采用三个不同的配合比进行混凝土强度试验，其中一个可为依据表 5-46 计算后调整拌合物的试拌配合比，另外两个配合比的水胶比，宜较试拌配合比分别增加和减少 0.02。

高强混凝土设计配合比确定后，应采用该配合比进行不少于三盘混凝土的重复试验，每盘混凝土应至少成型一组试件，每组混凝土的抗压强度不应低于配制强度。高强混凝土抗压强度测定宜采用标准尺寸试件，使用非标准尺寸试件时，尺寸折算系数应经试验确定。

3. 高强混凝土的应用

高强混凝土作为住房和城乡建设部推广应用的十大新技术之一，是建设工程发展的必然趋势。发达国家早在 20 世纪 50 年代即开始对其加以研究应用。我国约在 20 世纪 80 年

代初首先在轨枕和预应力桥梁中应用高强高性能混凝土，高层建筑中的应用则始于 20 世纪 80 年代末，进入 20 世纪 90 年代以来，对其研究和应用增加，北京、上海、广州、深圳等城市已建起了多幢高强混凝土建筑。

随着国民经济的发展，高强混凝土在建筑、道路、桥梁、港口、海洋、大跨度及预应力结构、高耸建筑物等工程中的应用将越来越广泛，强度等级也将不断提高，C50～C80 的混凝土普遍得到使用，C80 以上的混凝土将在一定范围内得到应用。

5.6.6 绿色混凝土

绿色混凝土

5.7 本章小结

音频 3.混凝土的泌水

本章主要知识点如下。
- 混凝土按表观密度的不同分为重混凝土、普通混凝土和轻质混凝土。
- 普通混凝土的组成有水泥、水、细骨料和粗骨料。
- 硬化混凝土的基本性质。
- 混凝土质量控制与评定。

5.8 实训练习

扩展资源 6.抗冻混凝土

一、单选题

1. 下列(　　)选项属于混凝土按表观密度进行分类的。
   A. 石膏混凝土　　B. 多孔混凝土　　C. 商品混凝土　　D. 中强混凝土
2. 在不同强度混凝土所选用的水泥强度等级中，C30 混凝土使用的水泥强度为(　　)。
   A. 30　　B. 39.5　　C. 42.5　　D. 52.5
3. 下列选项中，(　　)容易在混凝土中形成薄弱部位，降低混凝土的强度和耐久性。
   A. 泥块　　B. 云母　　C. 泥　　D. 有机物
4. 粗骨料中有关泥块含量中的Ⅱ类指标是(　　)。
   A. ≤1.5　　B. ≤1　　C. ≤0.2　　D. ≤0.5
5. 下列(　　)选项不是混凝土和易性包括的内容。
   A. 流动性　　B. 保温性　　C. 黏聚性　　D. 保水性

二、多选题

1. 混凝土按所用胶凝材料的不同可分为(　　)。

  A. 水泥混凝土 B. 普通混凝土 C. 沥青混凝土

  D. 聚合物混凝土 E. 硅酸盐混凝土

2. 混凝土的特点有( )。

  A. 耐久性好 B. 良好的可塑性 C. 材料组成少

  D. 抗拉强度低 E. 导热系数小

3. 砂按细度模数划分可分为( )。

  A. 天然砂 B. 粗砂 C. 细砂

  D. 机制砂 E. 中砂

4. 改善混凝土耐久性的外加剂有( )。

  A. 引气剂 B. 防冻剂 C. 防水剂

  D. 阻锈剂 E. 减水剂

5. 下列( )属于无机盐类早强剂。

  A. 三乙醇胺 B. 尿素 C. 二水石膏+亚硝酸钠+三乙醇胺

  D. 氯化钙 E. 硫化钠

三、简答题

1. 简述混凝土和易性的检验方法。
2. 改善新拌混凝土和易性的主要措施有哪些?
3. 简述混凝土配合比设计的基本要求。
4. 简述粉煤灰混凝土的优点。

第 5 章
课后习题答案

实训工作单

班级		姓名		日期	
教学项目		混凝土			
任务	重点掌握混凝土配合比设计和各种特性混凝土的材料组成及应用		方式	查找书籍、资料	
相关知识		绿色施工； 砂浆材料的使用方法； 混凝土的施工过程； 混凝土材料发展史			
其他要求		学习建筑土建工程的施工步骤			
学习总结编制记录					

第6章 建筑砂浆

建筑砂浆在土木建筑工程中是一种用量大、用途广泛的建筑材料,是由无机胶凝材料、细骨料和水按比例配制而成的。无机胶凝材料包括水泥、石灰、石膏等,细骨料为天然砂。砂浆与混凝土的主要区别在于组成材料中没有粗骨料,因此建筑砂浆也称为细骨料混凝土。

建筑砂浆常用于砌筑砌体(如砖、砌块、石)结构,建筑物内外表面(如墙面、地面、顶棚)的抹面,大型墙板和砖石墙的勾缝以及装饰材料的贴面等。

根据不同的用途,建筑砂浆可以分为砌筑砂浆和抹面砂浆。抹面砂浆包括普通抹面砂浆、装饰砂浆、特种砂浆等。根据使用胶凝材料的不同,建筑砂浆又可以分为水泥砂浆、石灰砂浆、石膏砂浆和混合砂浆等。常用的混合砂浆有水泥石灰砂浆、水泥黏土砂浆和石灰黏土砂浆等。

第6章拓展图片

第6章
文中案例答案

学习目标

1. 熟悉建筑砂浆的组成材料。
2. 掌握砌筑砂浆的主要技术性质、配合比设计。
3. 掌握抹面砂浆的功能、施工。
4. 了解装饰砂浆的施工工艺以及特种砂浆的概念与分类。

教学要求

章节知识	掌握程度	相关知识点
砌筑砂浆	掌握砌筑砂浆的主要技术性质以及配合比	砌筑砂浆的组成材料
		砌筑砂浆的技术性质、配合比
抹面砂浆	熟悉抹面砂浆的功能	普通砂浆的配合比
		装饰抹面砂浆的施工工艺
		特种抹面砂浆的概念与分类

思政目标

深化课程思政建设,了解思想政治教育元素,通过本章的学习,让学生切身地感受建筑防水的重要性,能活学活用,提升自主能动性和职业素养。

> **案例导入**
>
> 　　上海作为一个国际化大都市，近年来，城镇化建设规模不断扩大，每年在建的工程总量非常多，预拌混凝土的年使用量也是供不应求的，对此上海采取"干湿并举"(干混砂浆和湿拌砂浆同时发展)方针，逐步培育预拌砂浆市场。

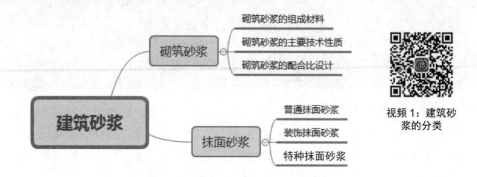

视频1：建筑砂浆的分类

6.1　砌筑砂浆

　　砌筑砂浆指的是将砖、石、砌块等块材经砌筑成为砌体的砂浆。它起黏结、衬垫和传力的作用，是砌体的重要组成部分，是建筑工程中一种用量大、使用范围广、呈薄层状的材料。

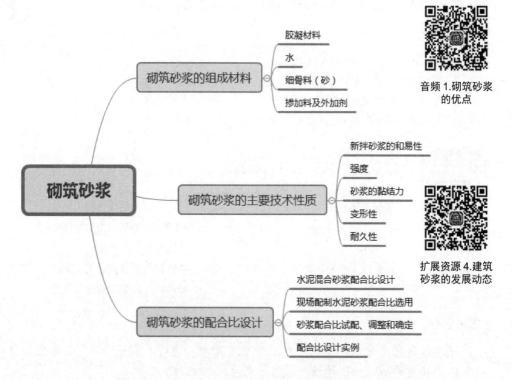

音频1.砌筑砂浆的优点

扩展资源4.建筑砂浆的发展动态

第6章 建筑砂浆

> **带着问题学知识**
>
> 砌筑砂浆的组成材料都有哪些？
> 砌筑砂浆的主要技术性质有哪些？
> 砌筑砂浆强度等级分为哪几个等级？
> 砌筑砂浆的配合比怎么设计？

6.1.1 砌筑砂浆的组成材料

1. 胶凝材料

音频3.砌筑抹灰砂浆在砌体中的作用

砌筑砂浆中使用的胶凝材料有各种水泥、石灰、石膏和有机胶凝材料等。砌筑砂浆主要的胶凝材料是水泥。在砌筑砂浆中宜采用通用硅酸盐水泥或砌筑水泥。水泥强度等级应根据砂浆品种及强度等级的要求进行选择。强度等级为 M15 及以下的砂浆宜选用 32.5 级水泥，强度等级为 M15 以上的宜选用 42.5 级的水泥。水泥品种应根据砂浆的使用环境和用途进行选择。

2. 水

配制砂浆用水应符合现行行业标准《混凝土用水标准》(JGJ 63—2006)的规定，应选用不含有害杂质的洁净水来拌制砂浆。

3. 细骨料(砂)

砌筑砂浆砂的选用应符合建筑用砂的技术性质要求。由于砂浆浆层较薄，砂的最大粒径应有所限制，理论上不应超过砂浆浆层厚度的 1/5~1/4。砖砌体用砂浆宜选用中砂，砂的最大粒径不大于 2.5mm，应用 5mm 孔径的筛子过筛，筛好后保持洁净。中砂既可满足和易性要求，又可节约水泥。毛石砌体宜选用粗砂，砂的最大粒径不大于 5mm。光滑的抹面及勾缝的砂浆宜采用细砂，其最大粒径不大于 1.2mm。

另外，为了保证砂浆的质量，对砂中的含泥量也有要求。对强度等级在 M5 及以上的砂浆，砂中含泥量不应超过 5%；对强度等级为 M2.5 的水泥混合砂浆，砂中含泥量不应超过 10%。

4. 掺加料及外加剂

掺加料是指为了改善砂浆的和易性而加入的无机材料。常用的掺加料有石灰膏、黏土膏、电石膏、粉煤灰及一些其他工业废料等。为了保证砂浆的质量，需将石灰预先充分"陈伏"熟化制成石灰膏，然后掺入砂浆中搅拌均匀。若采用生石灰粉或消石灰粉，则可直接掺入砂浆搅拌均匀后使用。当利用其他工业废料或电石膏等作为掺加料时，必须经过砂浆的技术性质检验，在不影响砂浆质量的前提下才能够采用。

为改善和易性与其他性能，砂浆中可加入外加剂，如早强剂、防水剂、膨胀剂、增塑剂、胶黏剂等，所选外加剂应进行检测和试配，符合要求才能使用。对引气型外加剂还应有完整的检验报告。

6.1.2 砌筑砂浆的主要技术性质

砂浆的主要技术性质包括新拌砂浆的和易性和硬化砂浆的强度,以及砂浆的黏结力、变形性、耐久性等性能。

1. 新拌砂浆的和易性

和易性是指新拌制的砂浆拌合物的工作性,即在施工中易于操作而且能保证工程质量的性质,包括流动性和保水性两方面。和易性好的砂浆,在运输和操作时,不会出现分层、泌水等现象,并容易在粗糙的砖、石、砌块表面上铺成均匀的、薄薄的一层,保证灰缝既饱满又密实,能够将砖、砌块、石块很好地黏结成整体,而且可操作的时间较长,有利于施工操作。

1) 流动性

砂浆的流动性又称稠度,是指砂浆在自重或外力作用下流动的性能。流动性的大小用沉入度(mm)表示,通常用砂浆稠度测定仪测定。沉入度越大,表示砂浆的流动性越好。

砂浆流动性的选择与砌体种类、施工方法及天气情况有关。流动性过大,说明砂浆太稀。过稀的砂浆不仅铺砌困难,而且硬化后强度降低;流动性过小的砂浆太稠,难以铺平。一般情况下,多孔吸水的砌体材料或在干热的天气下,砂浆的流动性应大些;而密实不吸水的材料或在湿冷的天气下,其流动性应小些。砂浆的稠度可按表6-1选用。

表6-1 砌筑砂浆的施工稠度

砌体种类	砂浆稠度/mm
烧结普通砖砌体、粉煤灰砖砌体	70~90
混凝土砖砌体、普通混凝土小型空心砌块砌体、灰砂砖砌体	50~70
烧结多孔砖、烧结空心砖砌体、轻骨料小型空心砌块砌体、蒸压加气混凝土砌块砌体	60~80
石砌体	30~50

2) 保水性

新拌砂浆能够保持水分的能力称为保水性。保水性是指砂浆中各项组成材料不易离析的性质,即搅拌好的砂浆在运输、存放、使用的过程中,水与胶凝材料及骨料分离快慢的性质。保水性良好的砂浆水分不易流失,易于摊铺成均匀密实的砂浆层;反之,保水性差的砂浆,在施工过程中容易泌水、分层离析,使流动性变差,同时由于水分容易被砌体吸收,影响胶凝材料的正常硬化,从而降低砂浆的黏结强度。

砂浆的保水性用分层度(mm)表示,用砂浆分层度筒测定。将拌好的砂浆装入内径为150mm、高为300mm的有底圆筒内测其稠度,静置30min后取圆筒底部1/3砂浆再测稠度。两次稠度的差值即为分层度。保水性好的砂浆分层度以10~30mm为宜。分层度小于10mm的砂浆,虽保水性良好,无分层现象,但往往是由于胶凝材料用量过多,或砂过细,以至于过于黏稠而不易施工或容易发生干缩裂缝,尤其不宜做抹面砂浆;分层度大于30mm的砂浆,保水性差,易于离析,不宜采用。

2. 强度

砌筑砂浆是以抗压强度作为强度指标。在《建筑砂浆基本性能试验方法标准》(JGJ/T 70—2009)规定中，砂浆的强度的确定方法是：取三个 70.7mm×70.7mm×70.7mm 的立方体试块，在标准条件[温度为(20±2)℃，相对湿度≥90%]下养护 28d 后，用标准试验方法测得它们的抗压强度(MPa)，取其平均值，若最大值或最小值与平均值相差 15%，则取中间值作为测定结果；若两个测值与中间的差值均超过中间值的 15%，则该组试件的试验结果无效。

根据立方体抗压强度值将水泥砂浆的强度等级划分为 M30、M25、M20、M15、M10、M7.5、M5 七个等级；水泥混合砂浆的强度等级可分为 M15、M10、M7.5、M5 四个等级。

砂浆的强度除与砂浆本身的组成材料和配合比有关外，还与基层材料的吸水性有关。对于普通水泥配制的砂浆可参考以下两种方法计算其强度。

1) 不吸水基层(如致密石材)

其强度取决于水泥强度和水灰比，与混凝土类似，其计算公式如下：

$$f_{m,o} = 0.29 f_{ce}\left(\frac{C}{W} - 0.4\right) \tag{6-1}$$

式中： $f_{m,o}$ ——砂浆 28d 抗压强度平均值，MPa；

　　　f_{ce} ——水泥的实测强度，MPa；

　　　C/W ——灰水比。

2) 吸水基层(如砖或其他多孔材料)

砂浆中一部分水分会被底面吸收，由于砂浆必须具有良好的和易性，因此，不论拌合时用水多少，经底层吸水后，留在砂浆中的水分大致相同，可视为常量。在这种情况下，砂浆的强度取决于水泥强度和水泥用量，可不必考虑水灰比，可用下面的经验公式：

$$f_{m,o} = \frac{\alpha f_{ce} Q_c}{1000} + \beta \tag{6-2}$$

式中： $f_{m,o}$ ——砂浆的试配强度，MPa，精确至 0.1MPa；

　　　Q_c ——每立方米砂浆的水泥用量，kg，精确至 1kg；

　　　f_{ce} ——水泥 28d 时的实测强度值，MPa，精确至 0.1MPa；

　　　α、β ——砂浆的特征系数，其中，$\alpha=3.03$，$\beta=-15.09$，也可由当地的统计资料计算($n\geq 30$)获得。

砌筑砂浆的强度等级应根据工程类别及不同砌体部位选择。在一般的建筑工程中，办公楼、教学楼及多层商店等工程宜用 M5~M10 的砂浆；平房宿舍、商店等工程多用 M2.5~M5 的砂浆；食堂、仓库、地下室及工业厂房等多用 M2.5~M10 的砂浆；检查井、雨水井、化粪池等可用 M5 的砂浆。特别重要的砌体才使用 M10 以上的砂浆。

3. 砂浆的黏结力

由于砖石等砌体是靠砂浆黏结为一个整体的，因此砂浆黏结得越牢固，则整个砌体的强度、耐久性及抗震性越好。砂浆黏结力的大小影响砌体的强度、耐久性、稳定性、抗震性等，与工程质量有密切关系。一般来说，砂浆的抗压强度越高，其黏结力越强。砌筑前，保持基层材料一定的润湿程度也有利于提高砂浆的黏结力。此外，黏结力的大小还与砖石表面状态、清洁程度及养护条件等因素有关，粗糙的、洁净的、湿润的表面黏结力较好。因此在砌筑前应做好相关的准备工作。

4. 变形性

砂浆在承受荷载、温度变化或湿度变化时，均会产生变形。变形过大或不均匀会降低砌体的整体性，引起沉降或裂缝。砂浆中混合料掺量过多或使用轻集料，会产生较大的收缩变形。砂浆变形过大会产生裂纹或剥离等质量问题，因此，要求砂浆具有较小的变形性。

5. 耐久性

经常与水接触的水工砌体有抗渗及抗冻要求，故水工砂浆应考虑抗渗、抗冻、抗侵蚀性。其影响因素与混凝土大致相同，但因砂浆一般不振捣，所以施工质量对其影响尤为明显。

6.1.3 砌筑砂浆的配合比设计

砂浆配合比用每立方米砂浆中各种材料的用量来表示。可以通过查看有关资料或手册来选取，或通过规范《砌筑砂浆配合比设计规程》(JGJ 98—2010)中的设计方法进行计算，然后再进行试拌调整。

1. 水泥混合砂浆配合比设计

1) 确定砂浆的试配强度

$$f_{m,o} = kf_2 \tag{6-3}$$

式中：$f_{m,o}$——砂浆的试配强度，MPa，精确至 0.1MPa；

　　　f_2——砂浆强度等级值，MPa，精确至 0.1MPa；

　　　k——系数，按表 6-2 取值。

2) 砂浆强度标准差的确定

(1) 当有统计资料时，砂浆强度标准差应按下式计算：

$$\sigma = \sqrt{\frac{\sum_{i=1}^{n} f_{m,i}^2 - n\mu_{fm}^2}{n-1}} \tag{6-4}$$

式中：$f_{m,i}$——统计周期内同一品种砂浆第 i 组试件的强度，MPa；

　　　μ_{fm}——统计周期内同一品种砂浆 n 组试件强度的平均值，MPa；

　　　n——统计周期内同一品种砂浆 n 组试件的总组数，$n \geq 25$。

(2) 当不具有近期统计资料时，可按表 6-2 选取。

表 6-2 砌筑砂浆强度标准差 σ 及 k 值

施工水平	强度等级 不同强度等级对应的标准差 σ/MPa							k
	M5	M7.5	M10	M15	M20	M25	M30	
优良	1	1.5	2	3	4	5	6	1.15
一般	1.25	1.88	2.5	3.75	5	6.25	7.5	1.2
较差	1.5	2.25	3	4.5	6	7.5	9	1.25

注：各地区可用本地区试验资料确定 α、β 值，统计用的试验组数不得少于 30 组。

3) 计算水泥用量 Q_c

$$Q_c = \frac{1000(f_{m,o} - \beta)}{\alpha \cdot f_{ce}} \quad (6-5)$$

式中：Q_c——1m³ 砂浆的水泥用量，kg，精确至 1kg；

f_{ce}——水泥的实测强度，MPa，精确至 0.1MPa；

α、β——砂浆的特征系数，$\alpha=3.03$，$\beta=-15.09$。

$f_{m,o}$ 释义见式 6-3。

无法取得水泥的实测值时，可按下式计算：

$$f_{ce} = \gamma_c f_{ce,k} \quad (6-6)$$

式中：$f_{ce,k}$——水泥强度等级值，MPa；

γ_c——水泥强度等级值的富余系数，宜按实际统计资料确定，无统计资料时可取 1。

4) 计算石灰膏用量 Q_D

$$Q_D = Q_A - Q_c \quad (6-7)$$

式中：Q_D——每立方米砂浆的石灰膏用量，kg，精确至 1kg[石灰膏使用时稠度宜为(120±5)mm]；

Q_A——每立方米砂浆中水泥和石灰膏的总量，kg，精确至 1kg(可为 350kg)；

Q_c——每立方米砂浆的水泥用量，kg，应精确至 1kg。

5) 确定砂用量 Q_S

每立方米砂浆中的砂用量，应以干燥状态(含水率<0.5%)的堆积密度值作为计算值，单位为 kg。

6) 确定用水量 Q_w

每立方米砂浆中的用水量，根据砂浆稠度等要求可选用 210~310kg。

注：① 混合砂浆中的用水量，不包括石灰膏中的水。

② 当采用细砂或粗砂时，用水量分别取上限或下限。

③ 稠度小于 70mm 时，用水量可小于下限。

④ 施工现场气候炎热或干燥季节，可酌情增加用水量。

2. 现场配制水泥砂浆配合比选用

水泥砂浆材料用量可按表 6-3 选用。

表 6-3 每立方米水泥砂浆材料用量

单位：kg

强度等级	水泥用量 Q_c	用砂量 Q_S	用水量 Q_w
M5	200~230	砂的堆积密度数值	270~330
M7.5	230~260		
M10	260~290		
M15	290~330		
M20	340~400		

续表

强度等级	水泥用量 Q_c	用砂量 Q_s	用水量 Q_w
M25	360～410	砂的堆积密度数值	270～330
M30	430～480		

注：① M15 及以下强度等级水泥砂浆，水泥强度等级为 32.5 级；M15 以上强度等级水泥砂浆，水泥强度等级为 42.5 级。

② 当采用细砂或粗砂时，用水量分别取上限或下限。

③ 稠度小于 70mm 时，用水量可小于下限。

④ 施工现场气候炎热或干燥季节，可酌量增加用水量。

⑤ 试配强度应按公式计算。

3. 砂浆配合比试配、调整和确定

(1) 砂浆试配时应采用机械搅拌。搅拌时间应自开始加水起算，并应符合两点规定：①对水泥砂浆和水泥混合砂浆，搅拌时间不得少于 120s；②对预拌砂浆和掺有粉煤灰、外加剂、保水增稠材料等的砂浆，搅拌时间不得少于 180s。

(2) 按计算或查表所得配合比进行试拌时，应按现行行业标准《建筑砂浆基本性能试验方法标准》(JGJ/T 70—2019)测定砌筑砂浆拌合物的稠度和保水率。当稠度和保水率不能满足要求时，应调整材料用量，直到符合要求为止，然后确定为试配时的砂浆基准配合比。

(3) 试配时至少应采用三个不同的配合比，其中一个配合比应为按《普通混凝土配合比设计规程》(JGJ 55—2011)得出的基准配合比，其余两个配合比的水泥用量应按基准配合比分别增加和减少 10%。在保证稠度、保水率合格的条件下，可将用水量、石灰膏、保水增稠材料或粉煤灰等活性掺合料用量作相应调整。

(4) 砂浆试配时稠度应满足施工要求，并应按现行行业标准《建筑砂浆基本性能试验方法标准》(JGJ/T 70—2019)分别测定不同配合比砂浆的表观密度及强度，以及选定符合试配强度及和易性要求、水泥用量最低的配合比作为砂浆的试配配合比。

(5) 砌筑砂浆试配配合比还应按下列步骤进行校正。

① 应根据上述(4)中确定的砂浆配合比材料用量，按下式计算砂浆的理论表观密度值：

$$\rho_t = Q_c + Q_D + Q_s + Q_w \tag{6-8}$$

式中：ρ_t——砂浆的实测表观密度值，kg/m³，应精确至 10kg/m³。

Q_c——计算每立方米砂浆中的水泥用量。

Q_D——计算每立方米砂浆中石灰膏用量。

Q_s——确定每立方米砂浆砂用量。

Q_w——按砂浆稠度选每立方米砂浆用水量。

② 应按下式计算砂浆配合比校正系数 δ：

$$\delta = \rho_c / \rho_t \tag{6-9}$$

式中：ρ_c——砂浆的理论表观密度值，kg/m³，应精确至 10kg/m³。

ρ_t——砂浆的实测表观密度值，kg/m³，应精确至 10kg/m³。

③ 当砂浆的实测表观密度值与理论表观密度值之差的绝对值不超过理论值的 2%时，可将上述(4)中得出的试配配合比确定为砂浆设计配合比；当超过 2%时，应将试配配合比中每项材料用量均乘以校正系数 δ 后，确定为砂浆设计配合比。

4. 配合比设计实例

某砌筑工程用水泥石灰混合砂浆，要求砂浆的强度等级为 M7.5，稠度为 70～90mm。所用原材料为：水泥——32.5 级矿渣硅酸盐水泥，富余系数为 1；砂——中砂，堆积密度为 1450kg/m³，含水率为 2%；石灰膏——稠度为 120mm。施工水平一般。试计算砂浆的配合比。

解：（1）计算试配强度 $f_{m,o}$。

$$f_{m,o} = kf_2$$

式中取 f_2=7.5MPa，k=1.2。则：

$$f_{m,o} = kf_2 = 1.2 \times 7.5 = 9(\text{MPa})$$

（2）计算水泥用量 Q_c。

$$Q_c = \frac{1000(f_{m,o} - \beta)}{\alpha \cdot f_{ce}}$$

式中取 $f_{m,o}$=8.63MPa，α=3.03，β=−15.09，f_{ce}=32.5×1=32.5MPa。则：

$$Q_c = \frac{1000(f_{m,0} - \beta)}{\alpha \cdot f_{ce}} = \frac{1000(9 + 15.09)}{3.03 \times 32.5} = 245(\text{kg})$$

（3）计算石灰膏用量 Q_D。

$$Q_D = Q_A - Q_c$$

式中取 Q_A=350kg，则：

$$Q_D = 350 - 245 = 105(\text{kg})$$

（4）计算砂用量 Q_s。

$$Q_s = 1450 \times (1 + 2\%) = 1479(\text{kg})$$

（5）确定用水量 Q_w。

可选取 300kg，扣除砂中所含水量，拌合用水量为：

$$Q_w = 300 - 1450 \times 2\% = 271(\text{kg})$$

砂浆试配时各材料的用量比例为：

$$Q_c : Q_D : Q_s : Q_w = 245 : 105 : 1479 : 271 = 1 : 0.43 : 6.04 : 1.11$$

【例 6-1】要求设计用于砌砖墙用水泥石灰混合砂浆，强度等级为 M7.5，稠度为 70～100mm。原材料的主要参数：强度等级为 32.5 的普通硅酸盐水泥，中砂，堆积密度为 1450kg/m³，现场砂含水率为 2%，石灰膏的稠度为 120mm，施工水平一般。

【例 6-2】某工地自己配制 M10 砂浆砌筑砖墙，把水泥直接倒在砂堆上，再人工搅拌，该砌体灰缝饱满度及黏结性均很差。请分析原因。

6.2 抹面砂浆

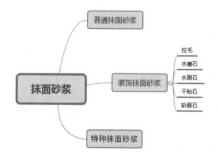

扩展资源 1.抹灰砂浆和砌砖砂浆的区别

扩展资源 3.抹灰砂浆的优点

> **带着问题学知识**
>
> 普通抹面砂浆的作用是什么?
> 装饰抹面砂浆的施工工艺是怎样的?
> 特种抹面砂浆都有哪些?

凡涂抹在建筑物或建筑构件表面的砂浆,统称为抹面砂浆。根据其功能的不同,抹面砂浆分为普通抹面砂浆、装饰抹面砂浆和特种抹面砂浆(如绝热、防水、耐酸砂浆等)三大类。

抹面砂浆要求具有良好的和易性,容易抹成均匀平整的薄层,便于施工;还要有较高的黏结强度,砂浆层应能与底面黏结牢固,长期不致开裂或脱落,故需要多用一些胶凝材料;处于潮湿环境或易受外力作用的部位(如地面、墙裙等),还应具有较高的耐水性和强度。

6.2.1 普通抹面砂浆

普通抹面砂浆是建筑工程中用量最大的抹面砂浆。其功能主要是保护建筑物和墙体,抵抗风、雨、雪等自然环境和有害杂质的侵蚀,提高耐久性;同时可使建筑物达到表面平整、清洁和美观的效果。

抹面砂浆通常分为两层或三层进行施工,各层的作用和要求不同,所以每层选用的砂浆也不同。底层抹灰的作用是使砂浆与底面牢固地黏结,要求砂浆具有良好的和易性和较高的黏结强度,而且保水性要好,否则水分就容易被吸收而影响黏结力。中层抹灰主要是用来找平,有时可省去不做。面层抹灰主要起装饰作用,要达到平整美观的效果。

对于勒脚、女儿墙或栏杆等暴露部分及湿度大的内墙面,多用配合比为 1∶2.5 的水泥砂浆。

普通抹面砂浆的配合比可参考表 6-4。

表 6-4 各种抹面砂浆配合比参考表

材 料	配合比(体积比)	应用范围
石灰∶砂	1∶2~1∶4	用于砖石墙表面(檐口、勒脚、女儿墙以及潮湿房间的墙除外)
石灰∶黏土∶砂	1∶1∶4~1∶1∶8	干燥环境的墙表面
石灰∶石膏∶砂	1∶0.4∶2~1∶1∶3	用于不潮湿房间木质表面
石灰∶石膏∶砂	1∶0.6∶2~1∶1∶3	用于不潮湿房间的墙及顶棚
石灰∶石膏∶砂	1∶2∶2~1∶2∶4	用于不潮湿房间的线脚及其他修饰工程
石灰∶水泥∶砂	1∶0.5∶4.5~1∶1∶5	用于檐口、勒脚、女儿墙外脚以及比较潮湿的部位
水泥∶砂	1∶3~1∶2.5	用于浴室、潮湿车间等墙裙、勒脚等或地面基层
水泥∶砂	1∶2~1∶1.5	用于地面、顶棚或墙面面层
水泥∶砂	1∶0.5~1∶1	用于混凝土地面随时压光
水泥∶石膏∶砂∶锯末	1∶1∶3∶5	用于吸声粉刷
水泥∶白石子	1∶2~1∶1	用于水磨石(打底用 1∶2.5 水泥砂浆)
水泥∶白石子	1∶1.5	用于剁假石[打底用 1∶(2~2.5)水泥砂浆]
水泥∶麻刀	100∶2.5(质量比)	用于板条天棚底层

续表

材　料	配合比(体积比)	应用范围
石灰膏：麻刀	100：1.3(质量比)	用于板条天棚面层(或 100kg 石灰膏加 3.8kg 纸筋)
纸筋：白灰浆	0.1m³ 灰浆对 0.36kg 纸筋	较高级的墙板、天棚

6.2.2 装饰抹面砂浆

　　涂抹在建筑物内外墙表面，以提高建筑物装饰艺术性为主要目的的抹面砂浆统称为装饰抹面砂浆。它是常用的装饰手段之一。装饰抹面砂浆的底层抹灰和中层抹灰与普通抹面砂浆基本相同，主要是装饰砂浆的面层，要选用具有一定颜色的胶凝材料和骨料以及采用某种特殊的操作工艺，使表面呈现出各种不同的色彩、线条与花纹等装饰效果。

　　装饰抹面砂浆所采用的胶凝材料有普通水泥、矿渣水泥、火山灰水泥、白水泥和彩色水泥，或在常用的水泥中掺加耐碱矿物颜料配成彩色水泥以及石灰、石膏等。骨料常采用大理石、花岗石等有色石渣或玻璃、陶瓷的碎粒。

　　常用装饰抹面砂浆的施工工艺如下。

视频2：装饰抹面砂浆

1. 拉毛

　　拉毛是先用水泥砂浆做底层，再用水泥石灰砂浆做面层，在砂浆未凝结之前，用抹刀将表面拍拉成凹凸不平的形状。拉毛一般适用于有声学要求的礼堂剧院等室内墙面，也常用于外墙面、阳台栏板或围墙饰面。

2. 水磨石

　　水磨石是一种人造石，用普通水泥、白色水泥或彩色水泥拌合各种色彩的大理石渣做面层，硬化后表面磨平抛光。水磨石多用于地面装饰，有现浇和预制两种。水磨石色彩丰富，抛光后更接近于磨光的天然石材，除可用作地面之外，还可预制做成楼梯踏步、窗台板、柱面、台面、踢脚板和地面板等多种建筑构件。水磨石一般用于室内。

3. 水刷石

　　水刷石是一种假石饰面，原材料与水磨石相同，是用颗粒细小(约 5mm)的石渣所拌成的砂浆做面层，在水泥初始凝固时，即喷水冲刷表面，把面层水泥浆冲刷掉，使石渣半露而不脱落。水刷石多用于建筑物的外墙装饰，具有天然石材尤其是花岗岩的质感，经久耐用。

4. 干粘石

　　干粘石的原料同水刷石，也是一种假石饰面层。将黏结粒径为 5mm 以下的彩色石粒、玻璃碎粒直接粘在水泥砂浆面层上即可得到干粘石、干粘玻璃。要求石渣黏结牢固、不脱落。干粘石的装饰效果与水刷石相似，但色彩更加丰富，而且避免了湿作业，能提高工效，应用广泛。

5. 斩假石

　　斩假石又称为剁假石，是一种假石饰面层，制作情况与水刷石基本相同，是在水泥砂浆基层上涂抹水泥石砂浆，待硬化后，表面用斧刀剁毛并露出石渣，使其形成天然花岗石粗犷的效果。斩假石主要用于室外柱面、勒脚、栏杆、踏步等处的装饰。

装饰砂浆还可采取喷涂、弹涂、辊压等工艺方法，可做成多种多样的装饰面层，操作很方便，可大大提高施工效率。

6.2.3 特种抹面砂浆

1. 保温吸声砂浆

主要有膨胀珍珠岩砂浆、膨胀蛭石砂浆，以水泥、石灰、石膏为胶凝材料，膨胀珍珠岩或膨胀蛭石砂为集料加水拌合制成，具有容重轻，保温隔热和吸声效果良好等优点，适用于屋面保温、室内墙面和管道的抹灰。

2. 防水砂浆

掺加有防水剂的水泥砂浆，用于地下室、水塔、水池等要求防水的部位，也可以用于进行渗漏修补。

扩展资源 5.
特种抹面砂浆

3. 耐酸砂浆

以水玻璃为胶凝材料，磺粉等为耐酸粉料，氟硅酸钠为固化剂与耐酸集料配制而成的砂浆，可用做一般耐酸车间地面。

4. 聚合物砂浆

（1）树脂砂浆，以合成树脂加入固化剂和粉料、细集料配制而成，具有良好的耐腐蚀、防水、绝缘等性能和较高的黏结强度，常用做防腐蚀面层。

（2）聚合物水泥砂浆，在水泥砂浆中加入适量聚合物胶结剂、颜料和少量其他附加剂，加水拌合制成，用于外墙饰面，可提高砂浆黏结力和饰面的耐久性。

音频 2.抹面砂浆
的技术性质

扩展资源 2.水泥
砂浆的用途

6.3 本 章 小 结

本章主要知识点如下。

建筑砂浆的主要性质有：新拌砂浆的和易性、强度、砂浆的黏结力、变形性和耐久性。

6.4 实 训 练 习

一、单选题

1. 砖砌体用砂浆宜选用(　　)，砂的最大粒径不大于 2.5mm，应用 5mm 孔径的筛子过筛，筛好后保持洁净。

  A. 细砂   B. 中砂   C. 粗砂   D. 大砂

2. 和易性是指新拌制的砂浆拌合物的工作性，即在施工中易于操作而且能保证工程质量的性质，包括流动性和(　　)两方面。

  A. 黏结性   B. 保水性   C. 保温性   D. 吸水性

3. 根据立方体抗压强度值将水泥砂浆的强度等级划分为(　　)个等级。
   A. 四　　　　B. 五　　　　C. 六　　　　D. 七
4. (　　)是一种制作防水层的高抗渗性砂浆。
   A. 防水砂浆　　B. 保温砂浆　　C. 普通砂浆　　D. 耐酸砂浆
5. 砂浆配合比用(　　)砂浆中各种材料的用量来表示。
   A. 每平方米　　B. 每平方毫米　　C. 每立方米　　D. 每立方毫米

二、多选题

1. 根据使用胶凝材料的不同，砂浆可以分为(　　)。
   A. 水泥砂浆　　B. 石灰砂浆　　C. 石膏砂浆
   D. 混合砂浆　　E. 装饰砂浆
2. 砌筑砂浆中使用的胶凝材料有(　　)。
   A. 各种水泥　　B. 沥青　　C. 石灰
   D. 石膏　　E. 有机胶凝材料
3. 根据立方体抗压强度值，水泥混合砂浆的强度等级可分为(　　)四个等级。
   A. M20　　B. M15　　C. M10
   D. M7.5　　E. M5
4. 装饰砂浆所采用的胶凝材料有(　　)。
   A. 普通水泥　　B. 矿物水泥　　C. 火山灰水泥
   D. 白水泥　　E. 彩色水泥
5. 聚合物砂浆是近年来工程上新兴的一种新型建筑材料，它是由胶凝材料和可以分散在水中的有机聚合物搅拌而成的，它具有(　　)的性能优点。
   A. 黏结性能好　　B. 保水性能好　　C. 耐久性好
   D. 抗压强度高　　E. 耐紫外线好

三、简答题

1. 砌筑砂浆的组成材料有哪些？
2. 砌筑砂浆主要的技术性能有哪些？
3. 装饰砂浆的施工工艺有哪些？

第6章
课后习题答案

实训工作单

班级		姓名		日期	
教学项目		建筑砂浆			
任务	掌握建筑砂浆的分类和主要技术性能		方式	查找书籍、资料	
相关知识			砌筑砂浆； 抹面砂浆		
其他要求					
学习总结编制记录					

第7章 金属材料

金属材料具有强度高、密度大、易于加工、导热性和导电性能良好等特点，可制成各种铸件和型材，能焊接或铆接，便于装配和机械化施工。因此，金属材料广泛应用于铁路、桥梁、房屋建筑等工程中，是主要的建筑材料之一。尤其是近年来，高层和大跨度结构迅速发展，金属材料在建筑工程中的应用越来越广泛。

用于建筑工程中的金属材料主要有建筑钢材、铝合金和不锈钢。尤其是建筑钢材，作为结构材料具有优异的力学性能、较高的强度以及良好的塑性和韧性，材质均匀，性能可靠，具有承受冲击和振动荷载的能力，可切割、焊接、铆接或螺栓连接，因此在建筑工程中得到了广泛应用。

第7章拓展图片

第7章
文中案例答案

学习目标

1. 了解钢的冶炼及钢的分类。
2. 理解钢材的主要技术性能和对钢材性能的影响。
3. 熟悉钢材的化学性能。
4. 掌握几种常见的建筑钢材。
5. 重点掌握建筑钢材的防火。

教学要求

章节知识	掌握程度	相关知识点
钢的冶炼及钢的分类	了解钢的冶炼及钢的分类	钢的冶炼及钢的分类
钢材的主要技术性能和影响	理解钢材的主要技术性能和对钢材性能的影响	钢材的力学性能和工艺性能
钢材的化学性能	熟悉钢材的化学性能	钢材的锈蚀和防锈
常用的建筑钢材	掌握几种常见的建筑钢材	钢筋混凝土的钢材及选用
建筑钢材的防火	重点掌握建筑钢材的防火	钢材的耐火性

◎ **思政目标**

　　教育学生树立远大的理想和政治抱负，培养正确的世界观、人生观、价值观。不同牌号钢和铸铁的性能不同，用途也不同，正如人才也有许多种，鼓励学生发挥自己的特点和优势，努力成为对国家、对社会有用的人才。

◎ **案例导入**

　　人类最早用来建桥的金属材料是铁，我国早在汉代(公元 65 年)，在四川泸州用铁链建造了规模不大的吊桥。世界上第一座铸铁桥为 1779 年在英国建造的 Coalerookdale 桥，该桥 1934 年已禁止车辆通行。1878 年，英国人曾用铸铁在北海的 Tay 湾上建造全长 3160m、单跨 73.5m 的跨海大桥，采用梁式桁架结构，在石材和砖砌筑的基础上以铸铁管作为桥墩，建成不到两年，一次台风夜袭，加之火车冲击荷载的作用，铸铁桥墩脆断，桥梁倒塌，车毁人亡，教训惨痛。此后，人们研究和比较了钢材与铸铁的不同，发现钢材不仅具有较高的抗压强度，还具有较高的抗拉强度和抗冲击韧性，更适于建桥。于是，人类于 1791 年首次使用钢材建造人行桥。人类在总结了 200 多年使用钢材建桥的经验后，现在悬索桥已成为特大跨径桥梁的主要形式。

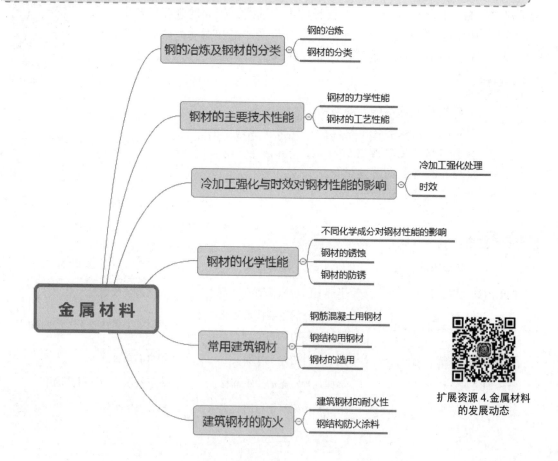

扩展资源 4.金属材料的发展动态

7.1 钢的冶炼及钢材的分类

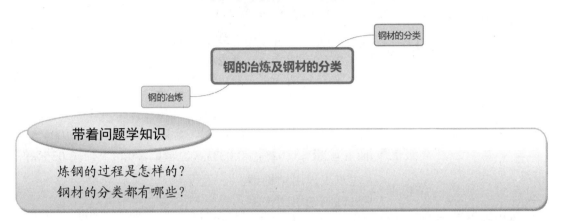

7.1.1 钢的冶炼

钢是由生铁冶炼而成的。生铁是由铁矿石、熔剂(石灰石)、燃料(焦炭)在高炉中经过还原反应和造渣反应而得到的一种铁碳合金。其中碳、磷和硫等杂质的含量较高。生铁脆、强度低、塑性和韧性差，不能用焊接、锻造、轧制等方法加工。

炼钢的过程是把熔融的生铁进行氧化，使碳含量降低到预定的范围，其他杂质降低到允许的范围。在理论上，凡含碳量在2%以下，含有害杂质较少的铁、碳合金都可以称为钢。在炼钢的过程中，采用的炼钢方法不同，除掉杂质的速度就不同，所得钢的质量也就有差别。目前国内主要有转炉炼钢法、平炉炼钢法和电炉炼钢法三种炼钢方法。

根据脱氧方法和脱氧程度的不同，钢材可分为沸腾钢(F)、镇静钢(Z)、半镇静钢(B)和特殊镇静钢(TZ)。

7.1.2 钢材的分类

钢的品种繁多，为了便于掌握和选用，现将钢的一般分类归纳如下。

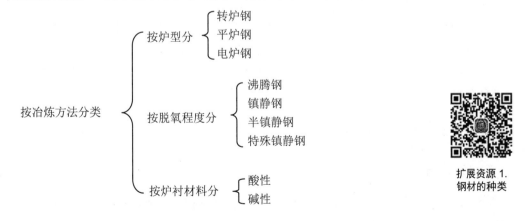

扩展资源1. 钢材的种类

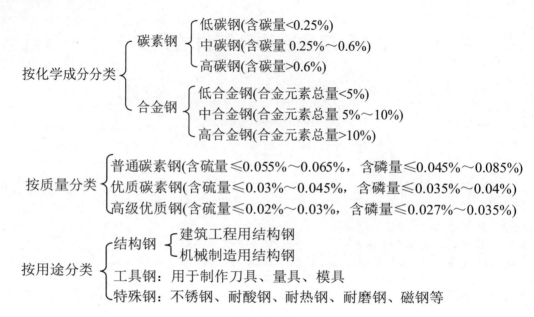

7.2 钢材的主要技术性能

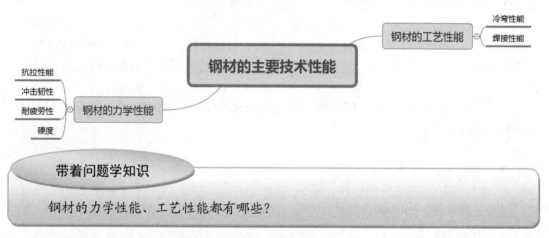

带着问题学知识

钢材的力学性能、工艺性能都有哪些？

钢材的性能主要包括力学性能、工艺性能等。钢材主要的力学性能有抗拉性能、冲击韧性、耐疲劳性和硬度。工艺性能反映金属材料在加工制造过程中所表现出来的性质，如冷弯性能、焊接性能等。只有了解并掌握了钢材的各种性能，才能做到正确、经济、合理地选择和使用钢材。

7.2.1 钢材的力学性能

1. 抗拉性能

钢材的强度可分为拉伸强度、压缩强度、弯曲强度和剪切强度等。通常以拉伸强度作为最基本的强度值。

将低碳钢(软钢)制成一定规格的试件，放在材料机上进行拉伸试验，可以绘出如图 7-1 所示的应力-应变关系曲线，钢材的拉伸性能就可以通过该图来表示。从图 7-1 中可以看出，低碳钢受拉至拉断，全过程可划分为四个阶段：弹性阶段(OA)、屈服阶段(AB)、强化阶段(BC)和颈缩阶段(CD)。

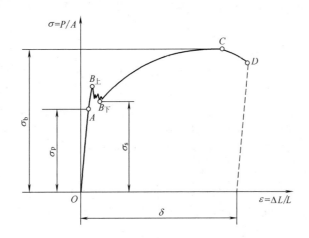

图 7-1　低碳钢受拉的应力-应变曲线

(1) 弹性阶段。曲线中 OA 段是一条直线，应力与应变成正比。若卸去外力，试件能恢复原来的形状，这种性质即弹性，此阶段的变形为弹性变形。与 A 点对应的应力称为弹性极限，以 σ_p 表示。应力与应变的比值为常数，即弹性模量 E，$E=\sigma/\varepsilon$，单位为 MPa。弹性模量反映钢材抵抗弹性变形的能力，是钢材在受力条件下计算结构变形的重要指标。

(2) 屈服阶段。应力超过 A 点后，应力、应变不再成正比关系，开始出现塑性变形。应力增长滞后于应变的增长，当应力达到 $B_上$ 点后(上屈服点)，瞬时下降至 $B_下$ 点(下屈服点)，变形迅速增加，而此时外力则大致在恒定的位置波动，直到 B 点。这就是所谓的"屈服现象"，似乎钢材不能承受外力而屈服，所以 AB 段称为屈服阶段。与 $B_下$ 点(此点较稳定，容易测定)对应的应力称为屈服点(屈服强度)，用 σ_s 表示。

钢材受力大于屈服点后，会出现较大的塑性变形，已不能满足使用要求，因此屈服强度是设计中钢材强度取值的依据，是工程结构计算中非常重要的一个参数。

(3) 强化阶段。当应力超过屈服强度后，由于钢材内部组织中的晶格发生了畸变，阻止了晶格进一步滑移，钢材得到了强化，所以钢材抵抗塑性变形的能力又重新提高，$B→C$ 成上升曲线，称为强化阶段。对应于最高点 C 的应力值(σ_b)称为极限抗拉强度，简称抗拉强度。

显然，σ_b 是钢材受拉时所能承受的最大应力值，屈服强度和抗拉强度之比(屈强比 $n=\sigma_s/\sigma_b$)能反映钢材的利用率和结构的安全可靠程度。屈强比越小，其结构的安全可靠程度越高；但屈强比过小，说明钢材强度的利用率偏低，造成钢材浪费。建筑结构合理的屈强比一般为 0.6～0.75。

《混凝土结构工程施工质量验收规范》(GB 50204—2015)规定：钢筋的抗拉强度实测值与屈服强度实测值的比值不应小于 1.25，钢筋的屈服强度实测值与强度标准值的比值不应大于 1.3。

(4) 颈缩阶段。试件受力达到最高点 C 点后，其抵抗变形的能力明显降低，变形迅速发展，应力逐渐下降，试件被拉长，在有杂质或缺陷处，断面急剧缩小，直至断裂，故 CD 段称为颈缩阶段。

将拉断后的试件拼合起来，测定出标距范围内的长度 L_1(mm)，L_1 与试件原标距 L_0(mm) 之差为塑性变形值，它与 L_0 之比称为伸长率(δ)，如图 7-2 所示。伸长率的计算式如下：

$$\delta = \frac{L_1 - L_0}{L_0} \times 100\% \tag{7-1}$$

伸长率 δ 是衡量钢材塑性的一个重要指标，δ 越大，说明钢材的塑性越好。而一定的塑性变形能力，可保证应力重新分布，避免应力集中，从而使钢材用于结构的安全性越大。

塑性变形在试件标距内的分布是不均匀的，颈缩处的变形最大，离颈缩部位越远其变形越小。所以，原标距与直径之比越小，颈缩处伸长值在整个伸长值中的比重越大，计算出来的 δ 值越大。通常以 δ_5 和 δ_{10} 分别表示 $L_0=5d_0$ 和 $L_0=10d_0$ 时的伸长率(d_0 为钢材直径)。对于同一种钢材，其 δ_5 大于 δ_{10}。

中碳钢与高碳钢(硬钢)的拉伸曲线与低碳钢不同，屈服现象不明显，难以测定屈服点，则规定产生残余变形为原标距长度的 0.2%时所对应的应力值，作为硬钢的屈服强度，也称条件屈服点，用 $\sigma_{0.2}$ 表示，如图 7-3 所示。

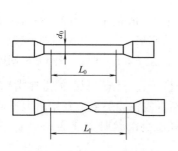

图 7-2 钢材拉伸试件图

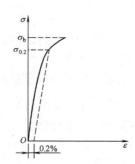

图 7-3 中碳钢、高碳钢的 $\sigma - \varepsilon$ 图

2. 冲击韧性

冲击性能是指钢材抵抗冲击荷载而不被破坏的能力。冲击韧性以刻槽的标准试件，在冲击试验的摆锤冲击下，以破坏后缺口处单位面积上所消耗的功(J/cm²)来表示，符号为 α_K，如图 7-4 所示。α_K 越大，冲断试件消耗的能量越多，钢材的冲击韧性越好。

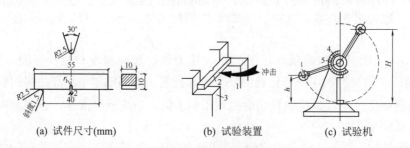

(a) 试件尺寸(mm)　　(b) 试验装置　　(c) 试验机

图 7-4 冲击韧性试验图

1—摆锤；2—试件；3—试验台；4—指针；5—刻度盘；H—摆锤扬起高度；h—摆锤向后摆动高度

钢材的冲击韧性与钢的化学成分、冶炼及加工有关。一般来说，钢中的硫、磷含量较高，夹杂物以及焊接中形成的微裂纹等都会降低钢材的冲击韧性。此外，钢材的冲击韧度还受温度和时间的影响。试验表明，开始时随着温度的下降，冲击韧性降低很小，此时破坏的钢件断口呈韧性断裂状；当温度降至某一温度范围时，$α_K$突然发生明显下降，如图7-5所示，钢材开始呈脆性断裂，这种性质称为冷脆性。发生冷脆性时的温度称为脆性临界温度，它的数值越低，钢材的低温冲击性能越好。所以在负温下使用的结构，应当选用脆性临界温度较低的钢材。由于脆性临界温度的测定较复杂，故通常是根据气温条件规定-20℃或-40℃的负温冲击指标。

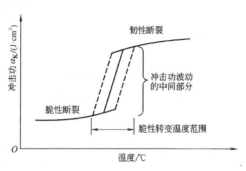

图7-5 钢的脆性转变温度

钢材随时间的延长表现出强度提高、塑性和冲击韧性下降的现象称为时效。因时效作用，冲击韧性还将随时间的延长而下降。一般完成时效的过程可达数十年，但钢材如经冷加工或使用中受震动和荷载的影响，时效可迅速发展。因时效导致钢材性能改变的程度称时效敏感性。时效敏感性越大的钢材，经过时效后冲击韧性的降低就越显著。为了保证安全，对于承受动荷载的重要结构，应当选用时效敏感性小的钢材。

因此，对于直接承受动荷载，而且可能在负温下工作的重要结构，必须按照有关规范的要求进行钢材的冲击韧性检验。

3. 耐疲劳性

钢材承受交变荷载的反复作用时，可能在远低于抗拉强度时突然发生破坏，这种破坏称为疲劳破坏。试验证明，钢材承受的交变应力越大，断裂时所经受的交变应力循环次数越少；反之，则越多。当交变应力下降到一定值时，钢材可以经受交变应力无数次循环而不发生疲劳破坏。

疲劳破坏的危险应力用疲劳强度表示。疲劳强度是指钢材在交变荷载的作用下，于规定周期基数内不发生疲劳破坏所能承受的最大应力。通常取交变应力循环次数 $N=10^7$ 时，试件不发生破坏的最大应力作为疲劳强度。

钢材的疲劳强度与其内部组织状态、成分偏析、杂质含量及各种缺陷有关，钢材表面光洁程度及是否受腐蚀等都会影响钢材的疲劳强度。一般钢材的抗拉强度高，其耐疲劳强度也较高。

在设计承受交变荷载且须进行疲劳验算的结构时，应当了解所用钢材的疲劳强度。

4. 硬度

硬度是指金属材料抵抗硬物压入表面的能力，即材料表面抵抗塑性变形的能力。它通常与抗拉强度有一定的关系。目前,测定钢材硬度的方法有很多,包括布氏硬度和洛氏硬度等。常用的方法是布氏法,其硬度指标是布氏硬度值。

布氏法的测定原理是:用直径为 D(mm)的淬火钢球以 P(N)的荷载将其压入试件表面,经规定的持续时间后卸载,即得直径为 d(mm)的压痕;以压痕表面积 F(mm^2)除以荷载 P,所得的应力值即为试件的布氏硬度值 HB,以数字表示,不带单位。图 7-6 所示为布氏硬度测定原理。

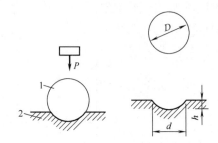

图 7-6　布氏硬度测定原理

1—钢球;2—试件;P—施加于钢球上的荷载;D—钢球直径;d—压痕直径;h—压痕深度

各类钢材的 HB 值与抗拉强度之间有较好的相关性。材料的强度越高,塑性变形抵抗力越强,硬度值也就越大。由试验得出,当碳素钢的 HB<175 时,其抗拉强度与布氏硬度的经验关系式为 $\sigma_b = 0.36$ HB;当 HB>175 时,其抗拉强度与布氏硬度的经验关系式为 $\sigma_b = 0.35$ HB。

根据这一关系,可以直接在钢结构上测出钢材的 HB 值,并估算该钢材的 σ_b 值。

建筑钢材常以屈服强度、抗拉强度、伸长率、冲击韧性等性质作为评定牌号的依据。

7.2.2　钢材的工艺性能

建筑钢材在使用前,需要根据实际情况进行多种形式的加工。良好的工艺性能,可以保证钢材顺利地通过各种加工而使钢材制品的质量不受影响。冷弯性能和焊接性能是建筑钢材重要的工艺性能。

1. 冷弯性能

冷弯性能是反映钢材在常温下受弯曲变形的能力。其指标以试件弯曲的角度 α 和弯心直径对试件厚度(或直径)的比值(d/a)来表示,如图 7-7 和图 7-8 所示。

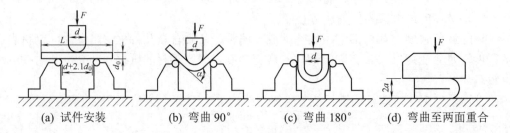

图 7-7　钢筋冷弯

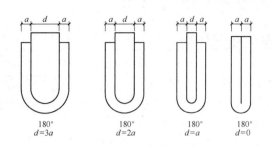

图 7-8　钢材冷弯规定不同的弯心直径

试验时采用的弯曲角度越大，弯心直径与试件厚度(或直径)的比值越小，表示对冷弯性能的要求越高。冷弯检验是按规定的弯曲角度和弯心直径进行试验，试件的弯曲处不发生裂缝、裂断或起层，即认为冷弯性能合格。

相对于伸长率而言，冷弯是对钢材塑性更严格的检验，它能揭示钢材是否存在内部组织不均匀、内应力和夹杂物等缺陷，并且能揭示焊件在受弯表面是否存在未熔合、微裂纹及夹杂物等缺陷。

2. 焊接性能

焊接是各种型钢、钢板、钢筋的重要连接方式。建筑工程的钢结构有90%以上是焊接结构。焊接结构的质量取决于焊接工艺、焊接材料及钢材本身的焊接性能。焊接性能好的钢材，焊口处不易形成裂纹、气孔、夹渣等缺陷；焊接后的焊头牢固，硬脆倾向小，特别是强度不低于原有钢材。

钢材焊接性能的好坏，主要取决于钢的化学成分。碳含量高将增加焊接接头的硬脆性，碳含量小于0.25%的碳素钢具有良好的可焊性。因此，碳含量较低的氧气转炉或平炉镇静钢应为首选。

钢筋焊接应注意：冷拉钢筋的焊接应在冷拉之前进行；焊接部位应清除铁锈、熔渣、油污等；应尽量避免不同国家的进口钢筋之间或进口钢筋与国产钢筋之间的焊接。

7.3　冷加工强化与时效对钢材性能的影响

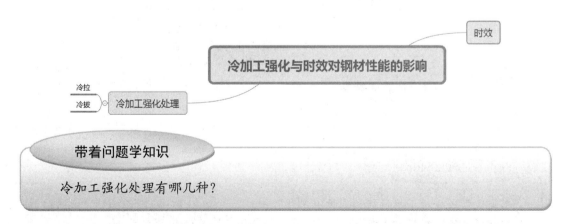

7.3.1 冷加工强化处理

将钢材在常温下进行冷加工(如冷拉、冷拔),使之产生塑性变形,从而提高钢材的屈服强度,这个过程称为冷加工强化处理。经强化处理后,钢材的塑性和韧性会降低。由于塑性变形中会产生内应力,故钢材的弹性模量降低。

建筑工地或预制构件厂经常利用该原理对钢筋或低碳盘条按一定的方法进行冷拉或冷拔加工,以提高屈服强度,节约钢材。

1. 冷拉

冷拉是指将热轧钢筋用冷拉设备加力进行张拉,使之伸长。钢筋经冷拉后,屈服强度可提高 20%~30%,可节约钢材 10%~20%。钢材经冷拉后屈服阶段缩短,伸长率降低,材质变硬。

2. 冷拔

冷拔是指将光面钢筋通过硬质合金拔丝模孔强行拉拔。每次拉拔断面缩小应在 10%以下。钢筋在冷拔过程中,不仅受拉,同时还受到挤压作用,因而拉拔的作用比纯冷拉作用强烈。经过一次或多次冷拔后的钢筋,表面光洁度高,屈服强度提高了 40%~60%,但塑性大大降低,具有硬钢的性质。

7.3.2 时效

钢材经冷加工后,在常温下存放 15~20d 或加热至 100~200℃,保持 2h 左右,其屈服强度、抗拉强度及硬度得到进一步提高,而塑性及韧性继续降低,这种现象称为时效。前者称为自然时效,后者称为人工时效。

7.4 钢材的化学性能

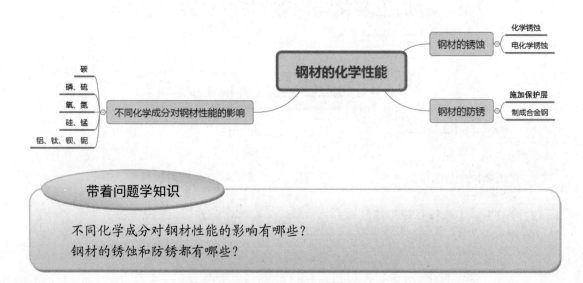

带着问题学知识

不同化学成分对钢材性能的影响有哪些?
钢材的锈蚀和防锈都有哪些?

7.4.1 不同化学成分对钢材性能的影响

钢是铁碳合金，由于原料、燃料、冶炼过程等因素使钢材中存在大量的其他元素，如磷、硫、氧、氮等。合金钢是为了改性而有意加入一些元素制成的，如硅、锰、铝、钛、钡、铌等。

1. 碳

碳是决定钢材性质的主要元素，对钢材力学性质的影响如图 7-9 所示。当含碳量低于 0.8%时，随着含碳量的增加，钢的抗拉强度和硬度提高，而塑性及韧性降低，同时，还将使钢的冷弯、焊接及抗腐蚀等性能降低，并增加钢的冷脆性和时效敏感性。

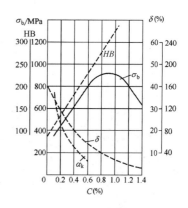

图 7-9 含碳量对热轧碳素钢的影响

2. 磷、硫

磷与碳相似，能使钢的塑性和韧性下降，特别是低温下冲击韧性下降得更明显。磷的偏析较严重，磷还能使钢的冷弯性能降低，可焊性变差。但磷可使钢材的强度、耐腐蚀性提高。

硫在钢材中以 FeS 形式存在，在钢的热加工时容易引起钢的脆裂，称为热脆性。硫的存在还会使钢的冲击韧度、疲劳强度、可焊性及耐腐蚀性降低。因此，硫的含量要严格控制。

3. 氧、氮

氧、氮也是钢中的有害元素，会显著降低钢的塑性、韧性、冷弯性能和可焊性。

4. 硅、锰

硅和锰是在炼钢时为了脱氧去硫而有意加入的元素。硅是钢的主要合金元素，含量在 1%以内，可提高强度，对塑性和韧性没有明显影响。但含硅量超过 1%时，钢材的冷脆性增加，可焊性变差。锰能消除钢的热脆性，改善热加工性能，显著提高钢的强度，但其含量不得大于 1%，否则可降低钢材的塑性及韧性，可焊性变差。

5. 铝、钛、钡、铌

铝、钛、钡、铌均是炼钢时的强脱氧剂，适时加入钢内，可改善钢的组织，细化晶粒，显著提高强度和改善韧性。

【例 7-1】广东某国际展览中心包括展厅、会议中心和一栋 16 层的酒店，总建筑面积 42000m^2，1989 年建成投入使用，1992 年降大暴雨，其中 4 号展厅网架倒塌。在倒塌现场发现大量高强螺栓被拉断或折断，部分杆件有明显压屈，但未发现杆件拉断及明显颈缩现象，也未发现杆件焊缝拉开。另外，网架建成后多次发现积水现象，事故现场两排水口表面均有堵塞。请分析其原因。

7.4.2 钢材的锈蚀

钢材的锈蚀是指其表面与周围介质发生化学反应或电化学反应而遭到侵蚀并破坏的过程。

钢材在存放中严重锈蚀，不仅截面积减小，而且局部产生锈坑，会造成应力集中，促使结构破坏。尤其在有冲击荷载、循环交变荷载的情况下，将产生锈蚀疲劳现象，使疲劳强度大大降低，出现脆性断裂。

诱发钢材锈蚀的环境因素主要有湿度、侵蚀性介质的性质及数量等，根据钢材表面与周围介质的不同作用，锈蚀可分为以下两类。

1. 化学锈蚀

化学锈蚀是指钢材表面与周围介质直接发生反应而产生锈蚀。这种腐蚀多数是氧气作用，在钢材的表面形成疏松的氧化物。在常温下，钢材表面被氧化，形成一层薄薄的、钝化能力很弱的氧化保护膜。在干燥环境下，化学腐蚀进展缓慢，对保护钢筋是有利的；但在湿度和温度较高的条件下，这种腐蚀进展很快。

视频2：钢材的防锈

2. 电化学锈蚀

建筑钢材在存放和使用中发生的锈蚀主要属于这一类。例如，存放在湿润空气中的钢材，表面被一层电解质水膜所覆盖。由于表面成分、晶体组织、受力变形、平整度等的不均匀性，使邻近局部产生电极电位的差别，构成许多微电池，在阳极区，铁被氧化成 Fe^{2+} 离子进入水膜中。由于水中溶有来自空气的氧，故在阴极区氧将被还原为 OH^- 离子。两者结合成为不溶于水的 $Fe(OH)_2$，并进一步氧化成为疏松易剥落的红棕色铁锈 $Fe(OH)_3$。因为水膜离子浓度提高，阴极放电快，锈蚀进行较快，故在工业大气的条件下，钢材较容易锈蚀。钢材锈蚀时，会伴随体积增大，最严重的可达原体积的 6 倍，在钢筋混凝土中，会使周围的混凝土胀裂。

音频2.钢材锈蚀的原因

埋于混凝土中的钢筋，因处于碱性介质的条件(新浇筑混凝土的 pH 约为 12.5 或更高)，而形成碱性氧化保护膜，故不致锈蚀。但应注意，当混凝土保护层受损后碱度降低，或锈蚀反应将强烈地被一些卤素离子，特别是氯离子所促进，对保护钢筋是不利的，它们能破坏保护膜，使锈蚀迅速发展。

7.4.3 钢材的防锈

防止钢材锈蚀常采用施加保护层和制成合金钢的方法。

1. 施加保护层

在钢材表面施加保护层，使钢与周围介质隔离，从而防止生锈。保护层可分为金属保护层和非金属保护层。

金属保护层是用耐蚀性较强的金属，以电镀或喷镀的方法覆盖钢材表面，如镀锌、镀锡、镀铬等。

非金属保护层是用有机物质或无机物质做保护层，常用的是在钢材表面涂刷各种防锈涂料，此法简单易行，但不耐久；还可采用塑料保护层、沥青保护层及搪瓷保护层等。薄壁钢材可采用热浸镀锌或镀锌后加涂塑料涂层，这种方法的效果最好，但价格较高。

涂刷保护层之前，应先将钢材表面的铁锈清除干净，目前，一般的除锈方法有三种：钢丝刷除锈、酸洗除锈及喷砂除锈。

钢丝刷除锈采取人工用钢丝刷或半自动钢丝刷将钢材表面的铁锈全部刷去，直至露出金属表面为止。这种方法的工作效率较低，劳动条件差，除锈质量无法保证。酸洗除锈是将钢材放入酸洗槽内，分别除去油污、铁锈，直至构件表面全呈铁灰色，并清洗干净，保证表面无残余酸液。这种方法较人工除锈彻底，工效也较高。若酸洗后作磷化处理，则效果更好。喷砂除锈是将钢材通过喷砂机而将其表面的铁锈清除干净，直至金属表面呈灰白色，不得存在黄色。这种方法除锈比较彻底，效率也较高，在较发达的国家中已普遍采用，是一种先进的除锈方法。

2．制成合金钢

钢材的化学性能对耐锈蚀性有很大影响。若在钢中加入合金元素铬、镍、钛、铜等，制成不锈钢，可以提高钢材的耐锈蚀能力。

7.5　常用建筑钢材

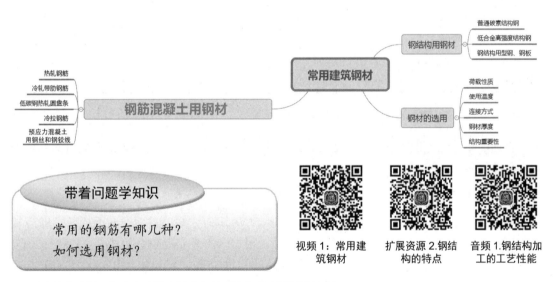

建筑钢材可分为钢筋混凝土用钢材和钢结构用钢材。

7.5.1　钢筋混凝土用钢材

钢筋混凝土结构用的钢筋和钢丝，主要由碳素结构钢和低合金结构钢轧制而成。其主要品种有热轧钢筋、冷轧带肋钢筋、低碳钢热轧圆盘条、预应力混凝土用钢丝和钢绞线等。

1．热轧钢筋

混凝土结构用热轧钢筋有较高的强度，具有一定的塑性、韧性、可焊性。热轧钢筋是经热轧成型并自然冷却的成品钢筋,由低碳钢和普通合金钢在高温状态下压制而成,主要用于钢筋混凝土和预应力混凝土结构的配筋,是土木建筑工程中使用量最大的钢材品种之一。热轧钢筋分为热轧光圆钢筋和热轧带肋钢筋两种。

根据《钢筋混凝土用钢 第1部分:热轧光圆钢筋》(GB 1499.1—2017)和《钢筋混凝土用钢 第2部分:热轧带肋钢筋》(GB 1499.2—2018)的规定,按屈服强度特征值,热轧光圆钢筋为300级,热轧带肋钢筋分为400级、500级和600级。热轧钢筋的牌号分别为HPB300、HRB400、HRB500、HRB600、HRB400E、HRB500E、HRBF400、HRBF500、HRBF400E、HRBF500E,其中,H、P、R、B、F、E分别为热轧、光圆、带肋、钢筋、细晶粒、地震六个词的英文首位字母,数值为屈服强度的最小值。热轧钢筋的牌号以阿拉伯数字或阿拉伯数字加英文字母表示,HRB400、HRB500、HRB600分别用4、5、6表示,HRBF400、HRBF500分别用C4、C5表示,HRB400E、HRB500E分别用4E、5E表示,HRBF400E、HRBF500E分别用C4E、C5E表示。热轧钢筋的力学和工艺性能应符合表7-1的规定。

表7-1 热轧钢筋的力学性能和工艺性能

牌 号	下屈服强度 R_{eL}/MPa	抗拉强度 R_m/MPa	断后伸长率 A/%	最大总延伸率 A_{gt}/%	R_m°/R_{eL}°	R_{eL}°/R_{eL}
HPB300	≥300	≥420	≥25	≥10	—	—
HRB400、HRBF400	≥400	≥540	≥16	≥7.5		
HRB400、EHRBF400E			—	≥9	≥1.25	≤1.3
HRB500、HRBF500	≥500	≥630	≥15	≥7.5		
HRB500E、HRBF500E				≥9	≥1.25	≤1.3
HRB600	≥600	≥730	≥14	≥7.5	—	—

注:R_m°为钢筋实测抗拉强度;R_{eL}°为钢筋实测下屈服强度。

钢筋的弯曲性能应达到按表7-2规定的弯曲压头直径弯曲180°后,钢筋受弯曲部位表面不会产生裂纹。

2. 冷轧带肋钢筋

热轧圆盘条经冷轧后,在其表面带有沿长度方向均匀分布的三面或两面横肋,即冷轧带肋钢筋。钢筋冷轧后允许进行低温回火处理。根据《冷轧带肋钢筋》(GB 13788—2017)的规定,冷轧带肋钢筋按抗拉强度分为六个牌号,即CRB550、CRB650、CRB800、CRB600H、CRB680H、CRB800H。CRB550、CRB600H为普通钢筋混凝土用钢筋;CRB650、CRB800、CRB800H为预应力混凝土用钢筋;CRB680H既可作为普通钢筋混凝土用钢筋,也可作为预应力混凝土用钢筋。C、R、B、H分别为冷轧、带肋、钢筋、高延性四个英文单词的首位字母,数值为抗拉强度特征值。冷轧带肋钢筋的力学性能及工艺性能如表7-3所示。与冷拔碳钢丝相比较,冷轧带肋钢筋具有强度高、塑性好、与混凝土黏结牢固、节约钢材、质量稳定等优点。

表 7-2 热轧钢筋的弯曲性能

牌 号	公称直径 d/mm	弯曲试验的弯曲压头直径
HRB300	6~22	d=a
HRB400 HRBF400 HRB400E HRBF400E	6~25	4d
	28~40	5d
	>40~50	6d
HRB500 HRBF500 HRB500E HRBF500E	6~25	6d
	28~40	7d
	>40~50	8d
HPB600	6~25	6d
	28~40	7d
	>40~50	8d

表 7-3 冷轧带肋钢筋的力学性能与工艺性能

分类	牌号	规定塑性延伸强度 $R_{p0.2}$/MPa	抗拉强度 R_m/MPa	$R_m/R_{p0.2}$	断后伸长率/%		最大力总延伸率/%	弯曲试验 180°	反复弯曲次数	应力松弛初始应力应相当于公称抗拉强度的70% 1000h, %
					A	A_{100mm}	A_{gt}			
普通钢筋混凝土用	CRB550	≥500	≥550	1.05	≥11	—	≥2.5	D=3d[①]	—	—
	CRB600H	≥540	≥600	1.05	≥14	—	≥5	D=3d	—	—
	CRB680H[②]	≥600	≥680	1.05	≥14	—	≥5	D=3d	4	≤5
预应力混凝土用	CRB650	≥585	≥650	1.05	—	4	≥2.5	—	3	≤8
	CRB800	≥720	≥800	1.05	—	4	≥2.5	—	3	≤8
	CRB800H	≥720	≥800	1.05	—	7	≥4	—	4	≤5

注：① D 为弯心直径，d 为钢筋公称直径。
② 当该牌号钢筋作为普通钢筋混凝土用钢筋使用时，对反复弯曲和应力松弛不做要求；当该牌号钢筋作为预应力混凝土用钢筋使用时，应进行反复弯曲试验代替180°弯曲试验，并检测松弛率。

冷轧带肋钢筋克服了冷拉、冷拔钢筋握裹力低的缺点，同时具有与冷拉、冷拔相近的强度，因此在中小型预应力混凝土结构构件和普通混凝土结构构件中得到了越来越广泛的应用。从 20 世纪 70 年代起，一些发达国家已大量生产应用冷轧带肋钢筋，并有国家标准。国际标准化组织(ISO)也制定了国际标准。冷轧带肋钢筋作为一种建筑钢材，已纳入各国混凝土结构规范，广泛用于建筑工程、高速公路、机场、市政、水电管线中。我国在20世纪80年代后期，开始引进冷轧带肋钢筋生产设备。目前这种钢筋在我国大部分地区得到了推广应用。

3. 低碳钢热轧圆盘条

低碳钢经热轧工艺轧成圆形断面并卷成盘状的连续长条，简称盘条。《低碳钢热轧圆盘条》(GB/T 701—2008)规定，低碳钢热轧圆盘条以氧气转炉、电炉冶炼，以热轧状态交货，每卷盘条的质量不应小于1000kg，每批允许有5%的盘数(不足两盘的允许有两盘)由两根组成，但每根盘条的质量不少于300kg，并且有明显的标识。

低碳钢热轧圆盘条的力学性能和工艺性能应符合《低碳钢热轧圆盘条》(GB/T 701—2008)的规定，如表7-4所示。

表7-4 低碳钢热轧圆盘条的力学性能和工艺性能

牌号	力学性能		冷弯试验180° 弯心直径 d /mm 试样直径 a /mm
	抗拉强度 R_m/(N/mm²)	断后伸长率 $A_{11.3}$/%	
Q195	≤410	≥30	$d=0$
Q215	≤435	≥28	$d=0$
Q235	≤500	≥23	$d=0.5a$
Q275	≤540	≥21	$d=1.5a$

4. 冷拉钢筋

冷拉钢筋是用热轧钢筋加工而成的。钢筋在常温下经过冷拉可达到除锈、调直、提高强度、节约钢材的目的。

热轧钢筋经冷拉和时效处理后，其屈服点和抗拉强度得到提高，但塑性、韧性有所降低。为了保证冷拉钢筋的质量，而不使冷拉钢筋脆性过大，冷拉操作应采用双控法，即控制冷拉率和冷拉应力，若冷拉至控制应力而未超过控制冷拉率，则属合格；若达到控制冷拉率，未达到控制应力，则钢筋应降级使用。

冷拉钢筋的技术性质应符合表7-5的要求。

表7-5 冷拉钢筋的技术性质

钢筋级别	钢筋直径 /mm	屈服强度 /MPa	抗拉强度 /MPa	伸长率δ_{10} /%	冷弯	
		≥			弯曲角度	弯曲直径/mm
Ⅰ级	≤12	280	370	11	180°	3d
Ⅱ级	≤25	450	510	10	90°	3d
	28～40	430	490	10	90°	4d
Ⅲ级	8～40	500	570	8	90°	5d
Ⅳ级	10～28	700	835	6	90°	5d

5. 预应力混凝土用钢丝和钢绞线

1) 钢丝

将直径为 6.5～8mm 的 Q235 圆盘条，在常温下通过截面小于钢筋截面的钨合金拔丝模，以强力拉拔工艺拔制成直径为 3mm、4mm 或 5mm 的圆截面钢丝，称为冷拔低碳钢丝，如图 7-10 所示。

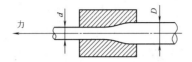

图 7-10 钢筋冷拔示意图

冷拔低碳钢丝的性能与原料强度和引拔后的截面总压缩率有关。其力学性能应符合国家标准《混凝土制品用冷拔低碳钢丝》(JC/T 540—2006)的规定，如表 7-6 所示。由于冷拔低碳钢丝的塑性大幅度下降，硬脆性明显，目前已限制该类钢丝的一些应用。

表 7-6 冷拔低碳钢丝力学性能

项次	钢丝级别	直径/mm	抗拉强度/MPa		伸长率/% (标距 100mm)	反复弯曲 (180°)次数
			Ⅰ组	Ⅱ组		
			≥			
1	甲	5	650	600	3	4
		4	700	650	2.5	
2	乙	3、4、5、6	550		2	4

注：① 甲级钢丝采用符合Ⅰ级热轧钢筋标准的圆盘条冷拔值。
② 预应力冷拔低碳钢丝经机械调直后，抗拉强度标准值降低 50MPa。

冷拔低碳钢丝按力学性能分为甲级和乙级两种。甲级钢丝为预应力钢丝，按其抗拉强度分为Ⅰ级和Ⅱ级，适用于一般工业与民用建筑中的中小型冷拔钢丝先张法预应力构件的设计与施工。乙级为非预应力钢丝，主要用作焊接骨架、焊接网、架立筋、箍筋和构造钢筋。

用于预应力混凝土构件的钢丝，应逐盘取样进行力学性能检验，凡伸长率不合格者，不准用于预应力混凝土构件。

2) 钢绞线

预应力钢绞线一般是用 7 根钢丝在绞线机上，以一根钢丝为中心，其余 6 根钢丝围绕其进行螺旋状绞合，再经低温回火制成，如图 7-11 所示。钢绞线具有强度高、与混凝土黏结性能好、断面面积大、使用根数少、在结构中排列布置方便、易于锚固等优点，多用于大跨度结构、重载荷的预应力混凝土结构中。

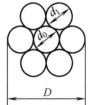

图 7-11 预应力钢绞线截面图

D—钢绞线直径；d_0—中心钢丝直径；d_1—外层钢丝直径

7.5.2 钢结构用钢材

1. 普通碳素结构钢

普通碳素结构钢简称碳素结构钢,它包括一般结构钢和工程用热轧钢板、钢带、型钢等。现行国家标准《碳素结构钢》(GB/T 700—2006)具体规定了它的牌号表示方法、代号和符号、技术要求、试验方法和检验规则等。

音频 3.钢结构的优缺点

1) 牌号表示方法

《碳素结构钢》(GB/T 700—2006)标准中规定:碳素结构钢按屈服强度的数值,分为 195、215、235、275 MPa 四种;按硫磷杂质的含量由多到少,分为 A、B、C 和 D 四个质量等级;按照脱氧程度不同,分为特殊镇静钢(TZ)、镇静钢(Z)和沸腾钢(F)。钢的牌号由代表屈服强度的字母 Q、屈服强度数值、质量等级符号和脱氧方法符号四个部分按顺序组成。对于镇静钢和特殊镇静钢,在钢的牌号中予以省略,如 Q235-A·F,表示屈服强度为 235MPa 的 A 级沸腾钢;Q235-C 表示屈服强度为 235MPa 的 C 级镇静钢。

2) 技术要求

碳素结构钢的技术要求包括化学成分、力学性能、冶炼方法、交货状态及表面质量五个方面。碳素结构钢的化学成分、力学性能和冷弯性能试验指标应分别符合表 7-7~表 7-9 的要求。

表 7-7 碳素结构钢的化学成分《碳素结构钢》(GB/T 700—2006)

牌 号	等 级	化学成分(质量分数)/%					脱氧方法
		C	Mn	Si	S	P	
Q195	—	≤0.12	≤0.5	≤0.3	≤0.04	≤0.035	F、Z
Q215	A	≤0.15	≤1.2	≤0.35	≤0.05	≤0.045	F、Z
	B				≤0.045		
Q235	A	≤0.22	≤1.4	≤0.35	≤0.05	≤0.045	F、Z
	B	≤0.2*			≤0.045		
	C	≤0.17			≤0.04	≤0.04	Z
	D	≤0.17			≤0.035	≤0.035	TZ
Q275	A	≤0.24	≤1.5	≤0.35	≤0.05	≤0.045	F、Z
	B	≤0.21 或≤0.22			≤0.045	≤0.045	Z
	C	≤0.2			≤0.04	≤0.04	Z
	D				≤0.035	≤0.035	TZ

注:*表示经需方同意,Q235B 的碳含量可不大于 0.22%。

碳素结构钢的冶炼方法采用氧气转炉、电炉。钢材一般以热轧、控轧或正火状态交货,表面质量也应符合有关规定。

3) 钢材的性能

从表 7-8、表 7-9 中可知，钢材随钢牌号的增大，碳含量增加，强度和硬度相应提高，而塑性和韧性降低。

表 7-8 碳素结构钢的力学性能《碳素结构钢》(GB/T 700—2006)

牌号	等级	拉伸试验						冲击试验(V形缺口)	
		屈服强度 ^{a} R_{eH}/(N·mm^2)					抗拉强度 ^{b} R_m/(N·mm^2)	伸长率 A/%					温度/℃	冲击吸收功(纵向)/J
		钢材厚度(或直径)/mm						钢材厚度(或直径)/mm						
		≤16	>16~40	>40~60	>60~100	>100~150	>150~200		≤40	>40~60	>60~100	>100~150	>150		
		≥							≥						≥
Q195	—	195	185	—	—	—	—	315~430	33	—	—	—	—	—	—
Q215	A	215	205	195	185	175	165	335~450	31	30	29	27	26	—	—
	B													+20	27
Q235	A	235	225	215	215	195	185	370~500	26	25	24	22	21	—	—
	B													+20	27
	C													0	27
	D													−20	27
Q275	A	275	265	255	245	225	215	410~540	22	21	20	18	17	—	—
	B													+20	27
														0	
														−20	

注：① Q195 的屈服强度值仅供参考，不作交货条件。
② 厚度大于 100 mm 的钢材，抗拉强度下限允许降低 20N/mm^2。宽带钢(包括剪切钢板)抗拉强度上限不作交货条件。
③ 厚度小于 25 mm 的 Q235B 级钢材，若供方能保证冲击吸收功值合格，经需方同意，可不做检验。

表 7-9 碳素结构钢的冷弯性能试验指标《碳素结构钢》(GB/T 700—2006)

牌号	试样方向	冷弯试验 B=2a 180°	
		钢材厚度(或直径)^②/mm	
		≤60	>60~100
		弯心直径 d/mm	
Q195	纵	0	—
	横	0.5a	—
Q215	纵	0.5a	1.5a
	横	a	2a
Q235	纵	a	2a
	横	1.5a	2.5a
Q275	纵	1.5a	2.5a
	横	2a	3a

注：① B 为试样宽度(mm)，a 为钢材厚度(或直径)(mm)。
② 钢材厚度(或直径)大于 100mm 时，弯曲试验由双方协商确定。

建筑工程中应用广泛的是 Q235 号钢，其含碳量为 0.14%～0.22%，属于低碳钢，具有较高的强度，良好的塑性、韧性及可焊性，综合性良好，能满足一般钢结构和钢筋混凝土用钢要求，且成本较低。在钢结构中主要使用 Q235 号钢轧制成的各种型钢、钢板。

Q195 号钢和 Q215 号钢的强度低，塑性和韧性较好，易于冷加工，常用于钢钉、铆钉、螺栓及钢丝等。Q215 号钢经冷加工后可代替 Q235 号钢使用。

Q275 号钢强度较高，但塑性、韧性较差，可焊性也差，不易焊接和冷弯加工，可用于轧制钢筋、制作螺栓配件等，但更多地用于机械零件和工具等。

2. 低合金高强度结构钢

低合金高强度结构钢是在碳素结构钢的基础上，添加少量的一种或几种合金元素(总含量小于 5%)的一种结构钢。尤其近年来研究采用铌、钒、钛及稀土金属微合金化技术，不但大大提高了低合金高强度结构钢的强度，改善了各项物理性能，而且降低了成本。

1) 牌号的表示方法

根据国家标准《低合金高强度结构钢》(GB/T 1591—2018)的规定，低合金高强度结构钢的牌号由代表屈服强度"屈"字的汉语拼音首字母 Q、规定的最小上屈服强度数值、交货状态代号、质量等级符号(B、C、D、E、F)四个部分组成。交货状态为热轧时，交货状态代号 AR 或 WAR 可省略；交货状态为正火或正火轧制状态时，交货状态代号均用 N 表示。Q+规定的最小上屈服强度数值+交货状态代号，简称"钢级"。如 Q355ND 表示规定的最小上屈服强度为 355MPa，交货状态为正火或正火轧制的 D 级低合金高强度结构钢。

2) 技术要求

低合金高强度结构钢的技术要求包括化学成分、冶炼方法、交货状态、力学性能和工艺性能、表面质量等方面。其中，热轧钢的化学成分、力学性能如表 7-10～表 7-12 所示。

表 7-10　热轧钢的化学成分《低合金高强度结构钢》(GB/T 1591—2018)

牌号		化学成分(质量分数)/%												
		C		Si	Mn	P	S	Nb	V	Ti	Cr	Ni	Cu	Mo	N	B
钢级	质量等级	以下公称厚度或直径/mm														
		≤40[b]	>40													
Q335	B	≤0.24				≤0.035	≤0.035									
	C	≤0.2	≤0.22	≤0.55	≤1.6	≤0.03	≤0.03	—	—	—	≤0.3	≤0.3	≤0.4		≤0.012	
	D	≤0.2	≤0.22			≤0.025	≤0.025									
Q390	B	≤0.2		≤0.55	≤1.7	≤0.035	≤0.035	0.05	0.13	0.05	≤0.3	≤0.5	≤0.4	0.1	≤0.015	
	C					≤0.03	≤0.03									
	D					≤0.025	≤0.025									
Q420[g]	B	≤0.2		≤0.55	≤1.7	≤0.035	≤0.035	0.05	0.13	0.05	≤0.3	≤0.8	≤0.4	0.2	≤0.015	
	C					≤0.03	≤0.03									
Q460[g]	C	≤0.2		≤0.20	≤1.8	≤0.03	≤0.03	0.05	0.13	0.05	≤0.3	≤0.8	≤0.4	≤0.2	≤0.015	≤0.004

注：① 公称厚度大于 100mm 的型钢，碳含量可由供需双方协商确定。
② 公称厚度大于 30mm 的钢材，碳含量不大于 0.22%。
③ 对于型钢和棒材，其磷和硫的含量上限值可提高 0.005%。
④ Q390、Q420 最高可到 0.07%，Q460 最高可到 0.11%。
⑤ 最高可到 0.2%。
⑥ 若钢中酸溶铝 Als 含量不小于 0.015%或全铝 Alt 含量不小于 0.02%，或添加了其他固氮合金元素，则氮元素含量不做限制，固氮元素应在质量证明书中注明。
⑦ 仅适用于型钢和棒材。

表 7-11 热轧钢的拉伸性能《低合金高强度结构钢》(GB/T 1591—2018)

牌号		上屈服强度 R_{eH} [a]/MPa								抗拉强度 R_m/MPa			
钢级	质量等级	公称厚度或直径/mm											
		≤16	>16~40	>40~63	>63~80	>80~100	>100~150	>150~200	>200~250	>250~400	≤100	>100~150	>150~250	>250~400
Q355	B、C	≥355	≥345	≥335	≥325	≥315	≥295	≥285	≥275	—	470~630	450~600	450~600	—
	D									≥265 [b]				450~600 [b]
Q390	B、C、D	≥390	≥380	≥360	≥340	≥340	≥320	—	—	—	490~650	470~620	470~630	470~630
Q420 [c]	B、C	≥420	≥410	≥390	≥370	≥370	≥350	—	—	—	520~680	500~650	—	—
Q460 [c]	C	≥460	≥450	≥430	≥410	≥410	≥390	—	—	—	550~720	530~700	—	—

注：a. 当屈服不明显时，可用规定塑性延伸强度 $R_{p0.2}$ 代替上屈服强度。
　　b. 只适用于质量等级为 D 的钢板。
　　c. 只适用于型钢和棒材。

表 7-12 热轧钢材的伸长率《低合金高强度结构钢》(GB/T 1591—2018)

牌号		断后伸长率 A/%						
钢级	质量等级	试样方向	公称厚度或直径/mm					
			≤40	>40~63	>63~100	>100~150	>150~250	>250~400
Q355	B、C、D	纵向	≥22	≥21	≥20	≥18	≥17	≥17 [a]
		横向	≥20	≥19	≥18	≥18	≥17	≥17 [a]
Q390	B、C、D	纵向	≥21	≥20	≥20	≥19	—	—
		横向	≥20	≥19	≥19	≥18	—	—
Q420 [b]	B、C	纵向	≥20	≥19	≥19	≥19	—	—
Q460 [b]	C	纵向	≥18	≥17	≥17	≥17	—	—

注：a. 只适用于质量等级为 D 的钢板。
　　b. 只适用于型钢和棒材。

在钢结构中，常采用低合金高强度结构钢轧制型钢、钢板，建造桥梁、高层及大跨度建筑。

3. 钢结构用型钢、钢板

钢结构构件一般应直接选用各种型钢。构件之间可直接或附连接钢板进行连接。连接方式有铆接、螺栓连接和焊接。

型钢有热轧和冷轧两种。钢板也有热轧(厚度为 0.35~200mm)和冷轧(厚度为 0.2~5mm)两种。

1) 热轧型钢

热轧型钢有 H 型钢、部分 T 型钢、工字钢、槽钢、Z 型钢和 U 型钢等。

我国建筑用热轧型钢主要采用碳素结构钢 Q235-A(碳量为 0.14%~0.22%)。在钢结构设计规范中，推荐使用低合金钢，主要有两种：Q345(16Mn)和Q390(15MnV)。热轧型钢用于大跨度、承受动荷载的钢结构中。

热轧型钢的标记方式为一组符号，包括型钢名称、横断面主要尺寸、型钢标准号、钢号及钢种标准等。例如，用碳素结构钢 Q235-A 轧制的，尺寸为 160mm×16mm 的等边角钢，其标识为：

$$热轧等边角钢：\frac{∟160 \times 160 \times 16}{Q235-A}$$

2) 冷弯薄壁型钢

冷弯薄壁型钢通常是用 2~6mm 薄钢板冷弯或模压而成，有角钢、槽钢等开口薄壁型钢及方形、矩形等空心薄壁型钢，主要用于轻型钢结构。其标识方法与热轧型钢相同。

3) 钢板、压形钢板

用光面轧辊机轧制成的扁平钢材，以平板状态供货的称为钢板，以卷状供货的称为钢带。按轧制温度不同，钢板分为热轧和冷轧两种；按厚度划分，热轧钢板分为厚板(厚度大于 4mm)和薄板(厚度为 0.35~4mm)，冷轧钢板只有薄板(厚度为 0.2~4mm)一种。

建筑用钢板及钢带主要是碳素结构钢。一些重型结构、大跨度桥梁、高压容器等也采用低合金钢板。

薄钢板经冷压或冷轧成波形、双曲形、V 形等形状，称为压形钢板。彩色钢板、镀锌薄钢板、防腐薄钢板等都可用于制作压形钢板。其特点是质量轻、强度高、抗震性能好、施工快、外形美观等。压形钢板主要用于围护结构、楼板、屋面等。

7.5.3　钢材的选用

1. 荷载性质

对经常处于低温的结构，容易产生应力集中，引起疲劳破坏，须选用材质好的钢材。

2. 使用温度

经常处于低温状态的结构，钢材易发生冷脆断裂，特别是焊接结构，冷脆倾向更加显著，故应该要求钢材具有良好的塑性和低温冲击韧性。

3. 连接方式

焊接结构在温度变化和受力性质改变时，容易导致焊缝附近的母体金属出现冷、热裂纹，促使结构早期破坏。所以，焊接结构对钢材的化学成分和机械性能要求应严格。

4. 钢材厚度

钢材力学性能一般随厚度的增大而降低，钢材经多次轧制后，钢的内部结晶组织更紧密，强度更高，质量更好。故一般结构用的钢材厚度不宜超过 40mm。

5. 结构重要性

选择钢材要考虑结构使用的重要性，如大跨度结构和重要的建筑物结构，须相应地选用质量更好的钢材。

【例7-2】1994年10月21日,韩国首尔汉江圣水大桥中段50m长的桥体像刀切一样坠入江中,造成多人死亡。该桥由韩国最大的建筑公司——东亚建设产业公司于1979年建成。试分析其原因。

7.6 建筑钢材的防火

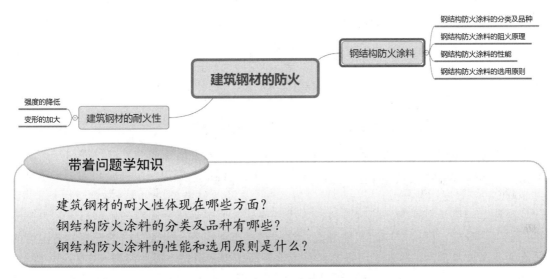

带着问题学知识

建筑钢材的耐火性体现在哪些方面?
钢结构防火涂料的分类及品种有哪些?
钢结构防火涂料的性能和选用原则是什么?

火灾是一种违反人们意志,在时间和空间上失去控制的燃烧现象。燃烧的三个要素是:可燃物、氧化剂和点火源。一切防火与灭火措施的基本原理,就是根据物质燃烧的条件,阻止燃烧三要素同时存在。

建筑物是由各种建筑材料建造起来的,这些建筑材料在高温下的性能直接关系到建筑物的火灾危险性的大小,以及发生火灾后火势扩大蔓延的速度。对于结构材料而言,在火灾高温作用下力学强度的降低还直接关系到建筑物的安全。

7.6.1 建筑钢材的耐火性

建筑钢材是建筑材料的三大主要材料之一,可分为钢结构用钢材和钢筋混凝土结构用钢材两类。它是在严格的技术控制下生产的材料,具有强度大、塑性和韧性好、品质均匀、可焊可铆、制成的钢结构重量轻等优点。但就防火而言,钢材虽然不属于可燃性材料,但其耐火性能却很差,耐火极限只有0.15h。

建筑钢材遇火后,力学性能的变化体现如下。

1. 强度的降低

在建筑结构中广泛使用的普通低碳钢在高温下的性能如图7-12所示。抗拉强度在250~300℃时达到最大值(由于蓝脆现象引起);温度超过350℃,强度开始大幅度下降,在500℃时约为常温时的1/2,600℃时约为常温时的1/3。屈服点在500℃时约为常温时的1/2。由此可见,钢材在高温下强度降低很快。此外,钢材的应力-应变曲线的形状随温度升高发生很大变化,温度升高,屈服平台降低,且原来呈现的锯齿形状逐渐消失。当温度超过400℃后,低碳钢特有的屈服点消失。

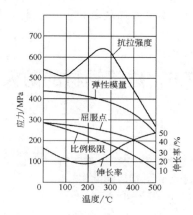

图 7-12　普通低碳钢高温力学性能

普通低合金钢是在普通碳素钢中加入一定量的合金元素冶炼成的。这种钢材在高温下的强度变化与普通碳素钢基本相同，在 200～300℃ 的温度范围内极限强度增加，当温度超过 300℃ 后，强度逐渐降低。

冷加工钢筋是普通钢筋经过冷拉、冷拔、冷轧等加工强化过程得到的钢材，其内部晶格构架发生畸变，强度增加而塑性降低。这种钢材在高温下，内部晶格的畸变随着温度的升高而逐渐恢复正常，冷加工所提高的强度也逐渐减少和消失，塑性得到一定恢复。因此，在相同温度下，冷加工钢筋强度降低值比未加工钢筋大得多。当温度达到 300℃ 时，冷加工钢筋强度约为常温时的 1/2；400℃ 时，强度急剧下降，约为常温时的 1/3；500℃ 左右时，其屈服强度接近甚至小于未冷加工钢筋在相应温度下的强度。

高强钢丝用于预应力钢筋混凝土结构。它属于硬钢，没有明显的屈服极限。在高温下，高强钢丝的抗拉强度的降低比其他钢筋更快。当温度在 150℃ 以内时，其强度不降低；温度达到 350℃ 时，强度降低约为常温时的 1/2；温度达到 400℃ 时，强度约为常温时的 1/3；温度达到 500℃ 时，强度不足常温时的 1/5。

预应力混凝土构件，由于所用的冷加工钢筋的高强钢丝在火灾高温下强度下降，明显大于普通低碳钢筋和低合金钢筋，因此其耐火性能远低于非预应力混凝土构件。

2. 变形的加大

钢材在一定温度和应力作用下，随着时间的推移，会发生缓慢塑性变形，即蠕变。蠕变在较低温度时就会产生，在温度高于一定值时比较明显，对于普通低碳钢这一温度为 300～350℃，对于合金钢这一温度为 400～450℃，温度越高，蠕变现象越明显。蠕变不仅受温度的影响，而且也受应力大小的影响。若应力超过了钢材在某一温度下的屈服强度时，蠕变会明显增大。

普通低碳钢弹性模量、伸长率、截面收缩率随温度的变化情况如图 7-12 所示，可见高温下钢材塑性增大，容易产生变形。

钢材在高温下强度降低很快，塑性增大，加之其热导率大[普通建筑钢的热导率高达 67.63W/(m·K)]，是造成钢结构在火灾条件下极易在短时间内破坏的主要原因。试验研究和大量火灾实例表明，一般建筑钢材的临界温度为 540℃ 左右。而对于建筑物的火灾，火场温度在 800～1000℃。因此，处于火灾高温下的裸露钢结构往往在 10～15min 内自身温度就会上升到钢的极限温度 540℃以上，致使强度和载荷能力急剧下降，在纵向压力和横向拉力的作用下，钢结构发生扭曲变形，导致建筑物的整体坍塌毁坏。而且变形后的钢结构是无法修复的。

为了提高钢结构的耐火性能，通常可采用防火隔热材料(如钢丝网抹灰、浇注混凝土、砌砖块、泡沫混凝土块)包覆、喷涂钢结构防火涂料等方法。

7.6.2 钢结构防火涂料

钢结构防火涂料

扩展资源 3.
铝合金的作用

扩展资源 5.
铝和铝合金

7.7 本章小结

本章主要知识点如下。
- 钢材的分类方式。
- 钢材的力学性能有抗拉性能、冲击韧性、耐疲劳性、硬度。
- 钢材的工艺性能有冷弯性能和焊接性能。

7.8 实训练习

一、单选题

1. 在炼铁的过程中，含碳量在( )以下，含有害杂质较少的铁、碳合金都可称为钢。
 A. 1%　　　　　B. 2%　　　　　C. 3%　　　　　D. 4%
2. ( )是指金属材料抵抗硬物压入表面的能力，即材料表面抵抗塑性变形的能力。
 A. 硬度　　　　B. 软度　　　　C. 耐疲劳性　　D. 冲击韧性
3. ( )是指将热轧钢筋用冷拉设备加力进行张拉，使之伸长。
 A. 冷弯　　　　B. 冷拉　　　　C. 冷压　　　　D. 冷拔
4. 混凝土结构用( )钢筋有较高的强度，具有一定的塑性、韧性、可焊性。
 A. 冷轧　　　　B. 冷弯　　　　C. 热弯　　　　D. 热轧

二、多选题

1. 根据脱氧方法和脱氧程度的不同，钢材可分为( )。
 A. 沸腾钢　　　B. 镇静钢　　　C. 半镇静钢
 D. 全镇静钢　　E. 特殊镇静钢

2. 钢材主要的力学性能有( )。

  A. 抗拉性能 B. 冲击韧性 C. 耐疲劳性

  D. 硬度   E. 软度

3. 钢材的强度可分为( )。

  A. 拉伸强度 B. 压缩强度 C. 弯扭强度

  D. 弯曲强度 E. 剪切强度

三、简答题

1. 钢材按品种不同可分为哪几类？
2. 高强钢丝的特点是什么？
3. 钢结构防火涂料的阻火原理是什么？

第 7 章
课后习题答案

实训工作单

班级		姓名		日期	
教学项目	金属材料				
任务	掌握几种常用的建筑钢材并能正确合理地选用			方式	查找书籍、资料
相关知识	钢的冶炼及钢的分类； 钢材的主要技术性能； 冷加工强化与时效对钢材性能的影响； 钢材的化学性能； 常用的建筑钢材； 建筑钢材的防火； 铝和铝合金				
其他要求					
学习总结编制记录					

第 8 章 墙体材料

墙体在建筑中起承重、围护、分隔的作用。墙体材料约占建筑总质量的一半,用量较大,特别是在砖混结构中。墙体材料除必须具有一定强度、能承受荷载外,还应具有一定的防水、抗冻、绝热、隔声等功能,而且要求质量轻、价格适当、耐久性好。墙体材料是房屋建筑的主要围护材料和结构材料,常用的墙体材料有石材、砖、砌块和板材等。

第 8 章拓展图片

学习目标

1. 了解烧结普通砖、烧结多孔砖和烧结空心砖的品种与等级。
2. 熟悉蒸压加气混凝土砌块的性能要求。
3. 掌握轻型墙板的规格与分类。
4. 重点掌握轻骨料混凝土墙板与饰面混凝土幕墙板的区别。

第 8 章
文中案例答案

教学要求

章节知识	掌握程度	相关知识点
砌墙砖	了解砌墙砖	烧结普通砖的品种与等级
混凝土砌块	熟悉混凝土砌块	混凝土砌块的性能要求
轻型墙板	掌握轻型墙板	轻型墙板的规格与分类
混凝土大型墙板	重点掌握混凝土大型墙板	轻骨料混凝土墙板的规格

思政目标

墙体材料的发展离不开国家的富强,根据墙体材料的绿色化发展趋势,培养学生绿色环保的理念。

扩展资源 5.墙体
材料发展动态

案例导入

某工程所用的外墙乳胶涂料面漆(草绿色)、底漆及腻子均为广东顺德某化工涂料有限公司生产的,施工 15d 后,一场大雨,墙面大面积起泡,泡的大小不等,大泡直径约 5cm,小泡直径约 0.5cm。几天后,起泡的地方开裂、起皮、脱落,剥开漆膜后发现底层腻子松散无强度。试分析其原因。

第8章 墙体材料

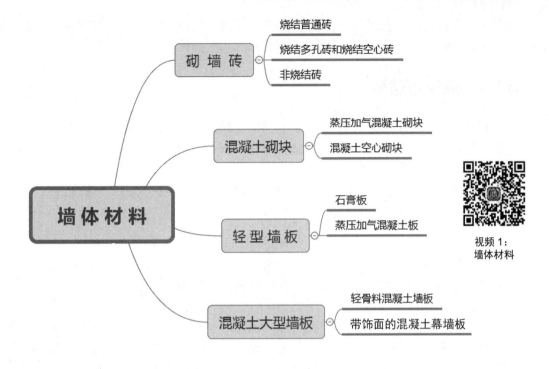

8.1 砌 墙 砖

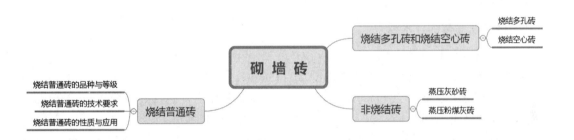

带着问题学知识

烧结普通砖的品种与等级以及技术要求有哪些？
什么是烧结多孔砖和烧结空心砖？
蒸压粉煤灰砖的强度等级有哪些？

砌墙砖是指以黏土、工业废料或其他地方材料为主要原料，以不同工艺制造的、用于砌筑承重和非承重墙体的墙砖。

砌墙砖按照生产工艺分为烧结砖和非烧结砖。经焙烧制成的砖为烧结砖；经碳化或蒸汽(压)养护硬化而成的砖属于非烧结砖。按照孔洞率(砖上孔洞和槽的体积总和与按外廓尺寸算出的体积之比)的大小，砌墙砖分为实心砖、多孔砖和空心砖。实心砖是没有孔洞或孔洞率小于 15%的砖；孔洞率等于或大于 15%，孔的尺寸小而数量多的砖称为多孔砖；孔洞率等于或大于 15%，孔的尺寸大而数量少的砖称为空心砖。

8.1.1 烧结普通砖

根据国家标准《烧结普通砖》(GB/T 5101—2017)中的规定，烧结普通砖是指以黏土、页岩、煤矸石、粉煤灰、建筑渣土、淤泥(江河湖淤泥)、污泥等为主要原料，经焙烧而成的主要用于建筑物承重部位的普通砖。

烧结普通砖的生产工艺为：原料→配料调制→制坯→干燥→焙烧→成品。

1. 烧结普通砖的品种与等级

1) 品种

烧结普通砖按所用原材料的不同，可分为黏土砖(N)、页岩砖(Y)、煤矸石砖(M)、粉煤灰砖(F)、建筑渣土砖(Z)、淤泥砖(U)、污泥砖(W)、固体废弃物砖(G)。

2) 等级

烧结普通砖按抗压强度的不同，分为 MU30、MU25、MU20、MU15 和 MU10 五个强度等级。烧结普通砖的技术要求包括尺寸偏差、外观质量、强度等级、抗风化性能、泛霜、石灰爆裂及欠火砖、酥砖和螺旋纹砖等。强度、抗风化性能和放射性物质合格的砖，根据尺寸偏差、外观质量、泛霜、石灰爆裂等分为合格和不合格两个质量等级。

音频 1.烧结普通砖的特点

2. 烧结普通砖的技术要求

1) 外形尺寸与部位名称

砖的外形为直角六面体，长 240mm，宽 115mm，厚 53mm，其尺寸偏差不应超过《烧结普通砖》(GB/T 5101—2017)的规定。因此，在砌筑使用时，包括砂浆缝(10mm)在内，4 块砖长、8 块砖宽、16 块砖厚都为 1m，512 块砖可砌 $1m^3$ 的砌体。

一块砖，240mm×115mm 的面称为大面，240mm×53mm 的面称为条面，115mm×53mm 的面称为顶面。

2) 尺寸允许偏差

烧结普通砖的尺寸允许偏差应符合表 8-1 的规定。

表 8-1 烧结普通砖尺寸允许偏差

单位：mm

公称尺寸	指　标	
	样本平均偏差	样本极差≤
240	±2	6
115	±1.5	5
53	2	4

3) 外观质量

烧结普通砖的外观质量应符合表 8-2 的规定，否则判为不合格。

表 8-2 烧结普通砖的外观质量

单位：mm

项　目	指　标
两条面高度差	≤2
弯曲	≤2
杂质凸出高度	≤2
缺棱掉角的三个破坏尺寸	不得同时大于 5
裂纹长度	≤
大面上宽度方向及其延伸至条面的长度	30
大面上长度方向及其延伸至顶面的长度或条顶面上水平裂纹的长度	50
完整面，不得少于	一条面和一顶面

注：(1) 为砌筑挂浆而施加的凹凸纹、槽、压花等不算作缺陷。
(2) 凡有下列缺陷之一者，不得称为完整面：
① 缺损在条面或顶面上造成的破坏面尺寸同时大于 10mm×10mm。
② 条面或顶面上裂纹宽度大于 1mm，其长度超过 30 mm。
③ 压陷、黏底、焦花在条面或顶面上的凹陷或凸出超过 2mm，区域尺寸同时大于 10mm×10mm。

4） 强度

《烧结普通砖》(GB/T 5101—2017)规定，烧结普通砖按抗压强度划分为 MU30、MU25、MU20、MU15 和 MU10 五个强度等级。各强度等级的抗压强度应符合表 8-3 的规定，否则判为不合格。

表 8-3 烧结普通砖强度等级

单位：MPa

强度等级	抗压强度平均值 $\bar{f}$	强度标准值 f_k
MU30	≥30	≥22
MU25	≥25	≥18
MU20	≥20	≥14
MU15	≥15	≥10
MU10	≥10	≥6.5

测定烧结普通砖的强度时，试样数量为 10 块，加荷速度为 (5±0.5)kN/s。试验后按下式计算标准差 s、强度变异系数 δ 和抗压强度标准值 f_k：

$$s = \sqrt{\frac{1}{9}\sum_{i=1}^{10}\left(f_i - \bar{f}\right)^2} \tag{8-1}$$

$$\delta = \frac{s}{\bar{f}} \tag{8-2}$$

$$f_k = \bar{f} - 1.83s \tag{8-3}$$

式中：s——10 块试样的抗压强度标准差，MPa，精确至 0.01；
　　　δ——强度变异系数，MPa；

$\bar{f}$ ——10 块试样的抗压强度平均值，MPa，精确至 0.1；

f_i ——单块试样抗压强度测定值，MPa，精确至 0.01；

f_k ——抗压强度标准值，MPa，精确至 0.1。

5) 抗风化性能

抗风化性能属于烧结砖的耐久性，是用来检验砖的一项主要的综合性能。烧结普通砖的抗风化性能通常用砖的吸水率、饱和系数、抗冻性等指标评定。

抗冻试验是指吸水饱和的砖在-15℃下经 15 次冻融循环，重量损失不超过 2%的规定，并且不出现裂纹、分层、掉皮、缺棱、掉角等冻坏现象，即为抗冻性合格。而饱和系数是砖在常温下浸水 24h 后的吸水率与 5h 沸煮吸水率之比，满足规定者为合格。

根据《烧结普通砖》(GB/T 5101—2017)的规定，风化指数大于等于 12700 者为严重风化区；风化指数小于 12700 者为非严重风化区。严重风化地区，如黑龙江省、吉林省、辽宁省、内蒙古自治区、新疆维吾尔自治区使用的砖，其抗冻性试验必须合格，抗风化性能指标要满足表 8-4 中的要求。其他省区和非严重风化地区的烧结普通砖，若各项指标符合表 8-4 中的要求，则可评定为抗风化性能合格，不再进行冻融试验，否则，应进行冻融试验。淤泥砖、污泥砖、固体废弃物砖应进行冻融试验。

表 8-4 烧结普通砖的抗风化规定

砖 种 类	严重风化区				非严重风化区			
	5h 沸煮吸水率/%		饱和系数		5h 沸煮吸水率/%		饱和系数	
	平均值	单块最大值	平均值	单块最大值	平均值	单块最大值	平均值	单块最大值
黏土砖、建筑渣土砖	≤18	≤20	≤0.85	≤0.87	≤19	≤20	≤0.88	≤0.9
粉煤灰砖	≤21	≤23			≤23	≤25		
页岩砖 煤矸石砖	≤16	≤18	≤0.74	≤0.77	≤18	≤20	≤0.78	≤0.8

6) 泛霜

泛霜是指生产砖的原料中可溶性盐类(如硫酸钠等)，随着砖内水分蒸发而在砖表面产生的盐析现象，一般为白色粉末，常在砖表面形成絮团状斑点。轻微泛霜就能对清水砖墙的建筑外观产生较大影响。《烧结普通砖》(GB/T 5101—2017)规定，每块砖不准许出现严重泛霜，否则判为不合格。

7) 石灰爆裂

石灰爆裂是砖坯中夹杂有石灰石，在焙烧过程中转变成石灰，砖吸水后，由于石灰逐渐熟化而膨胀产生的爆裂现象。

按照《烧结普通砖》(GB/T 5101—2017)的要求，砖的石灰爆裂应符合下列规定，否则判为不合格。

(1) 破坏尺寸大于 2mm 且小于或等于 15 mm 的爆裂区域，每组砖不得多于 15 处，其中大于 10mm 的不得多于 7 处。

(2) 不允许出现最大破坏尺寸大于 15mm 的爆裂区域。

(3) 试验后抗压强度损失不得大于 5MPa。

8) 欠火砖、酥砖和螺旋纹砖

产品中不允许有欠火砖、酥砖和螺旋纹砖。

3. 烧结普通砖的性质与应用

烧结普通砖具有强度高以及耐久性、隔热性、保温性能好等特点，广泛用于砌筑建筑物的内外墙、柱、烟囱、沟道及其他建筑物。

烧结普通砖是传统的墙体材料，在我国一般建筑物墙体材料中一直占有很高的比重，其中主要是烧结黏土砖。由于烧结黏土砖多是毁田取土烧制的，加上施工效率低、砌体自重大、抗震性能差，已远远不能适应现代建筑发展的需要。从1997年1月1日起，原建设部规定，在框架结构中不允许使用烧结普通黏土砖。随着墙体材料的发展和推广，在所有的建筑物中，烧结普通黏土砖必将被其他轻质墙体材料所取代。黏土砖会大量毁坏土地，破坏生态环境，是限制发展的产品。

8.1.2 烧结多孔砖和烧结空心砖

在现代建筑中，由于高层建筑的发展，对烧结砖提出了减轻自重、改善绝热和吸声性能的要求，因此出现了烧结多孔砖、空心砖和空心砌块。烧结多孔砖和烧结空心砖的生产与烧结普通砖基本相同，但与烧结普通砖相比，它们具有重量轻、保温性能及节能性能好、施工效率高、节约土、可以减少砌筑砂浆用量等优点，是正在替代烧结普通砖的墙体材料之一。

扩展资源1.
烧结多孔砖和烧结空心砖的区别

1. 烧结多孔砖

烧结多孔砖是以黏土、页岩、煤矸石为主要原料，经过制坯成型、干燥、焙烧而成的主要用于承重部位的多孔砖，因而也称为承重孔心砖。由于其强度高、保温性好，一般用于砌筑六层以下建筑物的承重墙。

烧结多孔砖的主要技术要求如下。

1) 规格及要求

砖的外形尺寸为直角六面体(矩形体)，其长、宽、高的尺寸应符合下列要求(单位为mm)。

长：290，240。

宽：190，180，140。

高：115，90。

砖孔形状有矩形、长条孔、圆孔等多种。孔洞要求：孔径≤22mm，孔数多，孔洞方向应垂直于承压面方向，如图8-1所示。

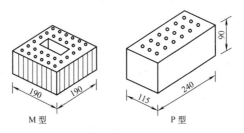

图8-1 烧结多孔砖(单位：mm)

2) 强度等级

《烧结多孔砖和多孔砌块》(GB/T 13544—2011)对烧结多孔砖的强度规定：根据砖样的抗压强度，烧结多孔砖分为MU30、MU25、MU20、MU15、MU10五个强度等级，其强度应符合表8-5的规定。

表8-5 烧结多孔砖强度等级《烧结多孔砖和多孔砌块》(GB/T 13544—2011)

单位：MPa

强度等级	抗压强度平均值 $\bar{f}$	强度标准值 f_k
MU30	≥30	≥22
MU25	≥25	≥18
MU20	≥20	≥14
MU15	≥15	≥10
MU10	≥10	≥6.5

3) 其他性能

烧结多孔砖的其他性能包括冻融、泛霜、石灰爆裂、吸水率等内容。其中抗冻性(15次)是以外观质量来评价是否合格的。

产品的外观质量应符合《烧结多孔砖和多孔砌块》(GB/T 13544—2011)规定，物理性能也应符合《烧结多孔砖和多孔砌块》(GB/T 13544—2011)规定。尺寸允许偏差应符合表8-6的规定。

表8-6 烧结多孔砖尺寸允许偏差

单位：mm

尺寸	样本平均偏差	样本极差
>400	±3	≤10
300～400	±2.5	≤9
200～300	±2.5	≤8
100～200	±2	≤7
<100	±1.5	≤6

强度和抗风化性能合格的烧结多孔砖，根据尺寸偏差、外观质量、孔形及孔洞排列、泛霜、石灰爆裂等，分为优等品(A)、一等品(B)和合格品(C)三个质量等级。

4) 适用范围

烧结多孔砖适用于多层建筑的内外承重墙体及高层框架建筑的填充墙和隔墙。

2. 烧结空心砖

以黏土、页岩、煤矸石为主要原料，经制坯成型、干燥焙烧而成的主要用于非承重部位的空心砖，称为烧结空心砖，又称水平孔空心砖或非承重空心砖，如图8-2所示。烧结空心砖具有轻质、保温性好、强度低等特点，主要用于非承重墙、外墙及框架结构的填充墙等。

烧结空心砖的主要技术要求如下。

1) 规格及要求

烧结空心砖的外形为直角六面体，其长、宽、高的尺寸应符合下列要求(单位为mm)。

长：390，290，240，190，180(175)，140。
宽：190，180(175)，140，115。
高：180(175)、140、115、90。

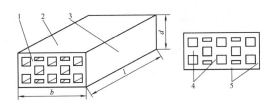

图 8-2 烧结空心砖

1—顶面；2—大面；3—条面；4—肋；5—壁；l—长度；b—宽度；d—高度

2) 强度等级

根据砖样的抗压强度不同，烧结空心砖可分为 MU10.0、MU7.5、MU5.0 和 MU3.5 四个强度等级，其强度应符合表 8-7 的规定。

表 8-7 烧结空心砖强度等级《烧结空心砖和空心砌块》(GB/T 13545—2014)

强度等级	抗压强度/MPa		
	抗压强度平均值 $\bar{f}$	变异系数≤0.21 强度标准值 f_k	变异系数＞0.21 单块最小抗压强度值 f_{min}
MU10.0	≥10	≥7	≥8
MU7.5	≥7.5	≥5	≥5.8
MU5.0	≥5	≥3.5	≥3.5
MU3.5	≥3.5	≥2.5	≥2.5

3) 质量及密度等级

按照质量及密度的不同，烧结空心砖可分为 800、900、1000 和 1100 四个密度等级。

4) 其他技术性能

烧结空心砖的其他技术性能包括泛霜、石灰爆裂、抗风化性能、放射素核素限量等。

【例 8-1】山东省泰安市某小区 5 号楼 4 单元顶层西户住宅，出现墙体裂缝如图 8-3、图 8-4 所示，现场观察为西卧室外墙自圈梁下斜向裂至窗台，缝宽约 2mm。试分析裂缝产生的原因，应该采取何种补救措施。

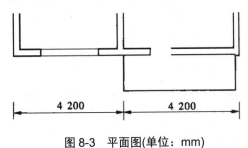

图 8-3 平面图(单位：mm)

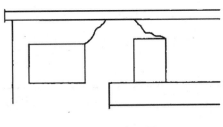

图 8-4 立面图

8.1.3 非烧结砖

不经焙烧而制成的砖均为非烧结砖,如碳化砖、免烧免蒸砖、蒸养(压)砖等。目前,应用较广的是蒸养(压)砖。这类砖是以含钙材料(石灰、电石渣等)和含硅材料(砂子、粉煤灰、煤矸石灰渣、炉渣等)与水拌合,经压制成型,在自然条件或人工水热合成条件(蒸养或蒸压)下,反应生成以水化硅酸钙、水化铝酸钙为主要胶结料的硅酸盐建筑制品。其主要品种有蒸压灰砂砖、蒸压粉煤灰砖等。

1. 蒸压灰砂砖

以石灰、砂子为主要原料,加入少量石膏或其他着色剂,经制坯设备压制成型、蒸压养护而成的砖,称为蒸压灰砂砖。蒸压灰砂砖是一种技术成熟、性能优良、节能的新型建筑材料,适用于多层混合结构建筑的承重墙体。

1) 蒸压灰砂砖的特性

蒸压灰砂砖是在高压下成型,又经过蒸压养护,砖体组织致密,具有强度高、大气稳定性好、干缩率小、尺寸偏差小、外形光滑平整等特点。蒸压灰砂砖色泽淡灰,若配入矿物颜料,可制得各种颜色的砖,有较好的装饰效果。蒸压灰砂砖主要用于工业与民用建筑的墙体和基础。

视频2:蒸压粉煤灰砖

2) 产品规格与技术性能

(1) 产品规格。蒸压灰砂实心砖(代号 LSSB)、蒸压灰砂实心砌块(代号 LSSU)、大型蒸压灰砂实心砌块(代号 LLSS),应考虑工程应用砌筑灰缝的宽度和厚度要求,由供需双方协商后,在订货合约中确定其标示尺寸。

(2) 技术性能。《蒸压灰砂实心砖和实心砌块》(GB/T 11945—2019)规定,蒸压灰砂砖强度等级分为MU30、MU25、MU20、MU15 和 MU10 五个等级。其外观质量、尺寸偏差、强度以及抗冻性能应符合表 8-8~表 8-11 的规定。

音频2.蒸压灰砂砖的优缺点

表 8-8 外观质量

单位:mm

项目名称		允许范围	
弯曲		≤2	
缺棱掉角	三个方向最大投影尺寸	实心砖(LSSB)	≤10
		实心砌块(LSSU)	≤20
		大型实心砌块(LLSS)	≤30
裂纹延伸的投影尺寸累计		实心砖(LSSB)	≤20
		实心砌块(LSSU)	≤40
		大型实心砌块(LLSS)	≤60

表 8-9 尺寸允许偏差

单位:mm

项目名称	实心砖(LSSB)	实心砌块(LSSU)	大型实心砌块(LLSS)
长	±2	±2	±2
宽	±2	±2	±2
高	±1	+1,-2	±2

表 8-10 强度等级

单位：MPa

项目名称	抗压强度	
	平均值	单个最小值
MU10	≥10	≥8.5
MU15	≥15	≥12.8
MU20	≥20	≥17
MU25	≥25	≥21.2
MU30	≥30	≥25.5

表 8-11 抗冻性

适用地区[a]	抗冻指数	干质量损失率[b]/%	抗压强损失率/%
夏热冬暖地区	D15	平均值≤3 单个最大值≤4	平均值≤15 单个最大值≤20
温和与夏热冬冷地区	D25		
寒冷地区[c]	D35		
严寒地区[c]	D50		

注：a. 区域划分执行《民用建筑热工设计规范》(GB 50176—2016)的规定。
　　b. 当某个试件的试验结果出现负值时，按 0%计。
　　c. 当产品明确用于室内环境等，供需双方有约定时，可降低抗冻指标要求，但不应低于 D25。

2. 蒸压粉煤灰砖

粉煤灰砖是以粉煤灰和石灰为主要原料，掺入适量的石膏和集料，经坯料制备、压制成型、高压或常压蒸汽养护而成的砖。粉煤灰砖按湿热养护条件不同，分别称为蒸压粉煤灰砖、蒸养粉煤灰砖及自养粉煤灰砖。

1) 规格与技术性能

砖的外形为直角六面体。砖的公称尺寸为：长 240mm、宽 115mm、高 53mm。其他规格尺寸由供需双方协商后确定。

根据《蒸压粉煤灰砖》(JC/T 239—2014)规定，粉煤灰砖按抗压强度和抗折强度划分为 MU30、MU25、MU20、MU15、MU10 五个强度等级，其强度等级应符合表 8-12 的规定，抗冻性应符合表 8-13 的规定。

表 8-12 粉煤灰砖强度等级

单位：MPa

强度等级	抗压强度		抗折强度	
	平均值	单块最小值	平均值	单块最小值
MU10	≥10	≥8	≥2.5	≥2
MU15	≥15	≥12	≥3.7	≥3
MU20	≥20	≥16	≥4	≥3.2
MU25	≥25	≥20	≥4.5	≥3.6
MU30	≥30	≥24	≥4.8	≥3.8

表 8-13　抗冻性

适用地区	抗冻指数	质量损失率	抗压强损失率
夏热冬暖地区	D15	≤5%	≤25%
夏热冬冷地区	D25		
寒冷地区	D35		
严寒地区	D50		

2）应用

粉煤灰砖适用于一般工业和民用建筑的墙体、基础。凡长期处于200℃高温且受急冷、急热及具有酸性腐蚀的部位，禁止使用粉煤灰砖。为避免或减少收缩裂缝的产生，用粉煤灰砖砌筑的建筑物，应适当地增设圈梁及伸缩缝。

8.2　混凝土砌块

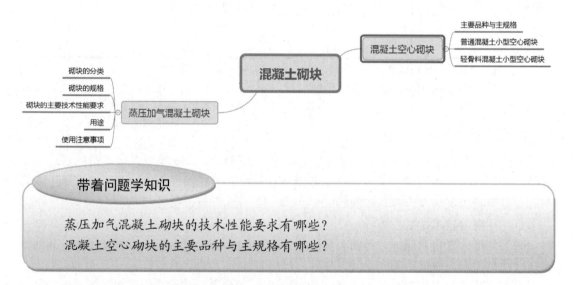

带着问题学知识

蒸压加气混凝土砌块的技术性能要求有哪些？
混凝土空心砌块的主要品种与主规格有哪些？

混凝土砌块是一种用混凝土制成的，外形多为直角六面体的建筑制品，主要用于砌筑房屋、围墙及铺设路面等，用途十分广泛。

砌块是一种新型墙体材料，发展速度很快。由于砌块生产工艺简单，可充分利用工业废料，砌筑方便、灵活，目前已成为代替黏土砖的最好制品。

砌块的品种很多，其分类方法也很多，按其外形尺寸可分为小型砌块、中型砌块和大型砌块；按其材料品种可分为普通混凝土砌块、轻集料混凝土砌块和硅酸盐混凝土砌块；按有无孔洞可分为实心砌块与空心砌块；按其用途可分为承重砌块和非承重砌块；按其使用功能可分为带饰面的外墙体用砌块、内墙体用砌块、楼板用砌块、围墙砌块和地面用砌块等。

以下主要介绍蒸压加气混凝土砌块和混凝土空心砌块。

8.2.1 蒸压加气混凝土砌块

蒸压加气混凝土砌块,是以钙质材料(水泥、石灰等)和硅质材料(砂、矿渣、粉煤灰等)及加气剂(铝粉)等,经配料、搅拌、浇筑、发气(由化学反应形成孔隙)、预养切割、蒸汽养护等工艺过程而制成的多孔、轻质、块体硅酸盐材料。

1. 砌块的分类

根据《蒸压加气混凝土砌块》(GB/T 11968—2020)规定:蒸压加气混凝土砌块的分类按尺寸偏差分为Ⅰ型和Ⅱ型,Ⅰ型适用于薄灰缝砌筑,Ⅱ型适用于厚灰缝砌筑;按抗压强度分为 A1.5、A2.0、A2.5、A3.5、A5.0 五个级别,其中强度级别 A1.5、A2.0 适用于建筑保温;按干密度可分为 B03、B04、B05、B06、B07 五个级别,其中干密度级别 B03、B04 适用于建筑保温。

2. 砌块的规格

砌块的规格如下(单位为 mm)。

长度 L:600。

宽度 B:100、120、125、150、180、200、240、250、300。

高度 H:200、240、250、300。

如果需要其他规格,可由供需双方协商确定。

3. 砌块的主要技术性能要求

(1) 砌块的尺寸允许偏差和外观质量应分别符合表 8-14、表 8-15 的规定。

表 8-14 砌块的尺寸允许偏差

单位:mm

项 目	Ⅰ型	Ⅱ型
长度 L	±3	±4
宽度 B	±1	±2
高度 H	±1	±2

表 8-15 砌块的外观质量

项 目		Ⅰ型	Ⅱ型
缺棱掉角	最小尺寸/mm	≤10	≤30
	最大尺寸/mm	≤20	≤70
	三个方向尺寸之和不大于 120mm 的掉角个数/个	≤0	≤2
裂纹长度	裂纹长度/mm	≤0	≤70
	任意面不大于 70mm 裂纹条数/条	≤0	≤1
	每块裂纹总数/条	≤0	≤2
损坏深度/mm		≤0	≤10

续表

项 目	Ⅰ型	Ⅱ型
表面疏松、分层、表面油污	无	无
平面弯曲/mm	≤1	≤2
直角度/mm	≤1	≤2

(2) 砌块的抗压强度和干密度应符合表 8-16 的规定。

表 8-16 砌块抗压强度和干密度

强度级别	抗压强度/MPa		干密度级别	平均干密度/(g/cm^3)
	平均值	最小值		
A1.5	≥1.5	≥1.2	B03	≤350
A2.0	≥2	≥1.7	B04	≤450
A2.5	≥2.5	≥2.1	B04	≤450
			B05	≤550
A3.5	≥3.5	≥3	B04	≤450
			B05	≤550
			B06	≤650
A5.0	≥5	≥4.2	B05	≤550
			B06	≤650
			B07	≤750

4. 用途

加气混凝土砌块可用于砌筑建筑的外墙、内墙、框架墙及加气混凝土刚性屋面等。蒸压加气混凝土砌块适用于各类建筑地面(±0.000)以上的内外填充墙和地面以下的内填充墙(有特殊要求的墙体除外)。

蒸压加气混凝土砌块不应直接砌筑在楼面、地面上。对于厕浴间、露台、外阳台以及设置在外墙面的空调机承托板与砌体接触部位等经常受干湿交替作用的墙体根部，宜浇筑宽度同墙厚、高度不小于 0.2m 的 C20 素混凝土墙垫；对于其他墙体，宜采用蒸压灰砂砖在其根部砌筑高度不小于 0.2m 的墙垫。

5. 使用注意事项

(1) 如果没有有效措施，加气混凝土砌块不得用于以下部位。

① 建筑物室内地面标高以下的部位。

② 长期浸水或经常受干湿交替作用的部位。

③ 经常受碱化学物质侵蚀的部位。

④ 表面温度高于 80℃的部位。

(2) 加气混凝土外墙面水平方向的凹凸部位应做泛水和滴水，以防积水。墙面应做装饰保护层。

(3) 墙角与接点处应咬砌，并在沿墙角 1m 左右灰缝内，配置钢筋或网件，外纵墙设置现浇钢筋混凝土板带。

8.2.2 混凝土空心砌块

1. 主要品种与主规格

混凝土空心砌块的品种及主规格尺寸(与国际通用尺寸相一致)主要有以下几种。
(1) 普通混凝土小型空心砌块，其主规格尺寸为 390mm×190mm×190mm。
(2) 轻骨料混凝土小型空心砌块，其主规格尺寸为 390mm×190mm×190mm。
(3) 混凝土中型空心砌块，其主规格尺寸为 1770mm×790mm×200mm。

2. 普通混凝土小型空心砌块

普通混凝土小型空心砌块，简称混凝土小砌块，是以普通砂岩或重矿渣为粗细骨料配制成的普通混凝土，其空心率大于或等于 25% 的小型空心砌块。

1) 规格尺寸

混凝土小砌块的主规格尺寸为 390mm×190mm×190mm。它一般为单排孔，其形状及各部位名称如图 8-5 所示；也有双排孔的，要求其空心率为 25%～50%。

2) 强度等级

《普通混凝土小型砌块》(GB/T 8239—2014)规定，空心承重砌块(L)按抗压强度划分为 MU7.5、MU10.0、MU15.0、MU20.0、MU25.0 五个强度等级；空心非承重砌块(N)按抗压强度分为 MU5.0、MU7.5、MU10.0 三个强度等级。

3) 主要技术性能及质量指标

混凝土小砌块的主要技术性能及质量指标应符合国家标准《普通混凝土小型砌块》(GB/T 8239—2014)的规定。

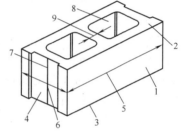

图 8-5 混凝土小砌块示意图

1—条面；2—坐浆面；3—铺浆面；4—顶面；
5—长度；6—宽度；7—高度；8—壁；9—肋

(1) 混凝土小砌块的抗压强度应符合表 8-17 的规定。

表 8-17 混凝土小砌块的抗压强度

单位：MPa

强度等级	砌块抗压强度	
	平均值	单块最小值
MU7.5	≥7.5	≥6
MU10.0	≥10	≥8
MU15.0	≥15	≥12
MU20.0	≥20	≥16
MU25.0	≥25	≥20

(2) 混凝土小砌块的抗冻性在采暖地区一般环境条件下应达到 D15，干湿交替环境条件下应达到 D25。非采暖地区不规定。其相对含水率应达到：潮湿地区≤45%；中等地区≤40%；干燥地区≤35%。其抗渗性也应满足有关规定。

4) 用途与使用注意事项

(1) 用途。

混凝土小砌块主要用于各种公用建筑或民用建筑以及工业厂房等建筑的内外体。

(2) 使用注意事项。

① 小砌块采用自然养护时，必须养护 28d 后方可使用。

② 出厂时小砌块的相对含水率必须严格控制在《普通混凝土小型砌块》(GB/T 8239—2014)规定范围内。

③ 小砌块在施工现场堆放时，必须采取防雨措施。

④ 砌筑前，小砌块不允许浇水预湿。

3. 轻骨料混凝土小型空心砌块

轻集料混凝土小型砌块是由水泥、轻集料、普通砂、掺合料和外加剂，加水搅拌，灌模成型，并经养护而成的空心率大于 25%、表观密度小于 1400kg/m³ 的轻质混凝土小砌块。

扩展资源 2.
混凝土空心砌块
的优点

1) 品种与规格

《轻集料混凝土小型空心砌块》(GB/T 15229—2011)规定，轻集料混凝土小型空心砌块的主规格尺寸为 390mm×190mm×190mm。按砌块的排孔数，轻骨料混凝土小型空心砌块可分为单排孔轻骨料混凝土空心砌块、双排孔轻骨料混凝土空心砌块、三排孔轻骨料混凝土空心砌块和四排孔轻骨料混凝土空心砌块。图 8-6 所示为三排孔轻骨料混凝土空心砌块。

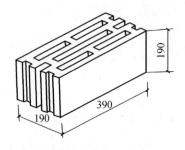

图 8-6 三排孔轻骨料混凝土空心砌块(单位：mm)

目前，普遍采用的是煤矸石混凝土空心砌块和炉渣混凝土空心砌块。其主规格尺寸为 390mm×190mm×190mm。其他规格尺寸可由供需双方商定。

2) 强度等级与密度等级

根据抗压强度，轻骨料混凝土小型空心砌块可分为 MU2.5、MU3.5、MU5.0、MU7.5、MU10.0 五个强度级别。砌块密度等级分为八级：700、800、900、1000、1100、1200、1300、1400。注意：除自燃煤矸石掺量不小于砌块质量 35%的砌块外，其他砌块的最大密度等级为 1200。

3) 主要技术性能及质量指标

轻骨料混凝土小型空心砌块的主要技术性能及质量指标应符合国家标准《轻集料混凝

土小型空心砌块》(GB/T 15229—2011)的规定。

(1) 轻骨料混凝土小型空心砌块的尺寸允许偏差和外观质量应分别符合国家标准中的有关规定。

(2) 轻骨料混凝土小型空心砌块的密度等级应符合国家标准的有关规定。强度等级应符合表 8-18 的规定。

表 8-18 强度等级

强度等级	砌块抗压强度等级/MPa		密度等级范围
	平 均 值	最 小 值	
MU2.5	≥2.5	≥2	≤800
MU3.5	≥3.5	≥2.8	≤1000
MU5	≥5	≥4	≤1200
MU7.5	≥7.5	≥6	≤1200[a] ≤1300[b]
MU10	≥10	≥8	≤1200[a] ≤1400[b]

注：a. 除自燃煤矸石掺量不小于砌块质量 35%以外的其他砌块。
　　b. 自燃煤矸石掺量不小于砌块质量 35%的砌块。

其他如相对含水率、抗冻性等也应符合标准规定。

4) 用途

轻骨料混凝土小型空心砌块是一种轻质、高强度，能取代普通黏土砖的最有发展前途的墙体材料之一，其主要用于工业与民用建筑的外墙及承重或非承重的内墙，也可用于有保温及承重要求的外墙体。

8.3 轻型墙板

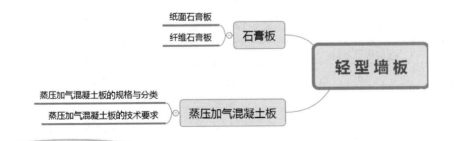

带着问题学知识

纸面石膏板的规格与特点有哪些？
蒸压加气混凝土板的规格与分类有哪些？
纤维水泥板有哪几种？

轻型墙板是一类新型墙体材料。它改变了墙体砌筑的传统工艺，而采用黏结、组合等方法进行墙体施工，加快了建筑施工的速度。

轻型墙板除轻质外，还具有保温、隔热、隔声、防水及自承重等性能。有的轻型墙板还具有高强、绝热性能，从而为高层、大跨度建筑及建筑工业实现现代化提供了物质基础。

轻型墙板包括石膏板、加气混凝土板等类型。

8.3.1 石膏板

石膏板包括纸面石膏板、纤维石膏板等。

1. 纸面石膏板

音频3.
石膏板的作用

纸面石膏板是以建筑石膏为主要原料，并掺入某些纤维和外加剂所组成的芯材，以及与芯材牢固地结合在一起的护面纸所组成的建筑板材。它包括普通纸面石膏板、防火纸面石膏板和防水纸面石膏板三种。

根据形状不同，纸面石膏板的板边有矩形(PJ)、45°倒角形(PD)、楔形(PC)、半圆形(PB)和圆形(PY)五种。

1) 纸面石膏板的规格

纸面石膏板的规格尺寸如下(单位为mm)。

长度：1500～3660，基本上是间隔300，即有1500、1800、2100、2400、2700、3000、3300、3600和3660等。

宽度：600、900、1200和1220。

厚度：9.5、12、15、18、21和25。

其他规格尺寸的纸面石膏板可由生产厂家根据用户需求生产。

2) 纸面石膏板的特点

纸面石膏板具有轻质、高强、绝热、防火、防水、吸声、可加工、施工方便等特点。

3) 纸面石膏板的主要技术性能及质量要求

(1) 纸面石膏板的技术性能应满足表8-19、表8-20的规定。

表8-19 面密度

板材板厚/mm	面密度/(kg·m^2)
9.5	9.5
12	12
15	15
18	18
21	21
25	25

表 8-20　断裂荷载

板材板厚/mm	断裂荷载/MPa			
	纵向		横向	
	平均值	最小值	平均值	最小值
9.5	400	360	160	140
12	520	460	200	180
15	650	580	250	220
18	770	700	300	270
21	900	810	350	320
25	1100	970	420	380

(2) 外观质量要求。纸面石膏板板面平整，不应有影响使用的波纹、沟槽、亏料、漏料和划伤、破损、污痕等缺陷。

(3) 尺寸允许偏差。普通纸面石膏板尺寸允许偏差值应符合表 8-21 的规定。

表 8-21　纸面石膏板尺寸允许偏差

单位：mm

项目	长度	宽度	厚度	
			9.5	≥12
尺寸允许偏差	−6～0	−5～0	±0.5	±0.6

4) 用途及使用注意事项

普通纸面石膏板适用于建筑物的围护墙、内隔墙和吊顶。在厨房、厕所以及空气相对湿度经常大于 70%的潮湿环境中使用时，必须采用相对防潮措施。

防水纸面石膏板的纸面经过防水处理，而且石膏芯材也含有防水成分，因而适用于湿度较大的房间墙面。它有石膏外墙衬板和耐水石膏衬板两种，可用于卫生间、厨房、浴室等贴瓷砖、金属板、塑料面砖墙的衬板。

2. 纤维石膏板

纤维石膏板是以石膏为主要原料，加入适量的有机或无机纤维和外加剂，经打浆、铺浆、脱水、成型以及干燥而成的一种板材。

1) 纤维石膏板的特点

纤维石膏板具有轻质、高强、耐火、隔声、韧性高等性能，可进行锯、刨、钉、黏等加工，施工方便。

2) 纤维石膏板的产品规格及用途

纤维石膏板的规格有两种：3000mm×1000mm×(6～9)mm 和(2700～3000)mm× 800mm× 12mm。

纤维石膏板主要用于工业与民用建筑的非承重内墙、天棚吊顶及内墙贴面等。

扩展资源 4：纤维水泥板和泰柏板

8.3.2 蒸压加气混凝土板

蒸压加气混凝土板是指在蒸压加气混凝土生产中，配置经防锈涂层处理的钢筋网笼或钢筋网片的预制板材。

1. 蒸压加气混凝土板的规格与分类

1) 分类

根据《蒸压加气混凝土板》(GB/T 15762—2020)的规定，蒸压加气混凝土板按使用部位和功能分为屋面板(AAC-W)、楼板(AAC-L)、外墙板(AAC-Q)、隔墙板(AAC-G)等品种；按抗压强度分为 A2.5、A3.5、A5.0 三个强度级别，其中屋面板、楼板的强度级别不低于 A3.5，外墙板和隔墙板的强度级别不低于 A2.5；同时也可以按承载力允许值分类。

2) 规格

蒸压加气混凝土板的常见规格要符合表 8-22 的规定。

表 8-22 常见规格

单位：mm

长度 L	宽度 B	厚度 D
1800～6000	600	75、100、120、125、150、175、200、250、300

注：其他非常用规格和单项工程的实际制作尺寸由供需双方协商确定。

2. 蒸压加气混凝土板的技术要求

1) 外观质量和尺寸允许偏差

蒸压加气混凝土板的外观质量和尺寸允许偏差应分别符合表 8-23、表 8-24 的规定。

表 8-23 蒸压加气混凝土板的外观缺陷限值和外观质量

项 目		允许修补的缺陷限值	外观质量要求
大面上平行于板宽的裂缝(横向裂缝)		不准许	无
大面上平行于板长的裂缝(纵向裂缝)		宽度<0.2mm，数量≤3 条，总长≤1/10L	无
大面凹陷		面积≤150cm^2，深度≤10mm，数量≤2 处	无
气泡		直径≤20mm	无直径>8mm，深>3mm 的气泡
掉角	屋面板、楼板	每个端面的板宽方向≤1 处，其尺寸为 b_1≤100mm，l_1≤300mm	每块板≤1 处(b_1≤20mm，d_1≤20mm，l_1≤100mm)
	外墙板、隔墙板	每个端面的板宽方向≤1 处，在板宽方向尺寸 b_1≤150mm，板长方向的尺寸 l_1≤300mm	
侧面损伤或缺棱		板长≤3m 的板≤2 处，大于 3m 的板≤3 处；每处长度 l_2≤300mm，深度 b_2≤50mm	每侧≤1 处(b_2≤10mm，l_2≤120mm)

表 8-24 蒸压加气混凝土板的尺寸允许偏差

单位：mm

项目	屋面板、楼板	外墙板、隔墙板
长度 L	±4	
宽度 B	0 −4	
厚度 D	+1 −3	
侧向弯曲	≤L/1000	
对角线差	≤L/600	
表面平整	≤5	≤3

2) 基本性能

蒸压加气混凝土板基本性能包括抗压强度、干密度、干燥收缩值、抗冻性、导热系数等，应符合 GB/T 11968 的要求。

扩展资源 3.
蒸压加气混凝土砌块的特性

【例 8-2】某工程用蒸压加气混凝土砌块砌筑外墙，该蒸压加气混凝土砌块出釜一周后即砌筑，工程完工一个月后，墙体出现裂纹。试分析原因。

8.4　混凝土大型墙板

混凝土大型墙板

8.5　本章小结

本章主要知识点如下。
- 砌墙砖按照生产工艺分为烧结砖和非烧结砖。
- 烧结普通砖按抗压强度的不同分为 MU30、MU25、MU20、MU15 和 MU10 五个强度等级。
- 蒸压加气混凝土砌块按抗压强度分为 A1.5、A2.0、A2.5、A3.5 和 A5.0 五个级别

8.6　实训练习

一、单选题

1.（　　）是指以黏土、工业废料或其他地方材料为主要原料，以不同工艺制造的、用于

砌筑承重和非承重墙体的墙砖。

  A. 砌墙砖 B. 烧结普通砖 C. 烧结砖 D. 非烧结砖

2. ( )属于烧结砖的耐久性，是用来检验砖的一项主要的综合性能。

  A. 外观质量 B. 强度 C. 抗风化性能 D. 泛霜

3. 以黏土、页岩、煤矸石为主要原料，经制坯成型、干燥焙烧而成的主要用于非承重部位的空心砖，称为( )。

  A. 烧结多孔砖 B. 烧结空心砖 C. 烧结砖 D. 非烧结砖

4. ( )是指以粉煤灰和石灰为主要原料，掺入适量的石膏和集料，经坯料制备、压制成型、高压或常压蒸汽养护而成的砖。

  A. 蒸压灰砂砖   B. 蒸压粉煤灰砖

  C. 蒸压灰砂实心砖   D. 蒸压灰砂实心砌块砖

5. ( )是指以水泥砂浆或净浆作为基材，以非连续的短纤维或连续的长纤维作为增强材料所组成的一种水泥基复合材料。

  A. 纤维水泥板   B. 玻璃纤维增强水泥板

  C. 玻璃纤维增强水泥轻质多孔墙板 D. 玻璃纤维增强水泥条板

二、多选题

1. 烧结普通砖的抗风化性能通常用砖的( )等指标评定。

  A. 吸水率 B. 饱和系数 C. 抗冻性

  D. 抗压性 E. 吸水性

2. 砌墙砖分为( )。

  A. 烧结砖 B. 烧结多孔砖 C. 烧结空心砖

  D. 非烧结砖 E. 烧结普通砖

3. 烧结普通砖的技术要求分为( )。

  A. 尺寸允许偏差 B. 外观质量 C. 强度

  D. 抗风化性能 E. 泛霜

4. 纤维水泥板包括( )。

  A. 石棉水泥板   B. 石棉水泥珍珠岩板

  C. 玻璃纤维增强水泥板   D. 纤维增强水泥平板

  E. 玻璃纤维增强水泥条板

三、简答题

1. 蒸压加气混凝土砌块的用途有哪些？
2. 什么是纸面石膏板？它分为哪几种？
3. 轻骨料混凝土外墙板按其材料品种可分为哪几种？

第8章
课后习题答案

实训工作单

班级		姓名		日期	
教学项目		墙体材料			
任务	掌握几种墙体的区别		方式	查找书籍、资料	
相关知识		砌墙砖； 混凝土砌块； 轻型墙板； 混凝土大型墙板			
其他要求					

学习总结编制记录

第 9 章 建筑防水材料

建筑防水材料是建筑工程中不可缺少的建筑材料之一,它在建筑物中起防止雨水、地下水与其他水分渗透的作用。建筑工程防水技术按其构造做法可分为两大类,即构件自身防水和采用不同材料的防水层防水。采用不同材料的防水层防水又可分为刚性材料防水和柔性材料防水。前者采用涂抹防水砂浆以及浇筑掺入外加剂的混凝土或预应力混凝土等做法;后者采用铺设防水卷材以及涂覆各种防水涂料等做法。多数建筑物采用柔性材料防水做法。

第 9 章拓展图片

学习目标

1. 了解改性石油沥青的性能特点与常见品种。
2. 了解煤沥青的组成与特性。
3. 熟悉石油沥青的分类选用及其掺配方法。
4. 掌握各种防水材料制品的性能特点和应用。
5. 重点掌握石油沥青的组分与主要技术性质以及二者之间的关系。

第 9 章
文中案例答案

教学要求

章节知识	掌握程度	相关知识点
防水材料的基本材料	了解防水材料的基本材料	建筑石油沥青的技术要求和煤沥青的技术条件
防水卷材	重点掌握防水卷材	石油沥青的组分与主要技术性质以及二者之间的关系
建筑防水涂料	掌握建筑防水涂料	防水涂料的特点与分类
防水密封材料	熟悉防水密封材料	不定型密封材料和定型密封材料的性能指标

思政目标

深化课程思政建设,了解思想政治教育元素,通过本章的学习,让学生切身地感受建筑防水的重要性,并能活学活用,提高自主能动性和职业素养。

第9章 建筑防水材料

案例导入

地下室建成后，穿墙管周围和墙体均出现严重的渗漏，水通过墙体上的毛细孔以及穿墙管和墙体之间的缝隙以"流"的形式进入地下室。为杜绝渗漏，开发商曾用水泥基渗透结晶型防水涂料在室内结构墙体找平层上涂刷，涂刷后的一年内，渗漏减轻。一年后，汛期突降暴雨，恰遇地下排水管网发生堵塞，地下室出现了严重的渗漏，室内地面出现积水。由于渗漏问题一直未能解决，这两栋别墅一直未能售出，为此，开发商召集专家论证发生渗漏的原因。请根据现场情况、原防水设计方案和《地下防水工程技术规范》(GB 50108—2008)(以下简称《规范》)的要求，分析渗漏的原因。

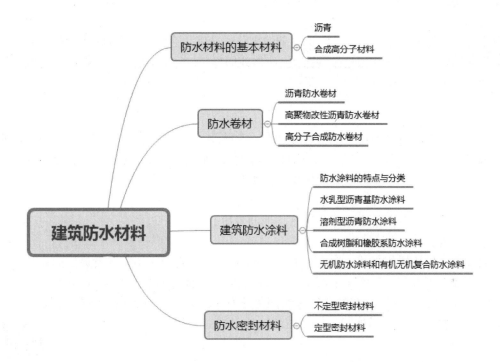

9.1 防水材料的基本材料

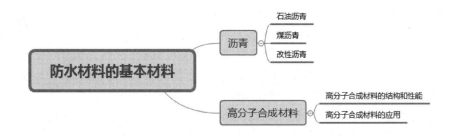

> **带着问题学知识**
>
> 建筑石油沥青的技术要求有哪些?
> 石油沥青质量和牌号的鉴别要求是什么?
> 煤沥青的技术要求有哪些?
> 煤沥青与石油沥青的简易鉴别法有哪些?

9.1.1 沥青

沥青是一种有机胶凝材料,它是复杂的大分子碳氢化合物及非金属(氧、硫、氮等)衍生物的混合物,在常温下为黑色(或黑褐色)液体或固体(或半固体)状态。一般用于建筑工程的有石油沥青和煤沥青两种。

1. 石油沥青

石油沥青是由碳及氢组成的多种碳氢化合物及其衍生物的混合体。由于石油沥青的化学组成复杂,因此从使用角度将沥青中化学特性及物理性质相近的化合物划分为若干组,这些组称为"组分",石油沥青的性质随各组分含量的变化而改变。

1) 石油沥青的组分

石油沥青的组分主要有油分、树脂、地沥青质。

(1) 油分。

油分是淡黄色透明液体,密度为 $0.7\sim1g/cm^3$,是沥青分子中分子量最低的化合物,能溶于大多数有机溶剂,但不溶于酒精。在石油沥青中,油分的含量为 45%~60%。油分使石油沥青具有流动性,在 170℃加热较长时间可挥发。油分的含量越高,沥青的软化点越低,沥青的流动性越大,但温度稳定性越差。

(2) 树脂。

树脂为红褐色至黑褐色的黏稠半固体,密度为 $1\sim1.1g/cm^3$,碳氢比为 0.7~0.8,能溶于大多数有机溶剂,但在酒精和丙酮中的溶解度极低,熔点低于 100℃。在石油沥青中,树脂的含量为 15%~30%,它使石油沥青具有良好的塑性和黏结性。

音频 1.石油基彩色沥青系列产品的性能与特点

(3) 地沥青质。

地沥青质为深褐色至黑色的硬、脆的无定形不溶性固体,密度为 $1.1\sim1.15g/cm^3$,分子量为 2000~6000,除不溶于酒精、石油醚和汽油外,易溶于大多数有机溶剂。在石油沥青中,地沥青质的含量为 10%~30%。地沥青质是决定石油沥青热稳定性和黏性的重要组分,含量越多,软化点越高,也越硬、脆。对地沥青质加热时会分解,逸出气体而成焦炭。

扩展资源 1.沥青材料的特点

此外,石油沥青中往往还含有一定量的固体石蜡,是沥青中的有害物质,会使沥青的黏结性、塑性、耐热性和稳定性变差。由于存在于沥青油分中的蜡是有害成分,故对多沥青常采用高温吹氧、溶剂脱蜡等方法处理,使多蜡石油沥青的性质得到改善。

2) 石油沥青的结构

石油沥青中油分和树脂可以相互溶解，树脂能浸润地沥青质。石油沥青的结构是以地沥青质为核心，周围吸附部分树脂和油分的互溶物而成的胶团，无数胶团分散在油分中而形成胶体结构。

石油沥青的各组分相对含量不同，形成的胶体结构也不同。

(1) 溶胶结构。

石油沥青中油分和树脂含量较多，胶团间的距离较大，引力较小，相对运动较容易。这种结构的特点是流动性、塑性和温度敏感性大，黏性小，开裂后自行愈合能力强。

(2) 凝胶结构。

地沥青质含量较多，胶团多，油分与树脂含量较少，胶团之间的距离小，引力增大，相对移动较困难。这种结构的特点是黏性大，塑性和温度敏感性小，开裂后自行愈合能力差。建筑石油沥青多属于这种结构。

(3) 溶-凝胶结构。

地沥青质含量适宜，胶团之间的距离较近，相互间有一定的引力，形成介于溶胶结构和凝胶结构之间的结构。这种结构的性质也介于溶胶和凝胶之间。道路石油沥青多属于这种结构。

3) 石油沥青的主要技术性质

(1) 黏滞性。

黏滞性是指石油沥青在外力作用下抵抗变形的性能，可以用来反映沥青的流动性大小、软硬程度和稀稠程度等性能。沥青的黏滞性用黏度或者针入度表示。在常温状态下，固体或者半固体状的石油沥青用针入度表示，而液态的石油沥青则用黏度来表示。

表征沥青黏滞性的指标，对于液体沥青是黏滞度，它表示液体沥青在流动时的内部阻力。测试方法是液体沥青在一定温度(25℃或60℃)条件下，经规定直径(3.5mm或10mm)的孔漏下50mL所需的秒数。黏度测定示意如图9-1所示。黏滞度大时，表示沥青的稠度大、黏性高。

表征半固体沥青、固体沥青黏滞性的指标是针入度。它是表征某种特定温度下的相对黏度，可看作常温下的树脂黏度。测试方法是在温度为25℃的条件下，以质量100g的标准针，经5s沉入沥青中的深度来表示(每0.1mm称1度)。针入度测定示意如图9-2所示。针入度值越大，说明沥青流动性越大，黏滞性越小。针入度的范围一般在5～200度。它是很重要的技术指标，是划分沥青牌号的主要依据。

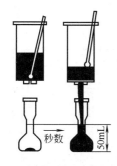

图9-1 黏度测定示意图

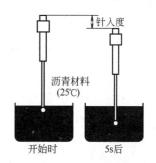

图9-2 针入度测定示意图

(2) 塑性。

塑性是指石油沥青在一定的外力作用下产生变形而不破坏,当外力卸除后,能保持变形后的形状的性质。塑性是石油沥青的重要技术性质。

沥青的塑性用延度(延伸度)表示,常用沥青延度仪来测定。具体测试是将沥青制成 8 字形试件,试件中间最窄处横断面积为 $1cm^2$。一般在 25℃水中,以每分钟 5cm 的速度拉伸,至拉断时试件的伸长值即延度,单位为 cm。延度测试示意图如图 9-3 所示。延度越大,说明沥青的塑性越好,变形能力越强,在使用中能随建筑物的变形而变形,且不开裂。

(3) 温度敏感性。

沥青的温度敏感性通常用"软化点"来表示。软化点是指沥青材料由固体状态转变为具有一定流动性膏体的温度。软化点可通过"环球法"试验测定,如图 9-4 所示。将沥青试样装入规定尺寸的铜杯中,上置规定尺寸和质量的钢球,放在水或甘油中,以每分钟升高 5℃的速度加热至沥青软化下垂达 25.4mm 时的温度(℃),即沥青软化点。沥青的软化点越高,沥青的温度敏感性越小。

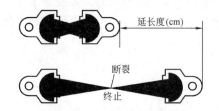

图 9-3 延度测定示意图

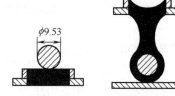

图 9-4 软化点测定示意图

(4) 大气稳定性。

沥青是一种有机材料,在长期使用过程中,会受到热、阳光、氧气及水分等大气因素的综合作用,其内部的组分和性质将会发生一系列变化,油分和树脂逐渐减少,地沥青质随之增多。沥青随着时间的推移,流动性、黏结性和塑性减小,硬脆性增大直至脆裂的过程称为沥青的"老化"。而这种抵抗"老化"的性能,称为大气稳定性。

4) 石油沥青的技术标准、选用及掺配

(1) 石油沥青的技术标准。

建筑石油沥青按针入度划分牌号,每一牌号的沥青还应保证相应的延度、软化点、溶解度、蒸发损失、蒸发后针入度比和闪点等。根据《建筑石油沥青》(GB/T 494—2010)的规定,建筑石油沥青的技术要求如表 9-1 所示。

表 9-1 建筑石油沥青的技术要求

项 目	质量指标			试验方法
	10 号	30 号	40 号	
针入度(25℃,100g,5s)/(1/10mm)	10~25	26~35	36~50	GB/T 4509
针入度(46℃,100g,5s)/(1/10mm)	报告[a]	报告[a]	报告[a]	
针入度(0℃,200g,5s)/(1/10mm)	≥3	≥6	≥6	
延度(25℃,5cm/min)/cm	≥1.5	≥2.5	≥3.5	GB/T 4508

续表

项 目	质量指标			试验方法
	10 号	30 号	40 号	
软化点(环球法)/%	≥95	≥75	≥60	GB/T 4507
溶解度(三氯乙烯)/%	≥99			GB/T 11148
蒸发后质量变化(163℃，5h)/%	≥1			GB/T 11964
蒸发后 25℃针入度比 b/%	≥65			GB/T 4509
闪点(开口杯法)/℃	≥260			GB/T 267

注：① a 表示报告应为实测值。
② 测定蒸发损失后样品的 25℃针入度与原 25℃针入度之比乘以 100 后所得的百分比，称为蒸发后针入度比。

(2) 石油沥青的选用。

选用石油沥青材料时，应根据工程性质(房屋、道路、防腐)、当地气候条件及所处工程部位(屋面、地下)来选用不同品种和牌号的沥青。

在施工现场中，应掌握沥青质量、牌号的鉴别方法，以便正确使用，如表 9-2、表 9-3 所示。

表 9-2 石油沥青质量鉴别

沥青形态	鉴别方法
固体	敲碎，检查其断口处，色黑而发亮的质好，暗淡的质差
半固体	取少许，拉成细丝，丝越细长，其质量越好
液体	黏性强，有光泽，没有沉淀和杂质的较好；也可用一根小木条，轻轻搅动几下后提起，细丝越长的质量越好

表 9-3 石油沥青牌号鉴别

牌 号	鉴别方法
140～100	质软
60	用铁锤敲，不碎，只变形
30	用铁锤敲，成为较大的碎块
10	用铁锤敲，成为较小的碎块，表面色黑有光

(3) 石油沥青的掺配。

当一种牌号的沥青不能满足使用要求时，可采用两种或两种以上不同牌号的沥青掺配后使用。两种牌号的沥青掺配时，参照下式计算：

$$较软沥青掺量 = \frac{较硬沥青软化点 - 欲配沥青软化点}{较硬沥青软化点 - 较软沥青软化点} \times 100\%$$

$$较硬沥青掺量 = 100\% - 较软沥青掺量$$

三种沥青掺配时，先求出两种沥青的配比，再与第三种沥青进行配比计算。

按计算结果试配，若软化点不能满足要求，应进行调整。

【例9-1】某工程需要用软化点为80℃的石油沥青,现有10号和40号两种石油沥青,应如何掺配才能满足工程需要?

2. 煤沥青

1) 煤沥青的技术特性

煤沥青是芳香族碳氢化合物及氧、硫和氮的衍生物的混合物。煤沥青的主要化学组分为油分、脂胶、游离碳等。与石油沥青相比,煤沥青有以下主要技术特性。

(1) 煤沥青因含可溶性树脂多,由固体变为液体的温度范围较窄,受热易软化,受冷易脆裂,故其温度稳定性差。

(2) 煤沥青中不饱和碳氢化合物的含量较大,易老化变质,故大气稳定性差。

(3) 煤沥青因含有较多的游离碳,使用时易变形、开裂,故其塑性差。

(4) 煤沥青中含有的酸、碱物质均为表面活性物质,所以能与矿物表面很好地黏结。

(5) 煤沥青因含酚、蒽等物质,防腐蚀能力较强,故适用于木材的防腐处理。但因酚易溶于水,故其防水性不如石油沥青。

按软化点的不同,煤沥青分为低温沥青、中温沥青和高温沥青,其技术标准《煤沥青》(GB/T 2290—2012)如表9-4所示。

扩展资源2.
煤沥青的用途

表9-4 煤沥青的技术条件

指标名称	低温沥青		中温沥青		高温沥青	
	1号	2号	1号	2号	1号	2号
软化点/℃	35~45	46~75	80~90	75~95	95~100	95~120
甲苯不溶物含量/%	—	—	15~25	≤25	≥24	—
灰分/%	—	—	≤0.3	≤0.5	≤0.3	—
水分/%	—	—	≤5	≤5	≤4	≤5
喹啉不溶物含量/%	—	—	≤10	—	—	—
结焦值/%	—	—	≥45	—	≥52	—

注:① 水分只作生产操作中控制指标,不作质量考核依据。
② 沥青喹啉不溶物含量每月至少测定一次。

2) 煤沥青与石油沥青的鉴别方法

煤沥青与石油沥青的外观和颜色大体相同,但这两种沥青不能随意掺合使用,使用时必须通过简易的鉴别方法加以区分,防止混淆用错。可参考表9-5所示的简易方法进行鉴别。

扩展资源3.煤沥青和石油沥青的区别及用途

表9-5 煤沥青与石油沥青的简易鉴别法

鉴别方法	煤沥青	石油沥青
密度/(g/cm³)	1.25~1.28	接近于1
锤击	韧性差(性脆),声音清脆	韧性较好,有弹性,声哑

续表

鉴别方法	煤沥青	石油沥青
燃烧	烟呈黄色，有刺激性臭味，有毒	烟无色，无刺激性臭味，无毒
溶液颜色	用30～50倍汽油或煤油溶化，用玻璃棒沾一点滴于滤纸上，斑点内棕外黑	用30～50倍汽油或煤油溶化，用玻璃棒沾一点滴于滤纸上，斑点呈棕色

3. 改性沥青

按掺入高分子材料的不同，改性沥青可分为橡胶改性沥青、树脂改性沥青、橡胶和树脂共混改性沥青、矿物填充料改性沥青四类。

1) 橡胶改性沥青

橡胶改性沥青中掺有橡胶(天然橡胶、丁基橡胶、氯丁橡胶、丁苯橡胶再生橡胶)，具有一定的橡胶特性，其气密性、低温柔性、耐化学腐蚀性、耐光性、耐气候性、耐燃烧性均有所改善，可制作卷材、片材、密封材料或涂料。

2) 树脂改性沥青

在沥青中掺入适量树脂后，可使沥青具有较好的耐高低温性、黏结性和不透气性。常用的树脂有APP(无规聚丙烯)、聚乙烯和聚丙烯等。

3) 橡胶和树脂共混改性沥青

在沥青中掺入适量的橡胶和树脂后，沥青兼具橡胶和树脂的特性，性能更优良，其主要用于制作片材、卷材、密封材料、防水涂料。

4) 矿物填充料改性沥青

矿物填充料改性沥青是指为了提高沥青的黏结力和耐热性，降低沥青的温度敏感性，扩大沥青的使用范围，加入一定数量的矿物填充料(如滑石粉、石灰粉、云母粉、硅藻土等)的沥青。

9.1.2 高分子合成材料

1. 高分子合成材料的结构和性能

任何材料的性能都是由其结构决定的，性能是其内部结构和分子运动的具体反映，高分子合成材料也不例外。为了适应现代科学技术、工农业生产以及国防工业的各种要求，获得各种性能的高分子合成材料，首先要从结构入手，掌握高分子材料的结构与性能的关系，为正确选择、合理使用高分子材料，改善现有高分子合成材料的性能，合成具有指定性能的高分子材料提供可靠的依据。

2. 高分子合成材料的应用

高分子合成材料是当今社会发展建设中不可缺少的材料，其性能优良，品种数量繁多，在生活、科研、国防等领域都被广泛应用。

9.2 防水卷材

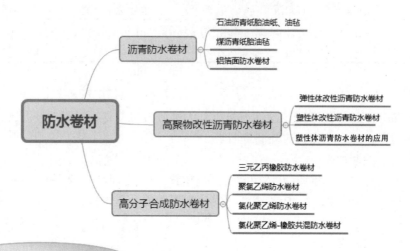

带着问题学知识

石油沥青、煤沥青的物理性能有哪些？
高聚物改性沥青防水卷材的外观要求分为哪几个部分？
高分子合成的防水标准判断标准有哪些？

防水卷材是一种可卷曲的片状防水材料，是建筑防水材料的重要品种。目前，防水卷材的主要品种为沥青防水卷材、高聚物改性沥青防水卷材和合成高分子防水卷材三大类。

9.2.1 沥青防水卷材

用原纸或玻璃布、石棉布、棉麻织品等胎料浸渍石油沥青(或焦油沥青)制成的卷状材料，称为浸渍卷材(有胎卷材)。将石棉、橡胶粉等掺入沥青材料中，经碾压制成的卷状材料，称为混压卷材(无胎卷材)。这两种卷材统称为沥青防水卷材。

视频1：
沥青防水卷材

1. 石油沥青纸胎油纸、油毡

油纸主要用于建筑防潮和包装，也可用于多叠层防水层的下层或刚性防水层的隔离层。油毡适用面广，但石油沥青纸胎油毡的防水性能差、耐久年限低。原建设部于1991年6月颁发的《关于治理屋面渗漏的若干规定》中已明确规定："屋面防水材料选用石油沥青油毡的，其设计应不少于三毡四油。"所以，纸胎油毡按规定一般只能用于多叠层防水，而片毡用于单层防水。石油沥青纸胎油毡按卷重和物理性能分为Ⅰ型、Ⅱ型和Ⅲ型。Ⅰ型、Ⅱ型油毡适用于辅助防水、保护隔离层、临时性建筑防水、防潮及包装等。Ⅲ型油毡适用于屋面工程的多层防水。石油沥青油毡的技术性能如表9-6所示。

表 9-6　各种类型的石油沥青油毡的物理性能《石油沥青纸胎油毡》(GB 326—2007)

项目		指标		
		Ⅰ型	Ⅱ型	Ⅲ型
单位面积浸涂材料总量/(g/m²)		≥600	≥750	≥1000
不透水性	压力/MPa	≥0.02	≥0.02	≥0.10
	保持时间/min	≥20	≥30	≥30
吸水率/%		≤3	≤2	≤1
耐热度		(85±2)℃，2h 涂盖层无滑动、流淌和集中性气泡		
拉力(纵向)/(N/50mm)		≥240	≥270	≥340
柔度		(18±2)℃，绕 ϕ20 棒或弯板无裂缝		

注：本标准Ⅲ型产品物理性能要求为强制性的，其余为推荐性的。

2. 煤沥青纸胎油毡

煤沥青纸胎油毡(以下简称油毡)是采用低软化点煤沥青浸渍原纸，然后用高软化点煤沥青涂盖油纸两面，再涂上或撒上隔离材料所制成的一种纸胎防水材料。

油毡按幅宽可分为 915mm 和 1000mm 两种规格；按技术要求分为一等品(B)和合格品(C)；按所用隔离材料分为粉状面油毡(F)和片状面油毡(P)两个品种。

油毡的标号分为 200 号、270 号和 350 号三种，即以原纸每平方米质量克数划分标号。各标号各等级油毡的技术性质应符合《煤沥青纸胎油毡》(JC 505—1992)的规定，如表 9-7 所示。

表 9-7　各标号各等级的煤沥青纸胎油毡的物理性能

指标名称		标号 等级	200 号 合格品	270 号 一等品	270 号 合格品	350 号 一等品	350 号 合格品
可溶物含量/(g·m²)			≥450	≥560	≥510	≥660	≥600
不透水性	压力/MPa		≥0.05	≥0.05		≥0.1	
	保持时间/min		≥15	≥30	≥20	≥30	≥15
			不渗漏				
吸水率/%(常压法)	粉毡		≤3				
	片毡		≤5				
耐热度/℃			70±2	75±2	70±2	75±2	70±2
			受热 2h 涂盖层应无滑动和集中性气泡				
拉力/N(25±2℃时，纵向)			≥250	≥330	≥300	≥380	≥350
柔度/℃			≤18	≤16	≤18	≤16	≤18
			绕 ϕ20 圆棒或弯板无裂纹				

3. 铝箔面防水卷材

铝箔面防水卷材是采用玻纤毡为胎基，浸涂氧化沥青，其表面用压纹铝箔贴面，底面撒以细颗粒矿物料或覆盖聚乙烯膜所制成的一种具有热反射和装饰功能的新型防水卷材。该防水卷材幅宽 1000mm，按每卷标称质量(kg)分为 30 和 40 两种标号；按物理性能分为优等品、一等品和合格品三个等级。30 号适用于多层防水工程的面层，40 号适用于单层或多层防水工程的面层。

9.2.2 高聚物改性沥青防水卷材

高聚物改性沥青防水卷材是以合成高分子聚合物改性沥青为涂盖层，以纤维织物或纤维毡为胎体，以粉状、粒状、片状或薄膜材料为覆面材料制成的一种可卷曲片状防水材料。

高聚物改性沥青防水卷材克服了传统沥青防水卷材温度稳定性差、延伸率小的不足，具有高温不流淌、低温不脆裂、拉伸强度高、延伸率较大等优异性能，且价格适中，在我国属于中高档防水卷材，常见的有弹性体改性沥青防水卷材和塑性体改性沥青防水卷材。

1. 弹性体改性沥青防水卷材

1) 弹性体改性沥青防水卷材的特性

弹性体改性沥青防水卷材(SBS 防水卷材)是以热塑性弹性体为改性剂，将石油沥青改性后做浸渍涂盖材料，以玻纤毡或聚酯毡等增强材料为胎体，以塑料薄膜、矿物粒、片料等作为防粘隔离层，经过选材、配料、共熔、浸渍、碾压、复合成型、卷曲、检验、分卷、包装等工序加工而成的一种柔性、中高档的可卷曲的片状防水材料，是弹性体沥青防水卷材中有代表性的品种。

音频 2.弹性体改性沥青防水卷材的用途

SBS 防水卷材具有低温不脆裂、高温不流淌、塑性好、稳定性好、使用寿命长的特点，而且价格适中。

2) 弹性体改性沥青防水卷材的技术要求

根据《弹性体改性沥青防水卷材》(GB 18242—2008)的规定，弹性体改性沥青防水卷材的技术要求如下。

(1) SBS 防水卷材的外观要求如表 9-8 所示。

表 9-8 SBS 防水卷材的外观要求

序号	项目	外观要求
1	卷材规整度	成卷卷材应卷紧卷齐，断面里进外出不得超过 10mm
2	卷材展形	成卷卷材在 4~50℃任一产品温度下展开，在距卷芯 1000mm 长度外不应有 10mm 以上的裂纹或黏结
3	胎基	胎基应浸透，不应有未被浸渍处
4	卷材表面	卷材表面应平整，不允许有孔洞、缺边和裂口、疙瘩，矿物粒料粒度应均匀一致并紧密地黏附于卷材表面
5	卷材接头	每卷卷材接头处不应超过一个，较短的一段长度不应少于 1000mm，接头应剪切整齐，并加长 150mm

(2) SBS 防水卷材的物理性能应符合表 9-9 所示的要求。

表 9-9　SBS 防水卷材的物理性能(GB 18242—2008)

序号	项目		指标				
			I		II		
			PY	G	PY	G	PYG
1	可溶物含量 /(g·m²)	3mm	≥2100		—		
		4mm	≥2900				
		5mm	≥3500				
		试验现象	—	胎基不燃	—	胎基不燃	—
2	耐热性	℃	90		105		
		mm	≤2				
		试验现象	无流淌、滴落				
3	低温柔性/℃		-20		-25		
			无裂缝				
4	不透水性 30min		0.3MPa	0.2MPa	0.3MPa		
5	拉力	最大峰拉力/(N/50mm)	≥500	≥350	≥800	≥500	≥900
		次高峰拉力/(N/50mm)	—		—		≥800
		试验现象	拉伸过程中,试件中部无沥青涂盖层开裂或与胎基分离现象				
6	延伸率	最大峰时延伸率/%	≥30	—	≥40	—	—
		第二峰时延伸率/%	—		—		≥15
7	浸水后质量增加/%	PE、S	≤1				
		M	≤2				
8	热老化	拉力保持率/%	≥90				
		延伸率保持率/%	≥80				
		低温柔性/℃	-15		-20		
			无裂缝				
		尺寸变化率/%	≤0.7		≤0.7		≤0.3
		质量损失/%	≤1				
9	渗油性	张数	≤2				
10	接缝剥离强度/(N/mm)		≥1.5				
11	钉杆撕裂强度[a]/N		—				≥300
12	矿物粒料黏附性[b]/g		≤2				
13	卷材下表面沥青涂盖层厚度[c]/mm		≥1				
14	人工气候加速老化	外观	无滑动、流淌、滴落				
		拉力保持率/%	≥80				
		低温柔性/℃	-15		-20		
			无裂缝				

注：a. 仅适用于单层机械固定施工方式卷材。

　　b. 仅适用于矿物粒料表面的卷材。

　　c. 仅适用于热熔施工的卷材。

(3) SBS 防水卷材的单位面积质量、面积及厚度应符合表 9-10 所示的规定。

表 9-10 SBS、APP 防水卷材的单位面积质量、面积及厚度

序号	规格(公称直径)/mm		3			4			5		
1	上表面材料		PE	S	M	PE	S	M	PE	S	M
2	下表面材料		PE	PE、S		PE	PE、S		PE	PE、S	
3	面积/(m^2/卷)	公称面积	10、15			10、15			10、15		
		偏差	±0.1			±0.1			±0.1		
4	单位面积质量/(kg·m^2)		≥3.3	≥3.5	≥4	≥4.3	≥4.5	≥5	≥5.3	≥5.5	≥6
5	厚度/mm	平均值	≥3			4			5		
		最小单值	2.7			3.7			4.7		

3) 弹性体改性沥青防水卷材的应用

弹性体改性沥青防水卷材适用于工业与民用建筑的屋面及地下防水工程,尤其适用于较低气温环境下的建筑防水。

2. 塑性体改性沥青防水卷材

1) 塑性体改性沥青防水卷材的特性

塑性体改性沥青防水卷材(简称 APP 防水卷材)是以纤维毡或纤维织物为胎体,浸涂 APP(无规聚丙烯)改性沥青,上表面撒布矿物粒、片料或覆盖聚乙烯膜,经一定生产工艺加工而成的一种可卷曲片状的中高档改性沥青防水卷材。

APP 防水卷材具有低温不脆裂、高温不流淌、耐紫外线照射性能好、耐热性好、寿命长等特点,且价格适中。

2) 塑性体改性沥青防水卷材的技术要求

根据《塑性体改性沥青防水卷材》(GB 18243—2008)的规定,塑性体改性沥青防水卷材技术要求如下。

(1) APP 防水卷材的单位面积质量、面积及厚度应符合表 9-10 所示的规定。

(2) APP 防水卷材的外观要求如表 9-11 所示。

表 9-11 APP 防水卷材的外观要求

序号	项目	外观要求
1	卷材规整度	成卷卷材应卷紧卷齐,断面里进外出不得超过 10mm
2	卷材展形	成卷卷材在 4~60℃任一产品温度下展开,在距卷芯 1000mm 长度外不应有 10mm 以上的裂纹或黏结
3	胎基	胎基应浸透,不应有未被浸渍处
4	卷材表面	卷材表面应平整,不允许有孔洞、缺边和裂口、疙瘩,矿物粒料粒度应均匀一致并紧密地黏附于卷材表面
5	卷材接头	每卷卷材接头处不应超过一个,较短的一段长度不应少于 1000mm,接头应剪切整齐,并加长 150mm

(3) APP 防水卷材的材料性能应符合表 9-12 所示的要求。

表 9-12 APP 防水卷材的材料性能指标

序号	项目		指标 I		指标 II		
			PY	G	PY	G	PYG
1	可溶物含量/(g·m²)	3mm	≥2100				—
		4mm	≥2900				—
		5mm	≥3500				
		试验现象	—	胎基不燃	—	胎基不燃	—
2	耐热性	℃	110		130		
		mm	≤2				
		试验现象	无流淌、滴落				
3	低温柔性/℃		−7		−15		
			无裂缝				
4	不透水性 30min		0.3MPa	0.2MPa	0.3MPa		
5	拉力	最大峰拉力/(N/50mm)	≥500	≥350	≥800	≥500	≥900
		次高峰拉力/(N/50mm)					≥800
		试验现象	拉伸过程中，试件中部无沥青涂盖层开裂或与胎基分离现象				
6	延伸率	最大峰时延伸率/%	≥25		≥40		—
		第二峰时延伸率/%	—		—		≥15
7	浸水后质量增加/%	PE、S	≤1				
		M	≤2				
8	热老化	拉力保持率/%	≥90				
		延伸率保持率/%	≥80				
		低温柔性/℃	−2		−10		
			无裂缝				
		尺寸变化率/%	≤0.7	—	≤0.7	—	≤0.3
		质量损失/%	≤1				
9	接缝剥离强度/(N/mm)		≥1				
10	钉杆撕裂强度[a]/N		—				≥300
11	矿物粒料黏附性[b]/g		≤2				
12	卷材下表面沥青涂盖层厚度[c]/mm		≥1				
13	人工气候加速老化	外观	无滑动、流淌、滴落				
		拉力保持率/%	≥80				
		低温柔性/℃	−2		−10		
			无裂缝				

注：a. 仅适用于单层机械固定施工方式卷材。

b. 仅适用于矿物粒料表面的卷材。

c. 仅适用于热熔施工的卷材。

3. 塑性体改性沥青防水卷材的应用

塑性体改性沥青防水卷材适用于工业与民用建筑的屋面和地下防水工程。玻纤增强聚酯毡卷材可用于机械固定单层防水，但须通过抗风荷载试验。玻纤毡卷材适用于多层防水中的底层防水。外露使用应采用上表面隔离材料为不透明的矿物粒料的防水卷材。地下工程防水应采用表面隔离材料为细砂的防水卷材。

9.2.3 高分子合成防水卷材

高分子合成防水卷材是以合成树脂、合成橡胶或橡胶-塑料共混体等为基料，加入适量的化学助剂和添加剂，经过混炼(塑炼)压延或挤出成形、定形、硫化等工序制成的防水卷材。其技术性能好，耐久性好，但是价格昂贵，适用于单层防水的重要工程中。高分子合成防水卷材常用的有三元乙丙(EPDM)防水卷材、聚氯乙烯(PVC)防水卷材、氯化聚乙烯(CPE)防水卷材、氯化聚乙烯-橡胶共混(CPE 共混)防水卷材、氯磺化聚乙烯(CSPE)防水卷材、聚乙烯丙纶复合(PE)防水卷材、高密度聚乙烯(HDPE)防水卷材、低密度聚乙烯(LDPE)及 EVA 防水卷材、热塑性聚烯烃 TPO 防水卷材等。其总体的外观质量、规格和物理性能应分别符合表 9-13～表 9-15 的要求。

表 9-13 高分子合成防水卷材外观质量

项 目	判断标准
折痕	每卷不超过 2 处，总长度不超过 20mm
杂质	颗粒不允许大于 0.5mm
胶块	每卷不超过 6 处，每处面积不大于 4mm²
缺胶	每卷不超过 6 处，每处不大于 7mm，深度不超过本身厚度的 30%

表 9-14 高分子合成防水卷材规格

厚度/mm	宽度/mm	长度/m
1	≥1000	20
1.2	≥1000	20
1.5	≥1000	20
2	≥1000	10

表 9-15 高分子合成防水卷材的物理性能

项 目		性能要求		
		Ⅰ类	Ⅱ类	Ⅲ类
拉伸强度/MPa		≥7	≥2	≥9
断裂伸长率/%	加筋	—	—	≥10
	不加筋	≥450	≥100	—
低温弯折性/℃，无裂纹		-40	-20	

续表

项 目		性能要求		
		Ⅰ类	Ⅱ类	Ⅲ类
不透水性	压力/MPa	≥0.3	≥0.2	≥0.3
	保持时间/min	≥30		
热老化保持率/%, (80±2)℃，168h	拉伸强度	≥80%		
	断裂伸长率	≥70%		

1. 三元乙丙橡胶防水卷材

这种卷材是以三元乙丙橡胶或以加入适量丁基橡胶为基料，加入各种添加剂而制成的高弹性防水卷材。

三元乙丙橡胶卷材的耐老化性能好，使用年限长(30～50年)，可以冷施工，施工成本低。这种防水卷材适用于高级建筑防水，既可单层使用，也可复合使用。施工用冷粘法或自粘法。其物理性能如表9-16所示。

三元乙丙橡胶卷材在工业及民用建筑的屋面工程中，适用于外露防水层的单层或多层防水，如易受振动、易变形的建筑防水工程，有刚性保护层或倒置式屋面及地下室、桥梁、隧道的防水工程等。

表9-16 三元乙丙橡胶防水卷材的物理性能要求

项 目		指 标 值	
		JL1	JF1
断裂拉伸强度/MPa	常温	≥7.5	≥4
	60℃	≥2.3	≥0.8
扯断伸长率/%	常温	≥450	≥450
	−20℃	≥200	≥200
撕裂强度/(kN/m)		≥25	≥18
不透水性，30min无渗漏		0.3MPa	0.3MPa
低温弯折性/℃		≤−40	≤−30
加热伸缩量/mm	延伸	<2	<2
	收缩	<4	<4
热空气老化 (80℃，168h)	断裂拉伸强度保持率/%	≥80	≥90
	扯断伸长率保持率/%	≥70	≥70
	100%伸长率外观	无裂纹	无裂纹
耐碱性(10%Ca(OH)$_2$，常温，168h)	断裂拉伸强度保持率/%	≥80	≥80
	扯断伸长率保持率/%	≥80	≥90

续表

项 目		指 标 值	
		JL1	JF1
臭氧老化 (40℃，168h)	伸长率40%，500pphm	无裂纹	无裂纹
	伸长率20%，500pphm	—	—
	伸长率20%，200pphm	—	—
	伸长率20%，100pphm		

注：JL1—硫化型三元乙丙；JF1——非硫化型三元乙丙。

2. 聚氯乙烯(PVC)防水卷材

聚氯乙烯防水卷材是指以聚氯乙烯树脂为主要原料，加入一定量的稳定剂、增塑剂、改性剂、抗氧剂及紫外线吸收剂等辅助材料加工而成的防水材料，属于非硫化型高档弹塑性防水材料。

PVC 卷材的抗拉强度高，断后伸长率大，对基层的伸缩和开裂变形适应性强；卷材幅面宽，可焊接性好，具有良好的水蒸气扩散性，冷凝物容易排出，耐穿透、耐腐蚀、耐老化，低温柔性和耐热性好。它可用于各种屋面防水、地下防水及旧屋面维修工程。

聚氯乙烯防水卷材的物理性能应符合《聚氯乙烯防水卷材》(GB 12952—2011)中的规定，如表 9-17 所示。

表 9-17 聚氯乙烯防水卷材的物理性能

序号	项 目		指标				
			H	L	P	G	GL
1	中间胎基上面树脂层厚度/mm		—		≥0.4		
2	拉伸性能	最大拉力/(N/cm)	—	≥120	≥250	—	≥120
		拉伸强度/MPa	≥10	—	—	≥10	—
		最大拉力时伸长率/%	—	—	≥15	—	—
		断裂伸长率/MPa	≥200	≥150	—	≥200	≥100
3	热处理尺寸变化率/%		≤2	≤1	≤0.5	≤0.1	≤0.1
4	低温弯折性		−25℃无裂纹				
5	不透水性		0.3MPa，2h 不透水				
6	抗冲击性能		0.5kg·m，不渗水				
7	抗静态荷载		20kg 不渗漏				
8	接缝剥离强度/(N/mm)		≥4 或卷材破坏		≥3		
9	直角撕裂强度/(N/mm)		≥50			≥50	
10	梯形撕裂强度/N		—	≥150	≥250	—	≥220
11	吸水率(70℃，168h)/%	浸水后	≤4				
		晾置后	≥0.4				

续表

序号	项目		指标				
			H	L	P	G	GL
12	热老化(80℃)	时间/h	672				
		外观	无起泡、裂纹、分层、黏结和孔洞				
		最大拉力保持率/%	—	≥85	≥85	—	≥85
		拉伸强度保持率/%	≥85	—	—	≥85	—
		最大拉力时伸长率保持率/%	—	—	≥80	—	—
		断裂伸长率保持率/%	≥80	≥80	—	≥80	≥80
		低温弯折性	−20℃无裂纹				
13	耐化学性	外观	无起泡、裂纹、分层、黏结和孔洞				
		最大拉力保持率/%	—	≥85	≥85	—	≥85
		拉伸强度保持率/%	≥85	—	—	≥85	—
		最大拉力时伸长率保持率/%	—	—	≥80	—	—
		断裂伸长率保持率/%	≥80	≥80	—	≥80	≥80
		低温弯折性	−20℃无裂纹				
14	人工气候加速老化	时间/h	1500				
		外观	无起泡、裂纹、分层、黏结和孔洞				
		最大拉力保持率/%	—	≥85	≥85	—	≥85
		拉伸强度保持率/%	≥85	—	—	≥85	—
		最大拉力时伸长率保持率/%	—	—	≥80	—	—
		断裂伸长率保持率/%	≥80	≥80	—	≥80	≥80
		低温弯折性	−20℃无裂纹				

3. 氯化聚乙烯防水卷材

氯化聚乙烯防水卷材，是指以含氯量为30%~40%的氯化聚乙烯树脂为主要原料，掺入适量的化学助剂和大量的填充材料而制成的防水材料。此类防水材料的耐气候性、耐臭氧性、耐老化性均有所提高，阻燃效果也比较好，并且氯化聚乙烯可以制成五颜六色，在做防水材料的同时，还可起到隔热和装饰作用。它主要应用于各种保护层的防水材料中，还常被用作室内装饰材料，同时起到防水和装饰作用。

N类无复合层氯化聚乙烯防水卷材的物理性能应符合《氯化聚乙烯防水卷材》(GB 12953—2003)的规定，如表9-18所示。

表9-18 N类无复合层氯化聚乙烯防水卷材的物理性能

序号	项目	Ⅰ型	Ⅱ型
1	拉伸强度/MPa	≥5	≥8
2	断裂伸长率/%	≥200	≥300
3	热处理尺寸变化率/%	≤3	纵向≤2.5；横向≤1.5

续表

序号	项目		I型	II型
4	低温弯折性		-20℃无裂纹	-25℃无裂纹
5	抗穿孔性		不渗水	
6	不透水性		不透水	
7	剪切状态下的黏合性/(N/mm)		≥3 或卷材破坏	
8	热老化处理	外观	无起泡、裂纹、黏结与孔洞	
		拉伸强度变化率/%	+50 -20	±20
		断裂伸长率变化率/%	+50 -30	±20
		低温弯折性	-15℃无裂纹	-20℃无裂纹
9	人工气候加速老化	拉伸强度变化率/%	+50 -20	±20
		断裂伸长率变化率/%	+50 -30	±20
		低温弯折性	-15℃无裂纹	-20℃无裂纹
10	耐化学侵蚀	拉伸强度变化率/%	±30	±20
		断裂伸长率变化率/%	±30	±20
		低温弯折性	-15℃无裂纹	-20℃无裂纹

L类纤维单面复合和W类织物内增强的卷材的物理性能应符合《氯化聚乙烯防水卷材》(GB 12953—2003)的规定,如表9-19所示。

表9-19 L类和W类氯化聚乙烯防水卷材的物理性能

序号	项目		I型	II型
1	拉力/(N/cm)		≥70	≥120
2	断裂伸长率/%		≥125	≥250
3	热处理尺寸变化率/%		≤1	
4	低温弯折性		-20℃无裂纹	-25℃无裂纹
5	抗穿孔性		不渗水	
6	不透水性		不透水	
7	剪切状态下的黏合性/(N/mm)	L类	≥3 或卷材破坏	
		W类	≥6 或卷材破坏	
8	热老化处理	外观	无起泡、裂纹、黏结和孔洞	
		拉力/(N/cm)	≥55	≥100
		断裂伸长率/%	100	200
		低温弯折性	-15℃无裂纹	-20℃无裂纹
9	人工气候加速老化	拉力/(N/cm)	≥55	≥100
		断裂伸长率/%	100	200
		低温弯折性	-15℃无裂纹	-20℃无裂纹

续表

序号	项目		I型	II型
10	耐化学侵蚀	拉力/(N/cm)	≥55	≥100
		断裂伸长率/%	100	200
		低温弯折性	-15℃无裂纹	-20℃无裂纹

4. 氯化聚乙烯-橡胶共混防水卷材

氯化聚乙烯-橡胶共混防水卷材是以氯化聚乙烯树脂与合成橡胶为主体，加入硫化剂、促进剂、稳定剂、软化剂及填料等，经塑炼、混炼、过滤、压延或挤出成型及硫化等工序制成的防水卷材。其伸长率高、强度高，耐臭氧性能和耐低温性能好，耐老化性、耐水和耐腐蚀性强，性能优于单一的橡胶类或树脂类卷材，对结构基层的变形适应能力强，适用于屋面的外露和非外露防水工程、地下室防水工程，以及水池、土木建筑的防水工程等。

【例 9-2】东北某城市高档高层住宅小区楼群屋面须铺设防水卷材，有以下几种材料可选用：石油沥青纸胎油毡、玻纤毡胎 APP 改性沥青防水卷材、三元乙丙橡胶防水卷材和聚氯乙烯防水卷材。试分析选择哪种更合适。

9.3 建筑防水涂料

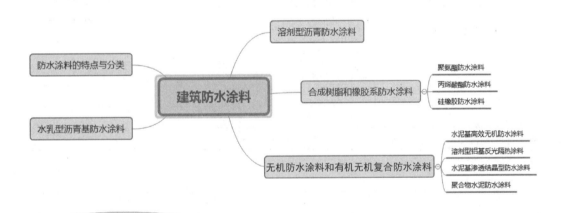

带着问题学知识

防水涂料的特点与分类有哪些？
合成树脂和橡胶的防水涂料分为哪几类？
无机防水涂料和有机无机复合防水涂料分为哪几类？

建筑防水涂料在常温下呈液态或无固定形状黏稠体，涂刷在建筑物表面后，由于水分或溶剂挥发，或成膜物组分之间发生化学反应，形成一层完整坚韧的膜，使建筑物的表面与水隔绝起防水密封作用。有的防水涂料还兼具装饰功能或隔热功能。

9.3.1 防水涂料的特点与分类

防水涂料大致有以下特点。
(1) 防水涂料在常温下呈液态，固化后在材料表面形成完整的防水膜。
(2) 涂膜防水层自重轻，适宜于轻型、薄壳屋面的防水。
(3) 防水涂料施工属于冷施工，可刷涂也可喷涂，污染小，劳动强度低。
(4) 容易修补，发生渗漏可在原防水涂层的基础上修补。

防水涂料按液态类型分为溶剂型、水乳型和反应型三种；按成膜物质的主要成分分为沥青类、沥青高聚物改性沥青类和高分子类三类。

9.3.2 水乳型沥青基防水涂料

水乳型沥青基防水涂料是以水为介质，采用化学乳化剂和(或)矿物乳化剂制得的沥青基防水涂料。它主要用于一般建筑的屋面防水及厕浴间、厨房防水。根据《水乳型沥青防水涂料》(JC/T 408—2005)的规定，水乳型沥青防水涂料按产品性能分为 H 型和 L 型，其物理性能要求如表 9-20 所示。

表 9-20 水乳型沥青基防水涂料物理性能《水乳型沥青防水涂料》(JC/T 408—2005)

项　目		L	H
固体含量/%		≥45	
耐热度/℃		80±2	110±2
		无流淌、滑动、滴落	
不透水性		0.1MPa，30min 无渗水	
黏结强度/MPa		≥0.3	
表干时间/h		≤8	
实干时间/h		≤24	
低温柔性 a/℃	标准条件	−15	0
	碱处理	−10	5
	热处理		
	紫外线处理		
断裂伸长率/%	标准条件	≥600	
	碱处理		
	热处理		
	紫外线处理		

注：a. 供需双方可以商定温度更低的低温柔度指标。

水乳型沥青基防水涂料的质量检验项目有固体含量、耐热度、不透水性、黏结强度、表干时间、实干时间、低温柔度和断裂伸长率等指标，经检验合格后才能用于工程中。

9.3.3 溶剂型沥青防水涂料

溶剂型沥青防水涂料由沥青、溶剂、改性材料和辅助材料所组成,主要用于防水、防潮和防腐,其耐水性、耐化学侵蚀性较好,涂膜光亮平整,丰满度高。溶剂型沥青防水涂料的主要品种有:冷底子油、再生橡胶沥青防水涂料、氯丁橡胶沥青防水涂料和丁基橡胶沥青防水涂料等。其中,除冷底子油不能单独用作防水涂料,仅作为基层处理剂外,其他品种涂料均为较好的防水涂料。溶剂型沥青防水涂料具有弹性大、延伸性好、抗拉强度高等优点,能适应基层的变形,并有一定的抗冲击和抗老化性。但由于使用有机溶剂,其不仅在配制时容易引起火灾,而且施工时要求基层必须干燥。由于有机溶剂挥发时会引起环境污染,加之目前溶剂价格不断上涨,因此,除特殊情况外,已较少使用这种涂料。近年来,着力发展的是水性沥青防水涂料。

9.3.4 合成树脂和橡胶系防水涂料

它属于合成高分子防水涂料,是以合成橡胶或合成树脂为主要成膜物质,加入其他辅料配制而成的单组分或多组分防水涂膜材料。合成树脂和橡胶系防水涂料的产品质量应符合表 9-21 的要求。

表 9-21　合成树脂和橡胶系防水涂料产品质量要求

项 目		质量要求	
		Ⅰ类	Ⅱ类
固体含量/%		≥94	≥65
拉伸强度/MPa		≥1.65	≥0.5
断裂延伸率/%		≥300	≥400
柔性		-30℃,弯折,无裂纹	-20℃,弯折,无裂纹
不透水性	压力/MPa	≥0.3	≥0.3
	保持时间/min	≥30 不渗透	≥30 不渗透

注:Ⅰ类为反应固化型防水涂料;Ⅱ类为挥发固化型防水涂料。

合成树脂和橡胶系防水涂料的品种很多,但目前应用比较多的主要有以下几种。

1. 聚氨酯防水涂料

聚氨酯防水涂料又称聚氨酯涂膜防水涂料,按组分分为单组分(S)和多组分(M)两种,按拉伸性能分为Ⅰ、Ⅱ两类。该涂膜有透明、彩色、黑色等品种,具有耐磨、装饰及阻燃等性能。多组分聚氨酯涂膜防水涂料的技术性能应符合《聚氨酯防水涂料》(GB/T19250—2013)的规定,如表 9-22 所示。其在实际工程中应检验其涂膜表干时间、固体含量、常温断裂延伸率及断裂强度、黏结强度和低温柔性等指标,合格后方可使用。它主要用于防水等级为Ⅰ级的非外露屋面、墙体及卫生间的防水防潮工程,地下围护结构的迎水面防水,地下室、储水池、人防工程等的防水。它是一种常用的中高档防水涂料。

表 9-22 聚氨酯防水涂料的技术性能

序号	项目		技术指标		
			I	II	III
1	固体含量/%	单组分	≥85		
		多组分	≥92		
2	表干时间/h		≤12		
3	实干时间/h		≤24		
4	流平性 a		20min 时，无明显齿痕		
5	拉伸强度/MPa		≥2	≥6	≥12
6	断裂伸长率/%		≥500	≥450	≥250
7	撕裂强度/(N/mm)		≥15	≥30	≥40
8	低温弯折性		-35℃，无裂纹		
9	不透水性		0.3MPa，120min 不透水		
10	加热伸缩率/%		-4～+1		
11	黏结强度/MPa		≥1		
12	吸水率/%		≤5		
13	定伸时老化	加热老化	无裂纹及变形		
		人工气候老化 b	无裂纹及变形		
14	热处理 (80℃，168h)	拉伸强度保持率/%	80～150		
		断裂伸长率/%	≥450	≥400	≥200
		低温弯折性	-30℃，无裂纹		
15	碱处理 [0.1%NaOH+饱和 Ca(OH)$_2$ 溶液，168h]	拉伸强度保持率/%	80～150		
		断裂伸长率/%	≥450	≥400	≥200
		低温弯折性	≤-30℃，无裂纹		
16	酸处理(2%H$_2$SO$_4$ 溶液，168h)	拉伸强度保持率/%	80～150		
		断裂伸长率/%	≥450	≥400	≥200
		低温弯折性	≤-30℃，无裂纹		
17	人工气候老化 b (1000h)	拉伸强度保持率/%	80～150		
		断裂伸长率/%	≥450	≥400	≥200
		低温弯折性	≤-30℃，无裂纹		
18	燃烧性能 b		B$_2$-E(点火 15s，燃烧 20s，Fs≤150mm，无燃烧滴落物引燃滤纸)		

注：a. 该项性能不适用于单组分和喷涂施工的产品。流平性时间可根据工程要求和施工环境由供需双方商定，并在订货合同与产品包装上明示。

b. 仅外露产品要求测定。

2. 丙烯酸酯防水涂料

丙烯酸酯防水涂料是以纯丙烯酸共聚物、改性丙烯酸或纯丙烯酸乳液为主要成分，加入适量填料、助剂及颜料等配制而成。它属于合成树脂类单组分防水涂料。这类防水涂料的最大优点是具有优良的耐候性、耐热性，以及耐紫外线性能强，在-30～80℃范围内性能基本无太大变化，延伸性好，能适应基层的开裂变形，装饰层具有装饰和隔热效果。丙烯酸酯防水涂料按产品的理化性能分为Ⅰ型和Ⅱ型，其性能指标如表9-23所示。

表9-23 丙烯酸酯防水涂料的性能指标

项 目	性能指标	
	Ⅰ型	Ⅱ型
断裂伸长率/%	>400	>300
抗拉强度/MPa	>0.5	>1.6
黏结强度/MPa	>1	>1.2
低温柔性/℃	-20	-20
固体含量/%	>65	
耐热性	80℃，5h，合格	
表干时间/h	4	
实干时间/h	20	

3. 硅橡胶防水涂料

硅橡胶防水涂料有Ⅰ型和Ⅱ型两个品种。Ⅱ型涂料加入了一定量的改性剂，以降低成本，但性能指标除低温韧性略有升高外，其余指标与Ⅰ型涂料都相同。Ⅰ型涂料和Ⅱ型涂料均由1号涂料和2号涂料组成，涂布时复合使用，1号、2号均为单组分，1号涂布于底层和面层，2号涂布于中间加强层。硅橡胶建筑防水涂料的物理性能如表9-24所示。

表9-24 硅橡胶建筑防水涂料的物理性能

项 目		性 能	
		Ⅰ型	Ⅱ型
外观(均匀、细腻、无杂质、无结皮)		乳白色	乳白色
固体含量/%	1号胶	≤40	≤40
	2号胶	≤60	≤60
固化时间/h	表干：1号胶、2号胶	≤1	≤1
	实干：1号胶、2号胶	≤10	≤10
黏结强度/MPa (1号胶与水泥砂浆基层的黏结力)		≥0.4	≥0.4
抗裂性(涂膜厚0.5～0.8mm，当基层裂缝小于2.5mm时)		涂膜无裂缝	涂膜无裂缝
扯断强度/MPa		≥1	≥1
扯断伸长率/%		≥420	≥420
低温柔性/℃，绕φ10圆棒		-30 不裂	-20 不裂

续表

项 目	性 能	
	Ⅰ型	Ⅱ型
耐热性(延伸率保持率)(80℃，168h)/%	≥80，外观合格	≥80，外观合格
耐湿性(延伸率保持率)/%	≥80，外观合格	≥80，外观合格
耐老化(延伸率保持率)/%	≥80，外观合格	≥80，外观合格
耐碱性(延伸率保持率)/% [饱和 $Ca(OH)_2$ 和 0.1NaOH 混合溶液浸泡 15d，恒温 15℃]	≥80，外观合格	≥80，外观合格
不透水性，(涂膜厚 1mm，0.5h)/MPa	≥0.3	≥0.3

9.3.5 无机防水涂料和有机无机复合防水涂料

1. 水泥基高效无机防水涂料

水泥基高效无机防水涂料，是一类固体粉末状无机防水涂料。使用时，有的须加砂和水泥，再加水配成涂料；有的直接加水配成涂料。该涂料无毒、无味、不污染环境、不燃、耐腐蚀、黏结力强（能与砖、石、混凝土、砂浆等黏结成牢固的整体，涂膜不剥落、不脱离）、防水、抗渗及堵漏功能强；在潮湿面上能施工，操作简单，背水面、迎水面都有同样的效果。水泥基高效无机防水涂料适用于新老屋面、墙面、地面、卫生间和厨房的堵漏防水及各种地下工程、水池等堵漏防水和抗渗防潮，还可以粘贴瓷砖和马赛克等材料。其主要研制生产单位有中国建筑材料科学研究院水泥所等。

2. 溶剂型铝基反光隔热涂料

溶剂型铝基反光隔热涂料适用于各种沥青材料的屋面防水层，起反光隔热和保护作用。其涂刷在工厂架空管道保温层表面起装饰保护作用，涂刷在金属瓦楞板、纤维瓦楞板、白铁泛水及天沟等表面起防锈、防腐作用。其技术性能：外观为银白色漆状液体，黏度为 25～50s，遮盖力为 $60g/m^2$，附着力为 100%。其生产厂家有上海市建筑防水材料厂等。

3. 水泥基渗透结晶型防水涂料

水泥基渗透结晶型防水涂料，适用《水泥基渗透结晶型防水涂料》(GB 18445—2012)标准，是以普通硅酸盐材料为基料，掺有多种特殊的活性化学物质的粉末状材料。其中的活性化学物质能利用混凝土本身固有的化学特性及多孔性，在水的引导下，以水为载体，借助强有力的渗透作用，在混凝土微孔及毛细管中随水压逆向进行传输、充盈，催化混凝土内微粒再次发生水化作用，而形成不溶于水的枝蔓状结晶体，封堵混凝土中微孔和毛细管及微裂缝，并与混凝土结合成严密的整体，从而使来自任何方向的水及其他液体都被堵住和封闭，达到永久性的防水、防潮目的。

4. 聚合物水泥防水涂料

聚合物水泥防水涂料按物理性能分为Ⅰ型、Ⅱ型和Ⅲ型。Ⅰ型是以聚合物为主的防水涂料，主要用于活动量较大的基层；Ⅱ型和Ⅲ型是以水泥为主的防水涂料，适用于活动量较小的基层。其物理性能应符合表 9-25 的要求。

表 9-25 聚合物水泥防水涂料物理性能(GB/T23445—2009)

序号	试验项目		技术指标		
			Ⅰ型	Ⅱ型	Ⅲ型
1	固体含量/%		≥70	≥70	≥70
2	拉伸强度	无处理/MPa	≥1.2	≥1.8	≥1.8
		加热处理后保持率/%	≥80	≥80	≥80
		碱处理后保持率/%	≥60	≥70	≥70
		浸水处理后保持率/%	≥60	≥70	≥70
		紫外线处理后保持率/%	≥80	—	—
3	断裂伸长率	无处理/%	≥200	≥80	≥30
		加热处理/%	≥150	≥65	≥20
		碱处理/%	≥150	≥65	≥20
		浸水处理/%，≥	≥150	≥65	≥20
		紫外线处理/%，≥	≥150	—	—
4	低温柔性(ϕ10 棒)		-10℃无裂纹	—	—
5	黏结强度	无处理/MPa	≥0.5	≥0.7	≥1
		潮湿基层/MPa	≥0.5	≥0.7	≥1
		碱处理/MPa	≥0.5	≥0.7	≥1
		浸水处理/MPa	≥0.5	≥0.7	≥1
6	不透水性(0.3MPa，30min)		不透水	不透水	不透水
7	抗渗性(砂浆背水面)/MPa		—	≥0.6	≥0.8

9.4 防水密封材料

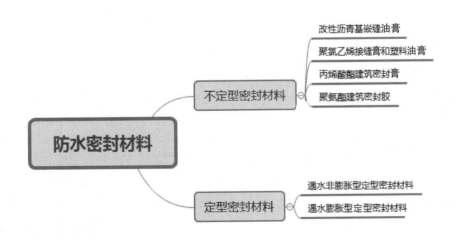

> **带着问题学知识**
>
> 不定型密封材料包括哪些内容？
> 定型密封材料包括哪些内容？

防水密封材料是指嵌填于建筑物接缝、裂缝、门窗框和玻璃周边以及管道接头处起防水密封作用的材料。此类材料应具有弹塑性、黏结性、施工性、耐久性、延伸性、水密性、气密性及耐化学稳定性，并在长期经受抗拉与压缩或振动后仍能保持黏附性效果。

防水密封材料分为不定型密封材料(密封膏)与定型密封材料(密封带、密封条止水带等)。

9.4.1 不定型密封材料

不定型密封材料通常为膏状材料，俗称密封膏或嵌缝膏。该类材料应用非常广泛，如屋面、墙体等建筑物的防水堵漏，门窗的密封及中空玻璃的密封等。其与定型密封材料配合使用既经济又有效。

不定型密封材料的品种很多，仅建筑窗用弹性密封胶就包括硅酮、改性硅酮、聚硫、聚氨酯、丙烯酸、丁基、丁苯和氯丁等以合成高分子材料为基础的弹性密封胶(不包括塑性体或以塑性为主要特征的密封剂及密封泥子，也不包括水下、防火等特种门窗密封胶和玻璃黏结剂)。建筑窗用弹性密封胶的物理性能应符合表 9-26 的要求。

表 9-26 建筑窗用弹性密封胶的物理性能(JC/T 485—2007)

序号	项目		1级	2级	3级
1	密度/(g/cm^3)		规定值±0.1		
2	挤出性/(ml/min)		≥50		
3	适用期/h		≥3		
4	表干时间/h		≤24	≤48	≤72
5	下垂度/mm		≤2		
6	拉伸黏结性能/MPa		≤0.4	≤0.5	≤0.6
7	低温贮存稳定性[a]		无凝胶、离析现象		
8	初期耐水性[a]		不产生混浊		
9	污染性[a]		不产生污染		
10	热空气-水循环后定伸性能/%		100	60	25
11	水-紫外线辐照后定伸性能/%		100	60	25
12	低温柔性/℃		-30	-20	-10
13	热空气-水循环后弹性恢复率/%		≥60	≥30	≥5
14	拉伸-压缩循环性能	耐久性等级	9030	8020、7020	7010、7005
		黏结破坏面积/%	≤25		

注：a. 仅对乳液品种产品。

1. 改性沥青基嵌缝油膏

改性沥青基嵌缝油膏是以石油沥青为基料，加入改性材料、稀释剂及填充料混合制成的密封膏。改性材料有废橡胶粉和硫化鱼油，稀释剂有松焦油、松节重油和机油，填充料有石棉绒和滑石粉等。

改性沥青基嵌缝油膏主要用作屋面、墙面、沟和槽的防水嵌缝材料。使用改性沥青基嵌缝油膏嵌缝时，缝内应洁净、干燥，先刷涂冷底子油一道，待其干燥后即嵌填油膏。油膏表面可加石油沥青、油毡、砂浆、塑料为覆盖层。

2. 聚氯乙烯接缝膏和塑料油膏

聚氯乙烯接缝膏是以煤焦油和聚氯乙烯(PVC)树脂粉为基料，按一定比例加入增塑剂、稳定剂及填充料等，在140℃温度下塑化而成的膏状密封材料，简称PVC接缝膏。

塑料油膏是用废旧聚氯乙烯(PVC)塑料代替聚氯乙烯树脂粉，其他原料和生产方法同聚氯乙烯接缝膏。塑料油膏的成本较低。

聚氯乙烯接缝膏和塑料油膏具有良好的黏结性、防水性、弹塑性，耐热、耐寒、耐腐蚀和抗老化性能也较好，可以热用，也可以冷用。热用时，将聚氯乙烯接缝膏或塑料油膏用文火加热，加热温度不得超过140℃，达到塑化状态后，应立即浇灌于清洁干燥的缝隙或接头等部位。冷用时，加溶剂稀释。

这种油膏适用于各种屋面嵌缝或表面涂布作为防水层，也可用于水渠、管道等接缝，用于工业厂房自防水屋面嵌缝、大型墙板嵌缝等的效果也很好。

3. 丙烯酸酯建筑密封膏

丙烯酸酯建筑密封膏是以丙烯酸树脂掺入增塑剂、分散剂、碳酸钙、增量剂等配制而成，有溶剂型和水乳型两种，通常为水乳型。

丙烯酸酯建筑密封膏在一般建筑基底上不产生污渍。它具有优良的抗紫外线性能，尤其是对透过玻璃的紫外线。它的延伸率很好，初期固化阶段为200%～600%，经过热老化、气候老化试验后达到完全固化时为100%～350%。其在-34～80℃温度范围内具有良好的性能。丙烯酸酯建筑密封膏比橡胶类密封膏便宜，属于中等价格及性能的产品。

丙烯酸酯建筑密封膏主要用于屋面、墙板、门、窗嵌缝，但它的耐水性能不算太好，所以不宜用于经常泡在水中的工程，如不宜用于广场、公路、桥面等有交通来往的接缝中，也不宜用于水池、污水处理厂、灌溉系统、堤坝等水下接缝中。丙烯酸酯建筑密封膏一般在常温下用挤枪嵌填于各种清洁、干燥的缝内。为节省材料，缝宽不宜太大，一般为9～15mm。

我国制定了《丙烯酸酯建筑密封膏》(JC/T 484—2006)行业标准。产品按位移能力分为12.5和7.5两个级别。12.5级密封胶按其弹性恢复率又分为两个次级别：弹性体(记号12.5E)——弹性恢复率大于或等于40%；塑性体(记号12.5P和7.5P)——弹性恢复率小于40%。12.5E级为弹性密封胶，主要用于接缝密封；12.5P和7.5P级为塑性密封胶，主要用于一般装饰装修工程的填缝。产品外观应为无结块、无离析的均匀细腻的膏状体。产品颜色以供需双方商定的色标为准，应无明显差别。产品理化性能应符合表9-27的要求。

表 9-27　丙烯酸酯建筑密封膏理化性能(JC/T 484—2006)

序号	项目	技术要求		
		12.5E	12.5P	7.5P
1	密度/(g/cm³)	规定值±0.1		
2	下垂度/mm	≤3		
3	表干时间/h	≤1		
4	挤出性/(mL/min)	≥100		
5	弹性恢复率/%	≥40	报告实测值	
6	定伸黏结性	无破坏	—	
7	浸水后定伸黏结性	无破坏	—	
8	冷拉-热压后黏结性	无破坏	—	
9	断裂伸长率/%	/	≥100	
10	浸水后断裂伸长率/%	/	≥100	
11	同一温度下拉伸-压缩循环后黏结性	/	无破坏	
12	低温柔性/℃	-20	-5	
13	体积变化率/%	≤30	—	

4. 聚氨酯建筑密封胶

聚氨酯密封胶一般用双组分配制，甲组分是含有异氰酸酯基的预聚体，乙组分是含有多羟基的固化剂与增塑剂、填充料、稀释剂等。使用时，将甲、乙两组分按比例混合，经固化反应成弹性体。

聚氨酯密封胶的弹性、黏结性及耐候性特别好，与混凝土的黏结性也很好，同时不需要打底。所以，聚氨酯密封胶可以做屋面、墙面的水平或垂直接缝，尤其适用于游泳池工程。它还是公路及机场跑道补缝、接缝的好材料，也可用于玻璃、金属材料的嵌缝。

聚氨酯建筑密封胶是由多异氰酸酯与聚醚通过加聚反应制成预聚体后，加入固化剂、助剂等在常温下交联固化成的高弹性建筑用密封胶。这类密封胶分单组分和双组分两种规格。我国制定的《聚氨酯建筑密封胶》(JC/T 482—2003)行业标准，适用于以氨基甲酸酯聚合物为主要成分的单组分(Ⅰ)和多组分(Ⅱ)建筑密封胶。产品按流动性分为非下垂型(N 型)和自流平型(L 型)两类；按拉伸模量分为高模量(HM)和低模量(LM)两个次级别。产品外观应为细腻、均匀膏状物或黏稠液，不应有气泡，无结皮凝胶或不易分散的固体物。聚氨酯建筑密封胶的物理性能必须符合表 9-28 的规定。

表 9-28　聚氨酯建筑密封胶的物理性能(JC/T 482—2003)

序号	试验项目		技术指标		
			20HM	25LM	20LM
1	密度/(g/cm³)		规定值±0.1		
2	挤出性 ᵃ/(mL/min)		≥80		
3	适用期 ᵇ/h		≥1		
4	流动性	非下垂型(N 型)/mm	≤3		
		自流平型(L 型)	光滑平整		

续表

序号	试验项目		技术指标		
			20HM	25LM	20LM
5	表干时间/h		≤24		
6	弹性恢复率/%		≥70		
7	拉伸模量/MPa	23℃	>0.4 或 >0.6	≤0.4 或 ≤0.6	
		−20℃			
8	定伸黏结性		无破坏		
9	浸水后定伸黏结性		无破坏		
10	冷拉-热压后的黏结性		无破坏		
11	质量损失率/%		≤7		

注：a. 此项仅适用于单组分产品。

b. 此项仅适用于多组分产品，允许采用供需双方商定的其他指标值。

9.4.2 定型密封材料

1. 遇水非膨胀型定型密封材料

1) 聚氯乙烯胶泥防水带

聚氯乙烯胶泥防水带是以天然橡胶或合成橡胶为主要原料，掺入各种助剂及填料，经塑炼、混炼、模压而制成的。它具有良好的弹塑性、耐磨性和抗撕裂性能，适应变形能力强，防水性能好，但使用温度和使用环境对物理性能有较大的影响，当作用于止水带上的温度超过50℃以及受强烈的氧化作用或受油类等有机溶剂的侵蚀时，则不宜采用。

聚氯乙烯胶泥防水带是利用橡胶的高弹性和压缩性，在各种荷载下会产生压缩变形而制成的止水构件，它已广泛应用于水利水电工程、堤坝涵闸、隧道地线、高层建筑的地下室和停车场等工程的变形缝中。其主要性能指标见表9-29。

音频3.聚氯乙烯胶泥的适用范围

表9-29 聚氯乙烯胶泥防水带的性能指标

指标名称	指标数据	主要生产单位
抗拉强度/MPa	20℃时大于0.5，−25℃时大于1	上海汇丽化学建材总厂 湖南湘潭市新型建筑材料厂
延伸率/%	>200	
黏结强度/MPa	>0.1	
耐热性/℃	>80	
长度/m	1~2	
截面尺寸/cm	2×3，2×3	

注：规格尺寸也可以按具体要求进行加工。

2) 塑料止水带

塑料止水带是以聚氯乙烯树脂、增塑剂、稳定剂和防老剂等为原料，经塑炼、挤出和成型等工艺加工而制成的带状防水隔离材料。其特点是原料充足、成本低廉、耐久性好、强度高、生产效率高，物理性能满足使用要求，可节约相同用途的橡胶止水带和紫铜片。其适用于工业与民用建筑地下防水工程、隧道、涵洞、坝体、溢洪道和沟渠等水工构筑物的变形缝隔离防水。

2. 遇水膨胀型定型密封材料

1) SWER 水膨胀橡胶

SWER 水膨胀橡胶是以改性橡胶为基本材料制成的一种新型防水材料。其特点是既具有一般橡胶制品优良的弹性、延伸性和反压缩变形能力，又能遇水膨胀，膨胀率可在 100%～500%调节，而且不受水质影响。它还具有优良的耐水性、耐化学性和耐老化性，可以在很广的温度范围内发挥防水作用；同时，可根据用户需要制成各种不同形状的密封嵌条或密封卷，还可以与其他橡胶复合制成复合型止水材料。该材料适用于工农业给排水工程、铁路、公路、水利工程，其他工程中的变形缝、施工缝、伸缩缝、各种管道接缝及工业制品在接缝处的防水密封。

扩展资源 4：
屋面防水工程
对材料的选择和
应用

扩展资源 5：
防水卷材生产企
业的发展现状

2) SPJ 型遇水膨胀橡胶

SPJ 型遇水膨胀橡胶是以亲水性聚氨酯和橡胶为原料，用特殊方法制得的结构型遇水膨胀橡胶。其在膨胀率为 100%～200%时能起到以水止水的作用。遇水后，其体积得到膨胀，并充满整个接缝内不规则基面、空穴及间隙，同时产生一定的接触压力足以阻止渗漏水通过；高倍率的膨胀，使止水条能够在接缝内任意自由地变形，并能长期阻挡水分和化学物质的渗透。其材料膨胀性能不受外界水质的影响，比任何普通橡胶更具有可塑性和弹性，有很高的抗老化性和良好的耐腐蚀性；具备足够的承受外界压力的能力和优良的机械性能，并能长期保持其弹性和防水性能；材料结构简单，安装方便、省时、安全、不污染环境；不但能做成纯遇水膨胀的橡胶制品，而且能与普通橡胶复合做成复合型遇水膨胀型橡胶制品，降低了材料成本。该材料适用于地下铁道、涵洞、山洞、水库、水渠、拦河坝、管道和地下室钢筋混凝土施工缝等建筑接缝的密封防水。

3) BW 遇水膨胀止水条

BW 遇水膨胀止水条分为 PZ 制品型遇水膨胀橡胶止水条和 PN 腻子型(属于不定型密封材料)遇水膨胀橡胶止水条。

9.5 本章小结

本章介绍了建筑防水的基本材料、防水卷材、建筑防水涂料、防水密封材料屋面防水工程对材料的选择及应用等内容。

9.6 实训练习

一、单选题

1. (　　)是由碳及氢组成的多种碳氢化合物及其衍生物的混合体。
   A. 沥青　　　　B. 石油沥青　　　　C. 煤沥青　　　　D. 改性沥青

2. (　　)是指石油沥青在外力作用下抵抗变形的性能，可以用来反映沥青的流动性大小、软硬程度和稀稠程度等性能。
   A. 黏滞性　　　B. 塑性　　　　C. 温度敏感性　　D. 大气稳定性

3. (　　)是以水为介质，采用化学乳化剂和(或)矿物乳化剂制得的沥青基防水涂料。
   A. 水乳型沥青基防水涂料　　　　B. 溶剂型沥青防水涂料

C. 合成树脂和橡胶系防水涂料　　　　D. 无机防水涂料和有机无机复合防水涂料

4. ( )适用于各种沥青材料的屋面防水层,起反光隔热和保护作用;涂刷在工厂架空管道保温层表面起装饰保护作用;涂刷在金属瓦楞板、纤维瓦楞板、白铁泛水及天沟等表面起防锈防腐作用。

  A. 水泥基高效无机防水涂料　　　　B. 溶剂型铝基反光隔热涂料
  C. 水泥基渗透结晶型防水涂料　　　　D. 聚合物水泥防水涂料

5. ( )是以石油沥青为基料,加入改性材料、稀释剂及填充料混合制成的密封膏。

  A. 聚氯乙烯接缝膏和塑料油膏　　　　B. 丙烯酸酯建筑密封膏
  C. 聚氨酯建筑密封胶　　　　D. 沥青嵌缝油膏

二、多选题

1. 石油沥青的主要组分有( )。
  A. 油分　　　　B. 树脂　　　　C. 地沥青质
  D. 沥青　　　　E. 煤沥青

2. 石油沥青结构分为( )。
  A. 气溶胶结构　　　　B. 溶胶结构　　　　C. 凝胶结构
  D. 溶-凝胶结构　　　　E. 速溶结构

3. 与石油沥青相比,煤沥青的主要技术特性有( )。
  A. 煤沥青因含可溶性树脂多,由固体变为液体的温度范围较窄,受热易软化,受冷易脆裂,故其温度稳定性差
  B. 煤沥青中不饱和碳氢化合物的含量较大,容易老化变质,故大气稳定性很好
  C. 煤沥青因含有较多的游离碳,使用时容易变形、开裂,塑性差
  D. 煤沥青中含有的酸、碱物质均为表面活性物质,所以能与矿物表面很好地黏结
  E. 煤沥青因含酚、蒽等物质,防腐蚀能力较强,故适用于木材的防腐处理。但因酚易溶于水,故其防水性不如石油沥青

4. 按掺入高分子材料的不同,改性沥青可分为( )。
  A. 橡胶改性沥青　　　　B. 树脂改性沥青
  C. 橡胶和树脂不混改性沥青　　　　D. 矿物填充料改性沥青
  E. 橡胶和树脂共混改性沥青

5. 遇水非膨胀型定型密封材料和遇水膨胀型定型密封材料的共同特点有( )。
  A. 具有良好的弹塑性和强度,不会由于构件的变形、振动、移位而发生脆裂和脱落
  B. 具有良好的防水、耐热及耐低温性能
  C. 具有良好的拉伸、压缩和膨胀、收缩及回复性能
  D. 具有优异的水密性、气密性及耐久性能
  E. 定型尺寸不精确,不符合要求,影响密封性能

三、简答题

1. 防水涂料大致有哪几个特点?
2. 煤沥青的技术特性有哪些?
3. 什么是溶剂型沥青防水涂料?其主要品种有哪些?

第9章
课后习题答案

实训工作单

班级		姓名		日期	
教学项目		建筑防水材料			
任务	掌握几种建筑防水材料的区别及应用		方式	查找书籍、资料	
相关知识	防水材料的基本材料； 防水卷材； 建筑防水涂料； 防水密封材料； 屋面防水工程对材料的选择及应用				
其他要求					

学习总结编制记录

第10章 建筑塑料

塑料是指以合成树脂或天然树脂为基础原料,加入(或不加)各种塑料助剂、增强材料和填料,在一定温度、压力下,加工塑制成型或交联固化成型,得到的固体材料或制品。而建筑塑料则是指用于塑料门窗、楼梯扶手、踢脚板、隔墙及隔断、塑料地砖、地面卷材、上下水管道与卫生洁具等方面的塑料材料。

第10章拓展图片

学习目标

1. 了解塑料的组成和主要性质。
2. 熟悉建筑塑料的应用。

第10章
文中案例答案

教学要求

章节知识	掌握程度	相关知识点
塑料的组成	了解塑料的组成	塑料的组成和主要性质
建筑塑料的应用	熟悉建筑塑料的应用	建筑塑料的应用

思政目标

思政素养的培育及强化与技能培养密切相关,基于《建筑塑料》的思政素养培育及强化也必然随着学生职业技能培养目标的实现而实现,并在不断完善和变化的过程中进行调整。通过本章的学习将加强学生从事建筑行业工作的职业道德、知识水平、协作进取等思政素养的提升。

案例导入

某项目有叠拼别墅区与高塔型住宅区,其二次网供水分为高区供水系统(供高塔型住宅区)和低压区供水系统(供叠拼别墅区)。该项目2004年9月8日开始建设,2005年12月18日建成,2005年12月26日投入使用。项目投入使用后在项目的叠拼别墅区陆续接到业主投诉,称自来水水质出现问题,自来水有浓烈的臭鸡蛋气味。业主自行取水样及卫生监督部门上门采水样分析测试均表明水中硫化物明显超标,疑似管道材料选用了不合格品。请分析其原因。

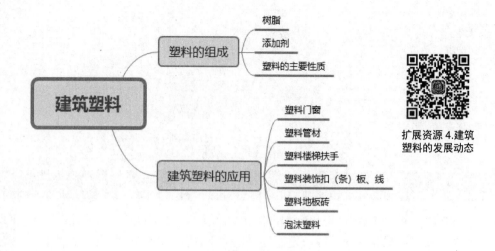

扩展资源 4.建筑塑料的发展动态

10.1 塑料的组成

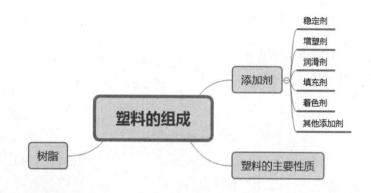

带着问题学知识

塑料的组成有哪些？
添加剂包括哪几种？
塑料的主要性质有哪些？

从总体上看，塑料是由树脂和添加剂两类物质组成的。

10.1.1 树脂

合成树脂是塑料中的基本组分，在单组分塑料中树脂的含量几乎为100%，多组分塑料中树脂的含量占 30%～70%。树脂起着胶结其他组分的作用。由于树脂的种类、性质和用量不同，故其物理性能、用途及成本也不同。其种类有酚醛树脂、聚氯乙烯、聚乙烯及环氧树脂等。

音频 1.树脂的优缺点

扩展资源 1.树脂的种类及用途

10.1.2 添加剂

添加剂是指能够帮助塑料易于成型，以及赋予塑料更好的性能，如改善使用温度，提高塑料强度、硬度，增加化学稳定性、抗老化性、抗紫外线性能、阻燃性、抗静电性，提供各种颜色及降低成本等所加入的各种材料。

扩展资源2.食品添加剂的作用

添加剂包括以下几种。

1. 稳定剂

稳定剂是一种为了延缓或抑制塑料过早老化，延长塑料使用寿命的添加剂。常用的稳定剂有光屏蔽剂(炭黑)、紫外线吸收剂(水杨酸苯酯等)、能量转移剂(含 Ni 或 Co 的络合物)、热稳定剂(硬脂酸铅等)、抗氧剂(酚类化合物，如抗氧剂 2246、CA、330 等)。

2. 增塑剂

为了增加塑料的柔顺性和可塑性，减小脆性而加入的化合物称为增塑剂。增塑剂为分子量小、高沸点、难挥发的液体或低熔点的固态有机化合物。增塑剂可降低塑料制品的机械性能和耐热性等，所以在选择增塑剂的种类和加入量时应根据塑料的使用性能来决定。常用的增塑剂有邻苯二甲酸二丁酯、邻苯二甲酸二辛酯、二苯甲酮、樟脑等。

3. 润滑剂

在塑料加工时，为降低其内摩擦和增加流动性，便于脱模和使制品表面光滑美观，可加入 0.5%～1%的润滑剂。常用的润滑剂有高级脂肪酸及其盐类，如硬脂酸钙、硬脂酸镁等。

4. 填充剂

填充剂又称为填充料(或填料)，可改善和增强塑料的性能(如提高机械强度、硬度或耐热性等)，降低塑料的成本。填料可分为有机填料和无机填料两类。在多组分塑料中常加入填料，其掺量为 40%～70%，主要是一些化学性质不活泼的粉状、片状或纤维状的固体物质。

5. 着色剂

着色剂是指使塑料制品具有绚丽多彩性的一种添加剂。着色剂除满足色彩要求外，还具有附着力强，分散性好，在加工和使用过程中保持色泽不变，不与塑料组成成分发生化学反应等特性。常用的着色剂是一些有机或无机染料或颜料，有时也采用能产生荧光活磷光的颜料，如钛白粉、氧化铁红、群青、铬酸铅等。

6. 其他添加剂

为使塑料适于各种使用要求和具有各种特殊性能，常加入一些其他添加剂，如掺加阻燃剂可阻止塑料的燃烧并使之具有自熄性，掺加发泡剂可制得泡沫塑料等。

10.1.3 塑料的主要性质

塑料是具有可塑性的高分子材料，具有质轻、绝缘、耐腐、耐磨、绝热、隔声等优良性能，在建筑上可作为装饰材料、绝热材料、吸声材料、防火材料、墙体材料、管道及卫生洁具等。作为建筑材料，塑料的主要特性如下。

(1) 密度小。塑料的密度一般为 0.9～2.2g/cm³，平均为 1.45g/cm³，约为铝的 1/2、钢的 1/5、混凝土的 1/3。

(2) 比强度高。塑料及其制品的比强度(材料强度与密度的比值)高。玻璃钢的比强度超过钢材和木材。

(3) 导热性低。密实塑料的热导率一般为 0.12～0.8W/(m·K)。泡沫塑料的导热系数接近空气的导热系数，是良好的隔热、保温材料。

(4) 耐腐蚀性好。大多数塑料对酸、碱、盐等腐蚀性物质的作用具有较高的稳定性。热塑性塑料可被某些有机溶剂溶解；热固性塑料则不能被溶解，仅可能出现一定的溶胀。

(5) 电绝缘性好。塑料的导电性低，又因热导率低，是良好的电绝缘材料。

(6) 装饰性好。塑料具有良好的装饰性能，能制成线条清晰、色彩鲜艳和光泽动人的塑料制品。

扩展资源 3.塑料对人体的危害

10.2 建筑塑料的应用

视频：建筑塑料的应用

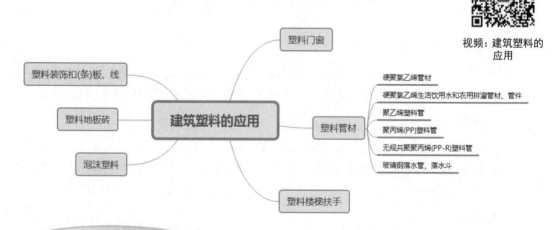

带着问题学知识

塑料门窗的主要原料是什么？
塑料管材有哪几种？
塑料地板砖有哪些特点？

塑料的种类虽然很多，但在建筑上广泛应用的仅有十多种，并均加工成一定形状和规格的制品。

10.2.1 塑料门窗

塑料门窗的主要原料为聚氯乙烯(PVC)树脂，加入适量添加剂，按适当的配比混合，经挤出机形成各种型材。型材经过加工，组装成建筑物的门窗。

塑料门窗可分为全塑门窗、复合门窗和聚氨酯门窗，但以全塑门窗为主。它由PVC中空型材拼装而成，有白色、深棕色、双色、仿木纹等品种。

塑料门窗与其他门窗相比，具有耐水、耐腐蚀、气密性、水密性、绝热性、隔声性、耐燃性、尺寸稳定性、装饰性好等特点，而且无须粉刷油漆，维修保养方便，同时节能效果好，在国外已广泛应用。鉴于国外经验和我国实情，以塑料门窗代替或逐步取代木门窗、金属门窗是节约木材、钢材、铝材和节省能源的重要途径。

10.2.2 塑料管材

塑料管材与金属管材相比，具有质轻、不生锈、不生苔、不易积垢、管壁光滑、对流体阻力小、安装加工方便、节能等特点。近年来，塑料管材的生产与应用已得到了较大的发展，它在建筑塑料制品中所占的比例较大。

塑料管材分为硬管与软管。按主要原料分类，塑料管材可分为聚氯乙烯管、聚乙烯管、聚丙烯管、ABS管、聚丁烯管、玻璃钢管等。这些塑料管材主要是以聚氯乙烯树脂为主要原料，加入适量添加剂，按适当配比混合，经过注射机或挤出机而成型，俗称PVC塑料管或简称塑料管。塑料管材的品种有建筑排水管、雨水管、给水管、波纹管、电线穿线管、燃气管等。

音频2.塑料管材的特点

1. 硬聚氯乙烯管材

硬聚氯乙烯(UPVC)管材是以聚氯乙烯树脂为主要原料，并加入稳定剂、抗冲击改性剂和润滑剂等助剂，经捏合、塑炼、切粒、挤出成型加工而成。

硬聚氯乙烯管材广泛适用于化工、造纸、电子、仪表、石油等工业的防腐蚀流体介质的输送管道(但不能用于输送芳烃、脂烃、芳烃的卤素衍生物、酮类及浓硝酸等)，农业上的排灌类管，建筑、船舶、车辆扶手及电线电缆的保护套管等。

硬聚氯乙烯管材的常温使用压力：轻型的不得超过0.6MPa，重型的不得超过1MPa。管材使用范围为0~50℃。

建筑排水用硬聚氯乙烯管材的物理性能如表10-1所示。

表10-1 建筑排水用硬聚氯乙烯管材的物理性能(GB/T 5836.1—2018)

检测项目	技术指标	试验方法
密度/(kg/m^3)	1350~1550	6.4
维卡软化温度(VST)/℃	≥79	6.5
纵向回缩率/%	≤5	6.6
二氯甲烷浸渍试验	表面变化不劣于4L	6.7
拉伸屈服强度/MPa	≥40	6.8
落锤冲击试验 TIR	≤10%	6.9

2. 硬聚氯乙烯生活饮用水和农用排灌管材、管件

硬聚氯乙烯(UPVC)生活饮用水和农用排灌管材，是以卫生级聚氯乙烯树脂为主要原料，加入适当的助剂，经挤出和注塑成型的塑胶管材、管件。其中给水用硬聚氯乙烯(UPVC)生

活饮用水管材按标准《给水用硬聚氯乙烯(PVC-U)管件》(GB/T 10002.1—2006)执行。该系列产品除具有建筑排水系列的一般优良物理性能外，还具有以下性能要求。

(1) 卫生无毒：采用卫生级聚氯乙烯树脂和进口无毒助剂加工成型。

(2) 外观：管材内外表面应光滑，无明显划痕、凹陷、可见杂质和其他影响达到本部分要求的表面缺陷。管材端面应切割平整并与轴线垂直。管材应不透光。

(3) 壁厚偏差：管材同一截面的壁厚偏差不得超过14%。

(4) 管材的弯曲度应符合表10-2的规定。

表10-2 生活饮用给水管材弯曲度

公称外径/mm	≤32	40～200	≥225
弯曲度/%	不规定	≤1	≤0.5

注：弯曲度指同一方向弯曲，不允许呈S形。

(5) 物理性能应符合表10-3的规定。

表10-3 生活饮用给水管材物理性能

试验项目	技术指标
密度/(kg/m^3)	1350～1460
维卡软化温度/℃	≥80
纵向回缩率/%	≤5
二氯甲烷浸渍试验(15℃，15min)	表面变化不劣于4N

该塑料管主要适用于城镇供水及农业排灌工程，对农用排灌要求主要是压力能承受(0.6～0.8MPa压力)，而卫生性能不作要求。

对于黏结承口系列产品，应选用相应的无毒聚氯乙烯黏结剂，其余的安装方法均与建筑排水用系列管材、管件方法相同。

【例10-1】南方某企业生产硬质聚氯乙烯(UPVC)下水管，在当地许多建筑工程中被使用，由于其质量优良而受到广泛好评，但当该产品销到北方使用时，施工队反映在冬季进行下水道安装时，经常发生水管破裂的现象。试分析原因。

3．聚乙烯塑料管

聚乙烯塑料管是以聚乙烯树脂为原料，配以一定量的助剂，经挤出成型、加工而成。其产品性能、特点及要求如下。

(1) 产品具有质轻、耐腐蚀、无毒、容易弯曲、施工方便等特点。

(2) 该产品分为两类：一类是低密度(高压)聚乙烯，其密度低(质软)、机械强度及熔点较低；另一类是高密度(低压)聚乙烯，其密度较高、刚性较大、机械强度及熔点较高。

(3) 管材颜色一般为蓝色或黑色。

(4) 管材外观要求内外表面应清洁、光滑，不允许有气泡、明显的划伤、凹陷、杂质、颜色不均等缺陷。管端头应切割平整，并与管轴线垂直。

(5) 管材的物理性能应符合表10-4的规定。

表 10-4 聚乙烯塑料管材的物理性能

检测项目		技术指标	试验方法
断裂伸长率/%		≥350	《热塑性塑料管材拉伸性能测定》(GB/T 8804.2—2003)
纵向回缩率(110℃)/%		≤3	《热塑性塑料管材纵向回缩率的测定》(GB/T 6671—2001)
氧化诱导时间(200℃)/min		≥20	《聚乙烯管材与管件热稳定性试验方法》(GB/T 17391—1998)
液压试验	温度：20℃ 时间：100h 环向应力：8～12.4MPa	不破裂 不渗漏	《流体输送用热塑性塑料管耐内压试验》(GB/T 6111—2018)
	温度：80℃ 时间：165h(1000h) 环向应力：3.5～5.5MPa(3.2～5MPa)	不破裂 不渗漏	《流体输送用热塑性塑料管耐内压试验》(GB/T 6111—2018)

4. 聚丙烯(PP)塑料管

聚丙烯(PP)塑料管与其他塑料管相比，具有较高的表面硬度和表面光洁度，流体阻力小，使用温度范围为100℃以下，许用应力为5MPa，弹性模量为130MPa。聚丙烯管多用作化学废料排放管、化验室废水管、盐水处理管及盐水管道(包括酸性石油盐水)。由于其材质轻、吸水性差以及耐土壤腐蚀，常用于灌溉、水处理及农村供水系统。在国外，聚丙烯管被广泛用于新建房屋的室内地面加热。利用聚丙烯管坚硬、耐热、防腐、使用寿命长(50年以上)和价格低廉等特点，将小口径聚丙烯管按房屋温度、梯度差别埋在地坪混凝土内(即温度低的部位管子分布得密一些)，管内热载体(水)温度不得超过65℃，将地面温度加热至26～28℃，以获得舒适的环境温度。这与一般的暖气设备相比可节约能耗20%。

5. 无规共聚聚丙烯(PP-R)塑料管

PP管的使用温度有一定的限制，为此可以在丙烯聚合时掺入少量的乙烯、1-丁烯等进行共聚。由丙烯和少量其他单体共聚的PP称为共聚PP，共聚PP可以减少聚丙烯高分子链的规整性，从而减少PP的结晶度，达到提高PP韧性的目的。共聚聚丙烯又分为嵌段共聚聚丙烯和无规共聚聚丙烯(PP-R)。PP-R具有优良的韧性和抗温度变形性能，能耐95℃以上的沸水，低温脆化温度可降至-15℃，是制作热水管的优良材料，现已在建筑工程中广泛应用。

聚丙烯塑料管具有质轻、耐腐蚀、耐热性较高、施工方便等特点，通常采用热熔接的方式，有专用的焊接和切割工具，有较高的可塑性，价格也很经济，保温性能很好，管壁光滑，一般价格在每米6～12元(4分管)，不包括内外丝的接头。它一般用于内嵌墙壁，或者深井预埋管中。

聚丙烯塑料管适用于化工、石油、电子、医药、饮食等行业及各种民用建筑输送流体介质(包括腐蚀性流体介质)，也可做自来水管、农用排灌、喷灌管道及电器绝缘套管之用。

聚丙烯塑料管的连接多采用胶黏剂黏接，目前市售胶黏剂种类很多，采用沥青树脂胶黏剂较为廉价，其配方和性能如表 10-5 所示。

表 10-5 沥青树脂胶黏剂的配方和性能

配方		技术性能	
原料名称	重量比	测试项目	指标
沥青	100	耐水性	较好
EVA 树脂	30	软化点/℃	65 左右
石油树脂	20	剪切强度(20℃)/MPa	1.11
石蜡	3	剪切强度(0℃)/MPa	0.6
抗氧剂 1010	0.1	抗水压能力/MPa	>0.3
抗氧剂 DLTP	0.1	耐介质能力	稳定

6. 玻璃钢落水管、落水斗

玻璃钢落水管、落水斗是以不饱和聚酯树脂为胶黏剂，以玻璃纤维制品为增强材料，一般采用手糊成型法制成。

该产品具有重量轻、强度高、不生锈、耐腐蚀、耐高低温、色彩鲜艳及施工、维修、保养简便等特点，适用于各种建筑物的屋面排水，也可用于工业、家庭废水及污水的排水。

10.2.3 塑料楼梯扶手

塑料楼梯扶手是以聚氯乙烯树脂为主要原料，加入适量稳定剂、润滑剂、着色剂等辅料，经挤压成型的一种硬质聚氯乙烯异型材。产品具有平滑光亮、手感舒适、造型大方、牢固耐用、花色齐全、安装简便等优点，适用于工业、民用建筑的楼梯扶手，走廊与阳台的栏杆扶手，公用建筑宾馆、商场的楼梯扶手和栏杆扶手，以及船舶工业的楼梯与栏杆扶手。

10.2.4 塑料装饰扣(条)板、线

塑料装饰扣(条)板、线是以聚氯乙烯树脂为原料，加入适量助剂，经挤出而成。产品具有光洁、色彩鲜艳、耐压、耐老化、耐腐蚀、防潮隔湿、保温隔声、阻燃自熄、不霉烂与不开裂变形等优点，适用于各类民用建筑的装修。

10.2.5 塑料地板砖

塑料地板砖与传统的地面材料相比，具有质轻、美观、耐磨、耐腐蚀、防潮、防火、吸声、绝热、有弹性、施工简便、易于清洗与保养等特点，近年来，已成为主要的地面装饰材料之一。

塑料地板砖种类繁多，按所用树脂的不同，可分为聚氯乙烯塑料地板砖、氯乙烯-醋酸乙烯塑料地板砖、聚乙烯塑料地板砖、聚丙烯塑料地板砖。目前，绝大部分的塑料地板砖为聚蚕乙烯塑料地板砖。按形状不同，塑料地板砖可分为块状与卷状，其中块状占的比例

大。块状塑料地板砖可以拼成不同色彩和图案，装饰效果好，也便于局部修补；卷状塑料地板砖铺设速度快，施工效率高。按质地不同，塑料地板砖可分为半硬质塑料地板砖与软质塑料地板砖。由于半硬质塑料地板砖具有成本低，尺寸稳定，耐热性、耐磨性、装饰性好，容易粘贴等特点，目前应用最广泛；软质塑料地板砖的弹性好，行走舒适，并有一定的绝热、吸声、隔潮等优点。按产品结构不同，塑料地板砖可分为单层塑料地板砖与多层复合塑料地板砖。单层塑料地板砖多属于低发泡地板砖，厚度一般为3～4mm，表面可压成凹凸花纹，耐磨、耐冲击、防滑，但此地砖弹性、绝热性、吸声性较差；多层复合塑料地板砖一般分上、中、下三层，上层为耐磨、耐久的面层，中层为弹性发泡层，下层为填料较多的基层，上、中、下三层一般用热压黏结而成。此地板砖的主要特点是具有弹性，脚感舒适，绝热、吸声。

音频3.塑料地板砖如何使用

10.2.6 泡沫塑料

泡沫塑料是在树脂中加入发泡剂，经发泡、固化或冷却等工序而制成的多孔塑料制品。泡沫塑料的孔隙率高达95%～98%，且孔隙尺寸小于1mm，因而具有优良的隔热保温性。建筑上常用的泡沫塑料有聚苯乙烯泡沫塑料、聚氯乙烯泡沫塑料、聚氨酯泡沫塑料和脲醛泡沫塑料等。

10.3 本章小结

本章介绍了建筑塑料的组成和主要性质，以及建筑塑料的应用、塑料管材的分类等内容。通过本章的学习使学生具备合理使用各种建筑装饰材料的能力，能深入理解理论知识及其内在含义，同时注重与实际工程密切相关的能力的培养和锻炼。

10.4 实训练习

一、单选题

1. (　　)是指以合成树脂或天然树脂为基础原料，加入(或不加)各种塑料助剂、增强材料和填料，在一定温度、压力下，加工塑制成型或交联固化成型，得到的固体材料或制品。

　　A. 塑料　　　　B. 树脂　　　　C. 合成树脂　　　D. 添加剂

2. 合成树脂是塑料中的基本组分，在单组分塑料中树脂的含量几乎为100%，多组分塑料中树脂的含量占(　　)。

　　A. 10%～70%　　B. 20%～70%　　C. 30%～70%　　D. 40%～70%

3. (　　)是一种为了延缓或抑制塑料过早老化，延长塑料使用寿命的添加剂。

　　A. 稳定剂　　　B. 增塑剂　　　C. 着色剂　　　D. 润滑剂

4. 在塑料加工时，为降低其内摩擦和增加流动性，便于脱模和使制品表面光滑美观，可加入(　　)的润滑剂。

A. 0.5%～1% B. 1%～1.5% C. 1.5%～2% D. 2%～2.5%

5. (　　)是在树脂中加入发泡剂,经发泡、固化或冷却等工序而制成的多孔塑料制品。

　　A. 塑料管材　　B. 塑料门窗　　C. 塑料地板砖　　D. 泡沫塑料

二、多选题

1. 树脂的种类有(　　)。

　　A. 酚醛树脂　　B. 聚氯乙烯　　C. 聚乙烯

　　D. 环氧树脂　　E. 合成树脂

2. 添加剂有(　　)。

　　A. 合成剂　　B. 稳定剂　　C. 增塑剂

　　D. 润滑剂　　E. 填充剂

3. 塑料的主要性质有(　　)。

　　A. 密度小　　B. 比强度高　　C. 导热性低

　　D. 耐腐蚀性差　　E. 电绝缘性差

4. 硬聚氯乙烯生活饮用水和农用排灌的管材、管件特点有(　　)。

　　A. 卫生无毒　　B. 外观的　　C. 壁厚偏好

　　D. 壁厚偏差　　E. 外观差

5. 聚乙烯塑料管产品的特点有(　　)。

　　A. 质轻　　B. 耐腐蚀　　C. 有毒

　　D. 易弯曲　　E. 施工方便

三、简答题

1. 添加剂包括哪几类?
2. 塑料的主要特性有哪些?
3. 塑料管材有哪几种?

第10章
课后习题答案

实训工作单

班级		姓名		日期	
教学项目	建筑塑料				
任务	掌握塑料管材的分类及应用		方式	查找书籍、资料	
相关知识		塑料的组成； 塑料的主要性质； 建筑塑料的应用			
其他要求					

学习总结编制记录

第 11 章 木材及其制品

木材是最古老的建筑材料之一,虽然现代建筑所用承重构件早已被钢材或混凝土等替代,但木材因其美观的天然纹理,装饰效果较好,所以仍被广泛用作装饰与装修材料。不过由于木材具有构造不均匀、各向异性、易吸湿变形和易腐易燃等缺点,且树木生长周期缓慢、成材不易,在应用上受到了限制,因此对木材的节约使用和综合利用是十分重要的。

第 11 章拓展图片

学习目标

1. 了解木材的构造及其力学性能。
2. 熟悉木材的制品及综合应用。
3. 掌握木材的防护。

第 11 章
文中案例答案

教学要求

章节知识	掌握程度	相关知识点
天然木材及其性能	了解天然木材及其性能	木材的构造及其物理性能
木材制品及综合应用	熟悉木材制品及综合应用	木材的制品及综合应用
木材防护	掌握木材的防护	木材的防护

思政目标

深化课程思政建设,了解思想政治教育元素,通过本章的学习,让学生切身地感受建筑木材的重要性,并能活学活用,提升自主能动性和职业素养。

案例导入

斯坦威钢琴采用纯手工打制,主要结构均采用木结构,利用木材良好的传音性,使钢琴的音质达到完美。这架钢琴的音箱、音板、键盘、踏板、击弦槌、琴架均采用的是各种不同的精心处理的木材。通过此案例的学习同学们可以学习一下木材的结构是什么?它的特性又是什么?

第 11 章 木材及其制品

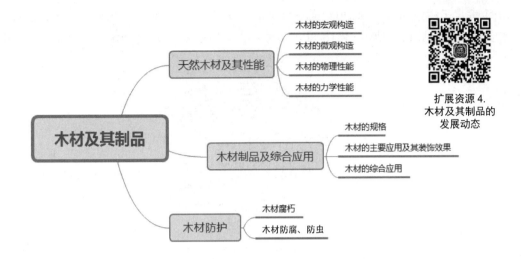

扩展资源 4. 木材及其制品的发展动态

11.1 天然木材及其性能

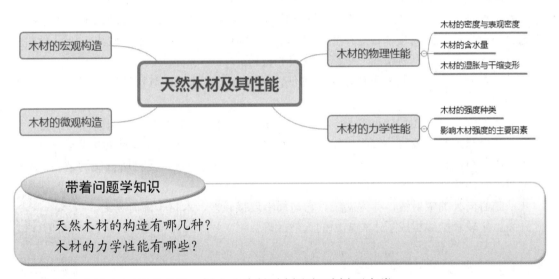

带着问题学知识

天然木材的构造有哪几种？
木材的力学性能有哪些？

木材是由树木加工而成的。树木分为针叶树和阔叶树两大类。

针叶树，又称"软木材"，其树叶细长呈针状，多为常绿树；树干高而直，纹理顺直，材质均匀且较软，易于加工；表观密度和胀缩变形小，耐腐蚀性好，强度高。针叶树在建筑中多用于承重构件和门窗、地面和装饰工程，常用的树种有松树、杉树和柏树等。

阔叶树，又称"硬(杂)木"，其树叶宽大、叶脉呈网状，多为落叶树；树干通直部分较短，材质较硬；表观密度大，易翘曲开裂。阔叶树经加工后木纹和颜色美观，适用于制作家具、室内装饰和制作胶合板等，常用的树种有榆树、水曲柳和柞木等。

11.1.1 木材的宏观构造

木材的宏观构造用肉眼和放大镜就能观察到，通常从树干的三个切面进行剖析，即横切面(垂直于树轴的面)、径切面(通过树轴的纵切面)和弦切面(平行于树轴的纵切面)。木材的宏观构造如图 11-1 所示。由图 11-1 可见，树木由树皮、木质部和髓心三个主要部分组成。

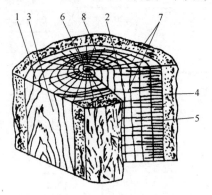

图 11-1　木材的宏观构造

1—横切面；2—径切面；3—弦切面；4—树皮；5—木质部；6—髓心；7—髓线；8—年轮

树皮起保护树木的作用，其在建筑上用处不大，主要用于加工密度板材。

木质部是木材的主要部分，处于树皮和髓心之间。木质部靠近髓心的部分颜色较深，称为"心材"；靠近树皮的部分颜色较浅，称为"边材"。心材含水量较小，不易翘曲变形；边材含水量较大，易翘曲，抗腐蚀性较心材差。

髓心在树干中心。其材质松软，强度低，易腐朽，易开裂。对材质要求高的用材不得带有髓心。

在横切面上深浅相同的同心环，称为"年轮"。同一年年轮内，有深、浅两部分。春天生长的木质，颜色较浅，组织疏松，材质较软，称为春材(早材)；夏秋两季生长的木质，颜色较深，组织致密，材质较硬，称为夏材(晚材)。相同的树种，夏材所占比例越多，木材强度越高，年轮密而均匀，材质好。

从髓心向外的辐射线，称为髓线。它与周围连接较差，木材干燥时易沿此开裂。年轮和髓线组成了木材魅力的天然纹理。

11.1.2　木材的微观构造

从显微镜下可以看到，木材是由无数细小空腔的圆柱形细胞紧密结合而组成的，每个细胞都有细胞壁和细胞腔，细胞壁由若干层细胞纤维组成，其纵向比横向连接牢固，因而造成细胞壁纵向的强度高，而横向的强度低，在组成细胞壁的纤维之间存在极小的空隙，能吸附和渗透水分。

针叶树和阔叶树的微观构造有较大差别，如图 11-2 和图 11-3 所示。针叶树材微观构造简单而规则，主要由管胞、髓线和树脂道组成，管胞主要为纵向排列的厚壁细胞，约占木材体积的 90%。针叶树的髓线较细小而不明显。阔叶树的微观结构复杂，主要由导管、木纤维及髓线等组成，导管是壁薄而腔大的细胞，约占木材总体积的 20%。木纤维是一种厚壁细长的细胞，它是阔叶树的主要成分之一，占木材总体积的 50%以上。阔叶树的髓线发达而明显。导管和髓线是阔叶树的显著特征。

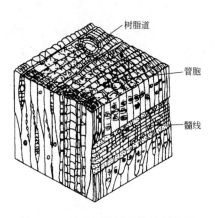

图 11-2　针叶树马尾松的微观构造

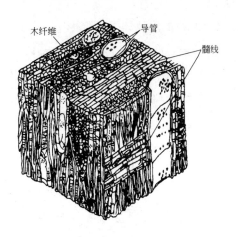

图 11-3　阔叶树柞木的微观构造

11.1.3　木材的物理性能

木材的物理性能主要有密度、含水量与湿胀干缩等,其中含水量对木材的物理性质影响很大。

1. 木材的密度与表观密度

(1) 密度。木材的密度为 $1.48\sim1.56g/cm^3$,平均约为 $1.55g/cm^3$,由于木材的分子结构基本相同,因此木材的密度基本相同。

(2) 表观密度。木材的孔隙率、含水率等因素决定了木材的表观密度。木材的表观密度越大,其湿胀干缩变化也越大。不同的树种,表观密度也不同。在常用木材中表观密度较大的(如麻栎)达 $980kg/m^3$,较小的(如泡桐)仅 $280kg/m^3$。一般木材表观密度为 $400\sim600kg/m^3$。

2. 木材的含水量

木材的含水率是指木材中所含水分的质量占木材干燥质量的百分数。木材中的水分主要有自由水、吸附水和结合水三种。

(1) 自由水是指存在于木材细胞腔和细胞间隙中的水分。自由水的变化只影响木材的表观密度。

(2) 吸附水是指被吸附在细胞壁内细纤维之间的水分。吸附水的变化是影响木材强度和胀缩变形的主要原因。

(3) 结合水是指木材化学组成中的水分。结合水常温下不发生变化,对木材的性质一般没有影响。

木材细胞壁内充满了吸附水,达到饱和状态,而细胞腔和细胞间隙中没有自由水时的含水率称为纤维饱和点。木材的纤维饱和点随树种而异,一般为 25%~35%,平均值为 30%。纤维饱和点是木材物理性质发生变化的转折点。

木材所含水分与周围空气的湿度达到平衡时的含水率称为木材的平衡含水率,是木材干燥加工时的重要控制指标,如图 11-4 所示。

3. 木材的湿胀与干缩变形

木材细胞壁内吸附水含量的变化会引起木材的变形，即湿胀干缩。当木材的含水率在纤维饱和点以下时，表明水分都吸附在细胞壁的纤维上，它的增加或减少能引起体积的膨胀或收缩；而当木材含水率在纤维饱和点以上，只是自由水增减变化时，木材的体积不发生变化。如图 11-5 所示，纤维饱和点是木材发生湿胀干缩变形的转折点。

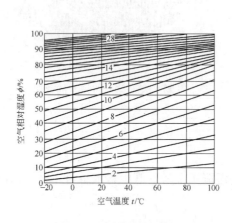

图 11-4　木材的平衡含水率　　图 11-5　木材含水率与胀缩变形的关系

由于木材为非匀质构造，故其胀缩变形各向不同：顺纹方向最小，为 0.1%～0.35%；径向较大，为 3%～6%；弦向最大，为 6%～12%。干缩会使木材翘曲、开裂，接口松动，拼缝不严；湿胀可造成木材表面鼓凸，所以木材在加工或者使用前应先进行干燥，使其含水率达到或者接近与环境湿度相适应的平衡含水率，如图 11-6 所示。

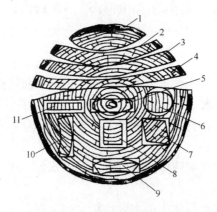

图 11-6　木材的干缩变形

1—边板呈橄榄核形；2、3、4—弦锯板呈瓦形反翘；5—通过髓心的径锯板呈纺锤形；
6—圆形变椭圆形；7—与年轮成对角线的正方形变菱形；8—两边与年轮平行的正方形变长方形；
9—弦锯板翘曲呈瓦形；10—与年轮成 40°角的长方形呈不规则翘曲；11—边材径锯板收缩较均匀

11.1.4 木材的力学性能

1. 木材的强度种类

在建筑结构中,木材常用的强度有抗拉强度、抗压强度、抗弯强度和抗剪强度。由于木材的构造各向不同,致使各向强度存在差异。木材的强度有顺纹强度和横纹强度之分。所谓顺纹,是指作用力方向与纤维方向平行;横纹是指作用力方向与纤维方向垂直。而抗弯强度无顺纹、横纹之分,木材的顺纹强度比其横纹强度要大得多,可达50~150MPa。横纹抗拉强度最小。当木材的顺纹抗压强度为1MPa时,木材的其他各向强度之间的大小关系如表11-1所示。

表11-1 木材各强度的大小关系

单位:MPa

抗 压		抗 拉		抗 弯	抗 剪	
顺纹	横纹	顺纹	横纹		顺纹	横纹
1	1/10~1/3	2~3	1/20~1/3	1.5~2	1/7~1/3	0.5~1

另外,木材在生长过程中形成的一些缺陷,如木节、斜纹、夹皮、虫蛀、腐朽等对木材的抗拉强度的影响极为显著,因而造成实际上木材的顺纹抗拉强度反而低于顺纹抗压强度。

2. 影响木材强度的主要因素

木材强度除由本身组织构造因素决定外,还与含水率、负荷持续时间、温度及疵病等因素有关。

1) 含水率

木材的含水率在纤维饱和点以上变化时,是自由水量的改变,不影响强度;当含水率在纤维饱和点以下变化时,是吸附水量的改变,强度随之改变,吸附水越少,强度越高。

木材含水率对其各种强度的影响程度是不相同的,受影响最大的是顺纹抗压强度,其次是抗弯强度,对顺纹抗剪强度影响较小,影响最小的是顺纹抗拉强度,如图11-7所示。

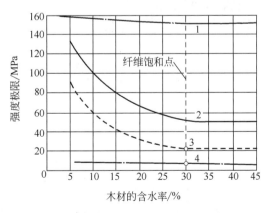

图11-7 含水率对木材强度的影响

1—顺纹抗拉;2—抗弯;3—顺纹抗压;4—顺纹抗剪

2) 负荷时间

木材对长期荷载的抵抗能力与对暂时荷载的抵抗能力不同。木材在长期荷载作用下不致引起破坏的最大强度,称为持久强度。木材的持久强度比其极限强度小得多,一般为极限强度的50%～60%。这是由于木材在较大外力作用下产生等速蠕滑,经过长时间作用,最后达到急剧产生大量连续变形而导致破坏。因此,在设计木结构时,应考虑负荷时间对木材强度的影响,一般应以持久强度为依据。

3) 温度

温度对木材强度有直接影响,木材随环境温度升高强度会降低。当温度由25℃升到50℃时,将因木纤维和其间的胶体软化等原因,针叶树的抗拉强度降低10%～15%,抗压强度降低20%～24%。当木材长期处于60～100℃温度下时,会引起水分和所含挥发物的蒸发而呈暗褐色,强度下降,变形增大。温度超过140℃时,木材中的纤维素发生热裂解,色渐变黑,强度明显下降。因此,环境温度长期超过50℃时,不应采用木结构。

4) 疵病

木材在生长、采伐、运输、储存、加工和使用过程中会出现一些缺陷,如木节(死节、漏节、活节)、斜纹、裂纹、腐朽、虫蛀等,会破坏木材的结构,导致木材的强度明显下降,甚至无法使用。

扩展资源1.木材变色的类型

【例11-1】某客厅采用白松实木地板装修,使用一段时间后出现多处磨损,请分析原因。

11.2 木材制品及综合应用

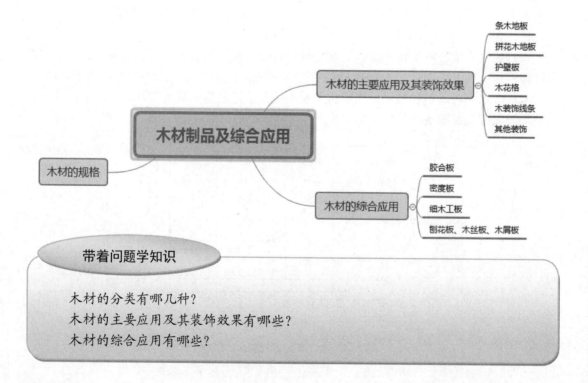

带着问题学知识

木材的分类有哪几种?
木材的主要应用及其装饰效果有哪些?
木材的综合应用有哪些?

11.2.1 木材的规格

建筑用木材按照加工程度和用途可分为原条、原木、锯材和枕木四类,如表 11-2 所示。

表 11-2 木材的分类

分类名称	说 明	主要用途
原条	指已经除去皮、根、树梢的木料,但尚未按一定尺寸加工成规定直径和长度的材料	建筑工程的脚手架、建筑用材、家具等
原木	指已经除去皮、根、树梢的木料,并已按一定尺寸加工成规定直径和长度的材料	直接使用的原木:用于建筑工程(如屋架、檩、椽等)、桩木、电杆、坑木等;加工原木:用于胶合板、造船、车辆、机械模型及一般加工用材等
锯材	指已经加工锯解成材的木料,凡宽度为厚度的三倍或三倍以上的,称为板材,不足三倍的称为枋材	建筑工程、桥梁、家具、造船、车辆、包装箱板等
枕木	指按枕木断面和长度加工而成的木材	铁道工程

常用锯材按照厚度和宽度分为薄板、中板和厚板,板材宽度按 10mm 进级,枋材按截面积分为小枋、中枋、大枋、特大枋。其规格如表 11-3 所示。

表 11-3 针叶树、阔叶树的板材、方材的规格

单位:mm

	分类	薄板	中板	厚板
板材	厚度/mm	12、15、18、21	25、30	40、50、60
	宽度/mm	50~240	50~260	60~300
枋材	分类	小枋	中枋	大枋	特大枋
	厚度×宽度/cm²	≤54	55~100	101~225	≥226

锯材有特等锯材和普通锯材之分,普通锯材又分一等、二等、三等。针叶树和阔叶树锯材按照其缺陷状况进行分等,其等级标准如表 11-4 所示。

表 11-4 锯材的等级标准

缺陷名称	检量方法	允许限度							
		特等锯材	针叶树普通锯材			特等锯材	阔叶树普通锯材		
			一等	二等	三等		一等	二等	三等
活节、死节	最大尺寸不得超过材宽的/%	10	20	40	不限	10	24	40	不限
	任意材长1m范围内的个数不得超过/个	3	5	10		2	4	6	

续表

缺陷名称	检量方法	允许限度							
		特等锯材	针叶树普通锯材			特等锯材	阔叶树普通锯材		
			一等	二等	三等		一等	二等	三等
腐朽	面积不得超过所在材面面积的/%	不许有	不许有	10	25	不许有	不许有	10	25
裂纹、夹皮	长度不得超过材长的/%	5	10	30	不限	10	15	40	不限
虫害	任意材长1 m范围内的个数不得超过/个	不许有	不许有	15	不限	不许有	不许有	8	不限
钝棱	最严重缺角尺寸不得超过材宽的/%	10	25	50	80	15	25	50	80
弯曲	横弯最大拱高不得超过/%	0.3	0.5	2	3	0.5	1	2	4
	顺弯最大拱高不得超过水平长的/%	1	2	3	不限	1	2	3	不限
斜纹	斜纹倾斜高不得超过水平长的/%	5	10	20	不限	5	10	20	不限

11.2.2 木材的主要应用及其装饰效果

尽管当今世界已有了多种新型建筑饰面材料，如塑料壁纸、化纤地毯、陶瓷面砖、多彩涂料等，但由于木材具有其独特的优良特性，木质饰面给人以一种特殊的优美感觉，所以木材在建筑装饰领域始终保持着重要地位。

1. 条木地板

条木地板由龙骨、水平撑、装饰地板三部分构成，多选用水曲柳、柞木、枫木、柚木和榆木。条板宽度一般不大于120mm，板厚为20～30mm，条木拼缝做成企口或错口，直接铺钉在木龙骨上，端头接缝要相互错开，其拼缝如图11-8所示。条木地板自重轻，弹性好，脚感舒服，热导率小，冬暖夏凉，且易于清洁。这种地板适用于办公室、会议室、会客室、休息室、住宅起居室、卧室、幼儿园及仪器室、健身房等场所。

2. 拼花木地板

拼花板材的面层多选用水曲柳、核桃木、栎木、榆木、槐木和柳桉等质地优良、不易腐朽开裂的硬木树材,可通过小木条板不同方向的组合,拼造出多种图案花纹,常用的有正芦席纹、斜芦席纹、人字纹、清水砖墙纹,如图11-9所示。拼花木地板纹理美观、耐磨性好,且拼花小木板一般经过远红外线干燥,含水率恒定,因而变形稳定,容易保持地面平整、光滑而不翘曲变形。这种地板常用于宾馆、会议室、办公室、疗养院、托儿所、舞厅、住宅和健身房等地面的装饰。

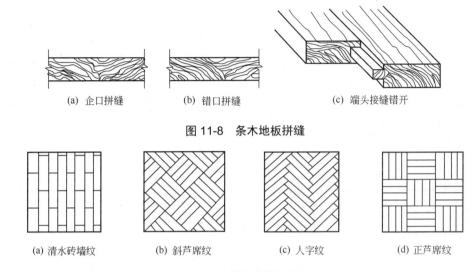

图11-8 条木地板拼缝

(a) 清水砖墙纹　(b) 斜芦席纹　(c) 人字纹　(d) 正芦席纹

图11-9 拼花木地板图案

3. 护壁板

在铺设拼花地板的房间内,通常采用护壁板,使室内的材料格调一致,给人一种和谐、自然的感受。

4. 木花格

木花格是指用木板和枋木制作的具有若干个分格的木架,一般选用硬木或杉木树材制作,多用作建筑室内的花窗、隔断与博古架等。它能起到调整室内设计的格调、改进空间效能和提高室内艺术质量等作用。

5. 木装饰线条

木装饰线条主要有楼梯扶手、压边线、墙腰线、天花角线、弯线及挂镜线等。木装饰线条可增添古朴、高雅与亲切的美感,主要用作建筑物室内墙面的墙腰饰线、墙面洞口装饰线、护壁板和勒脚的压条饰线、门框装饰线、顶棚装饰角线、楼梯栏杆扶手以及高级建筑的门窗和家具等的镶边、贴附组花材料。特别是在我国的园林建筑和宫殿式古建筑的修建工程中,木装饰线条是一种必不可缺的装饰材料。

6. 其他装饰

此外,建筑室内还有一些小部位的装饰,也是采用木材制作的,如窗台板、窗帘盒、踢脚板等,它们和室内地板、墙壁互相联系、互相衬托。

扩展资源2.
木材的原理

11.2.3 木材的综合应用

木材经加工成型材和制作成构件时，会留下大量的碎块废屑，将这些下脚料进行加工处理，就可制成各种人造板材(胶合板原料除外)。常用的人造板材有以下几种。

1. 胶合板

胶合板是用原木旋切成薄片，再用胶按奇数层数及各层纤维互相垂直的方向，黏合热压而成的人造板材。胶合板最高层数可达15层，建筑工程中常用的是三合板和五合板。胶合板材质均匀，强度高，无瑕疵，幅面大，使用方便，板面具有美丽的木纹，装饰性好，而且吸湿变形小，不翘曲开裂。胶合板具有真实、立体和天然的美感，广泛用作建筑物室内隔墙板、护壁板、顶棚板、门面板以及各种家具装修。胶合板的分类、特性及适用范围如表11-5所示。

表11-5 胶合板分类、特性及适用范围

种类	分类	名称	胶种	特性	适用范围
阔叶材普通胶合板	Ⅰ类	耐气候胶合板	酚醛树脂胶或其他性能相当的胶	耐久、耐煮沸或蒸汽处理、耐干热、抗菌	室外工程
	Ⅱ类	耐水胶合板	脲醛树脂或其他性能相当的胶	耐冷水浸泡及短时间热水浸泡、不耐煮沸	室外工程
	Ⅲ类	耐潮胶合板	血胶、带有多量填料的脲醛树脂胶或其他性能相当的胶	耐短期冷水浸泡	室内工程(一般常态下使用)
	Ⅳ类	不耐潮胶合板	豆胶或其他性能相当的胶	有一定胶合强度但不耐水	室内工程(一般常态下使用)
松木普通胶合板	Ⅰ类	Ⅰ类胶合板	酚醛树脂胶或其他性能相当的合成树脂胶	耐水、耐热、抗真菌	室外工程
	Ⅱ类	Ⅱ类胶合板	脱水脲醛树脂胶、改性脲醛树脂胶或其他性能相当的胶	耐水、抗真菌	潮湿环境下使用的工程
	Ⅲ类	Ⅲ类胶合板	血胶和加少量填料的脲醛树脂胶	耐湿	室外工程
	Ⅳ类	Ⅳ类胶合板	豆胶和加多量填料的脲醛树脂胶	不耐水湿	室内工程(干燥环境下使用)

2. 密度板

密度板也称纤维板，是以木材加工中的零料碎屑(树皮、刨花、树枝)或其他植物纤维(稻草、麦秆、玉米秆)为主要原料，经粉碎、水解、打浆、铺膜成型、热压等湿处理而制成的。

纤维板按体积密度不同，可分为硬质纤维板(体积密度>800kg/m³)、半硬质纤维板(体积密度为500~800kg/m³)和软质纤维板(体积密度≤500kg/m³)；按表面状态不同，可分为一面光板和两面光板；按原料不同，可分为木材纤维板和非木材纤维板。

纤维板表面光滑平整、材质细密、性能稳定、边缘牢固，而且板材表面的装饰性好；但耐潮性较差，且纤维板的握钉力较刨花板差，螺钉旋紧后如果发生松动，由于强度不高，很难再固定。

纤维板的主要优点如下。

(1) 纤维板很容易进行涂饰加工，各种涂料、油漆类均可均匀地涂在密度板上，是做油漆效果的首选基材。

(2) 纤维板很容易进行贴面加工，各种木皮、胶纸薄膜、饰面板、轻金属薄板等材料均可胶贴在纤维板表面上。

(3) 物理性能极好，材质均匀。

(4) 可以作为基材开发功能性材料。硬质密度板经冲刷、钻孔，还可制成吸声板，应用于建筑的装饰工程中。

纤维板的主要缺点如下。

(1) 握钉力较差。由于纤维板的纤维非常细致，使纤维板握钉力比实木板刨花板都要差很多，不适合反复装配。

(2) 重量比较大，刨切较难。

(3) 最大的缺点就是不防潮，见水就发胀。在用纤维踢脚板、门套板、窗台板时应该注意六面都刷漆，这样才不会变形。

扩展资源 3.
木材的优缺点

3．细木工板

细木工板是芯板用木板条拼接而成，两个表面为胶贴木质单板的实心板材。它是综合利用木材的一种制品。

细木工板按其结构，可分为芯板条不胶拼型和芯板条胶拼型两种；按所使用的胶黏剂，可分为Ⅰ类胶型和Ⅱ类胶型两种；按表面加工状况，可分为一面砂光、两面砂光和不砂光三种；按面板的材质和加工工艺质量分为一等、二等和三等。幅面尺寸为915mm×915mm、1830mm×915mm、2135mm×915mm、1220mm×1220mm、1830mm×1220mm、2135mm×1220mm、2440mm×1220mm，其长度方向为细木工板的芯板条顺纹理方向。各类细木工板的厚度为16mm、19mm、22mm、25mm。

细木工板具有质硬、吸声、隔热等特点，适用于隔墙、墙裙基层与造型层及家具制作。

4．刨花板、木丝板、木屑板

音频 2.细木工板的优缺点

刨花板、木丝板、木屑板是以木材加工时产生的刨花、木渣、木屑、短小废料刨制的木丝等为原料，经干燥后拌入胶料，再经热压而制成的人造板材。所用胶料可以是动植物胶、合成树脂，也可为水泥、菱苦土等无机胶结料。这类板材表观密度较小，强度较低，主要用作绝热和吸声材料；经饰面处理后，如粘贴塑料贴面后，可用作吊顶、隔墙等材料。刨花板、木丝板、木屑板主要用于家具和建筑工业及火车、汽车车厢制造。

刨花板按产品密度可分为低密度$(0.25\sim0.45)g/cm^3$、中密度$(0.55\sim0.70)g/cm^3$和高密度$(0.75\sim1.3)g/cm^3$三种，通常生产$(0.65\sim0.75)g/cm^3$密度的刨花板；按板坯结构分为单层、三

层(包括多层)和渐变结构；按耐水性可分为室内耐水类和室外耐水类；按刨花在板坯内的排列不同可分为定向型和随机型两种。此外，还有非木材材料如棉秆、麻秆、蔗渣、稻壳等所制成的刨花板，以及用无机胶黏材料制成的水泥木丝板、水泥刨花板等。刨花板的规格较多，厚度一般为 1.6～75mm，以 19mm 为标准厚度，常用厚度为 13mm、16mm、19mm 三种。

11.3 木材防护

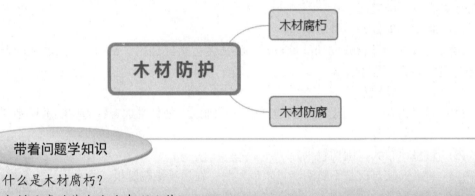

带着问题学知识

什么是木材腐朽？
木材防腐的基本方法有哪几种？

11.3.1 木材腐朽

木材的腐朽是为真菌侵害所致。木材受到真菌侵害后，其细胞改变颜色，结构逐渐变松、变脆，强度和耐久性降低，这种现象称为木材的腐蚀或腐朽。

侵害木材的真菌，主要有霉菌、变色菌和腐朽菌等，但真菌在木材中生存和繁殖必须同时具备三个条件：适当的水分、足够的空气和适宜的温度。当空气相对湿度在 90%以上，木材的含水率在 35%～50%，环境温度在 25～30℃时，最适宜真菌繁殖，木材最易腐蚀。

另外，木材还容易受到白蚁、天牛等昆虫的蛀蚀，使木材形成很多孔眼或沟道，甚至蛀穴，破坏了木质结构的完整性而使强度严重降低。

视频2：木材的腐蚀

音频3.木材防护的两种方法

【例 11-2】以木结构为承重主体的古建筑，容易发生木材腐朽和虫蛀，严重的腐朽虫蛀使木材变质，强度丧失，对木结构产生危害并危害建筑安全。西藏布达拉宫、罗布林卡和萨迦寺都存在这些现象。因此，在对这三大文物建筑进行维修时其木材防腐处理成为整个维修工程重要的项目组成部分。试分析原因。

11.3.2 木材防腐

木材防腐的基本方法有两种：一种是创造不适于真菌寄生和繁殖的条件；另一种是把木材变成有毒的物质，使其不能作为真菌的养料。

原木的储存有干存法和湿存法两种。控制木材的含水率，将木材保持在较低含水率，由于木材缺乏水分，真菌难以生存，这就是干存法，即控制条件保证已干燥处理的木材处于干燥状态。或使木材保持在较高的含水率，由于木材缺乏空气，破坏了真菌生存所需的条件，从而达到防腐的目的，这就是湿存法(或水存法)。但对制成材只能用干存法；在木材构件或制品表面刷以耐水性好的涂料或油漆则是易行且有效的方法。

将化学防腐剂注入木材内，或木材使用前放入化学防腐剂中浸泡一定的时间，把木材变成对真菌有毒的物质，使真菌无法寄生，这也是木材防腐的一种方法。

11.4 本章小结

本章介绍了天然木材的性能、木材的制品及综合应用，最后介绍了木材的防护等内容。通过本章的学习使学生具备合理使用各种建筑装饰材料的能力，能深入理解理论知识及其内在含义，同时注重与实际工程密切相关的能力的培养和锻炼。

11.5 实训练习

一、单选题

1.( )是指存在于木材细胞腔和细胞间隙中的水分。
　　A. 自由水　　B. 吸附水　　C. 结合水　　D. 纯净水
2. 一般木材表观密度为( )g/cm^3。
　　A. 400～600　　B. 500～700　　C. 600～800　　D. 700～900
3. 条板宽度一般不大于( )mm，板厚为 20～30mm，条木拼缝做成企口或错口，直接铺钉在木龙骨上，端头接缝要相互错开。
　　A. 120　　B. 130　　C. 140　　D. 150
4.( )是用原木旋切成薄片，再用胶按奇数层数及各层纤维互相垂直的方向，黏合热压而成的人造板材。
　　A. 密度板　　B. 胶合板　　C. 细木工板　　D. 纤维板
5. 当空气相对湿度在( )以上，木材的含水率在 35%～50%，环境温度在 25～30℃时，最适宜真菌繁殖，木材最容易腐蚀。
　　A. 60%　　B. 70%　　C. 80%　　D. 90%

二、多选题

1. 木材中的水分主要有( )。
　　A. 自由水　　B. 吸附水　　C. 结合水
　　D. 纯净水　　E. 自来水
2. 影响木材强度的主要因素有( )。
　　A. 含水率　　B. 含水量　　C. 负荷持续时间
　　D. 温度　　E. 疵病
3. 建筑用木材按照加工程度和用途可分为( )。

A. 原条 B. 原木 C. 锯材
  D. 枕木 E. 枕条

4. 常用锯材按照厚度和宽度分为(　　)。
  A. 薄板 B. 中板 C. 厚板
  D. 中厚板 E. 特厚板

5. 木材的综合应用有(　　)。
  A. 胶合板 B. 密度板 C. 细木工板
  D. 纤维板 E. 刨花板、木丝板、木屑板

三、简答题

1. 木材的含水量有哪几种？
2. 木材的主要应用及其装饰效果有哪些？
3. 纤维板的优缺点分别有哪些？

第11章
课后习题答案

第 11 章 木材及其制品

实训工作单

班级		姓名		日期	
教学项目	木材及其制品				
任务	掌握木材的构造		方式	查找书籍、资料	
相关知识		木材的构造及其物理性能； 木材的制品及综合应用； 木材的防护			
其他要求					

学习总结编制记录

第 12 章　建筑装饰材料

建筑装饰材料一般是指主体结构工程完成后，进行室内外墙面、顶棚与地面的装饰、装修所需要的材料，是集功能性和艺术性于一体的工业制品。建筑装饰材料的种类很多，按化学性能可分为无机材料与有机材料；按建筑物装饰部位不同，可分为地面装饰材料、内墙装饰材料、外墙装饰材料和顶棚装饰材料。

第 12 章拓展图片

◎ 学习目标

1. 了解装饰材料的基本要求及选用。
2. 熟悉地面装饰材料、木质地板的特点、用途和分类。
3. 掌握内外墙涂料的几种类型。
4. 熟悉顶棚装饰材料特点和用途。

第 12 章
文中案例答案

◎ 教学要求

章节知识	掌握程度	相关知识点
装饰材料的基本要求及选用	了解装饰材料的基本要求及选用	装饰材料的基本要求及选用
地面装饰材料	熟悉地面装饰材料	地面装饰材料、木质地板的特点、用途和分类
内墙装饰材料	掌握内墙装饰材料	内墙涂料的类型
外墙装饰材料	掌握外墙装饰材料	外墙涂料的类型
顶棚装饰材料	熟悉顶棚装饰材料	顶棚装饰材料特点和用途

◎ 思政目标

深化课程思政建设，了解思想政治教育元素，通过本章的学习，让学生切身地感受建筑装饰的重要性，并能活学活用，提高自主能动性和职业素养。

第 12 章 建筑装饰材料

案例导入

悉尼歌剧院位于澳洲悉尼，是 20 世纪最具特色的建筑之一，也是世界著名的表演中心。该歌剧院设计者为丹麦设计师约恩·乌松，建设工作从 1959 开始，建设过程历经坎坷，于 1973 年大剧院正式落成。1957 年，38 岁的丹麦建筑师约恩·乌松的设计方案从来自 32 个国家的 233 件设计方案中脱颖而出，赢得了 5000 美元奖金。悉尼歌剧院于 1959 年开始建造，为了筹措经费，除了募集基金外，澳洲政府还曾于 1959 年发行悉尼歌剧院彩券。花费从最初的 700 万澳元预算飙升到 1.2 亿澳元，这栋建筑杰作总共花费了 14 年的时间。2007 年 6 月 28 日，这栋建筑被联合国教科文组织评为世界文化遗产。可以通过了解悉尼歌剧院去学习国外建筑对装饰材料的使用情况。

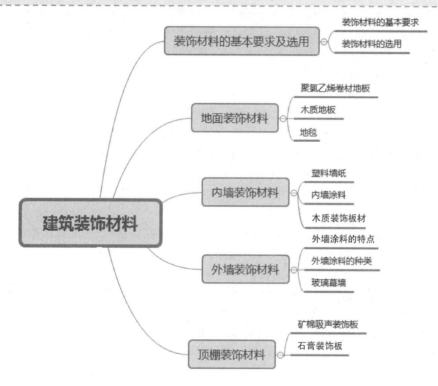

12.1 装饰材料的基本要求及选用

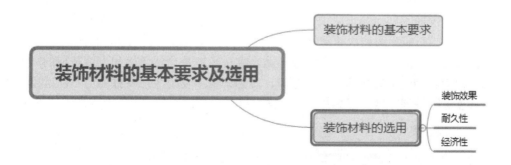

> **带着问题学知识**
>
> 装饰材料的基本要求有哪些?
> 装饰材料的选用应考虑哪几个方面?

12.1.1　装饰材料的基本要求

建筑装饰材料除应具有适宜的颜色、光泽、线条与花纹图案及质感,即除满足装饰性要求以外,还应具有保护作用,满足相应的使用要求,即具有一定的强度、硬度、防火性、阻燃性、耐火性、耐候性、耐水性、抗冻性、耐污染性与耐腐蚀性,有时还需要具有一定的吸声性、隔声性和隔热保温性等。其中,首先应当考虑的是装饰效果。装饰效果受到各种因素的影响,主要有以下几种。

(1) 颜色。材料的颜色决定于三个方面:①材料的光谱反射;②观看时射于材料上的光线的光谱组成;③观看者眼睛的光谱敏感性。

(2) 光泽。光泽是材料表面的一种特性,在评定装饰材料时,其重要性仅次于颜色。

(3) 透明性。材料的透明性也是与光线有关的一种性质。既能透光又能透视的物体称为透明体。例如普通门窗玻璃大多是透明的,而磨砂玻璃和压花玻璃等则为中透明的。

(4) 表面组织。由于材料所有的原料、组成、配合比、生产工艺及加工方法的不同,使表面组织具有多种多样的特征:有细致的或粗糙的,有平整的或凹凸的,也有坚硬的或疏松的,等等。

(5) 立体造型。对于预制的装饰花饰和雕塑制品,都具有一定的立体造型。

除了以上要求外,装饰材料还应满足强度、耐水性、耐侵蚀性、耐火性、不易沾污、不易褪色等要求,以保证装饰材料能长期保持它的特性。

此外,还必须考虑装饰材料在形状、尺寸、纹理等方面的要求。

除了考虑材料的装饰要求外,还应当根据材料的功能和使用环境等条件,满足材料的强度、耐水性、大气稳定性(包括老化、褪色、剥落等)、耐腐蚀性等要求。

扩展资源 1.
装饰装修材料

12.1.2　装饰材料的选用

建筑物的种类繁多,不同功能的建筑物,对装饰的要求不同。即使同一类建筑物,也会因设计标准的不同而装饰要求也不相同。在建筑装饰工程中,为确保工程质量——美化和耐久,应当按照不同档次的装修要求,正确而合理地选用建筑装饰材料。

建筑装饰是为了创造环境和改造环境,这种环境是自然环境和人造环境的高度统一与和谐。然而各种装饰材料的色彩、光泽、质感、触感及耐久性等性能的不同运用,将会在很大程度上影响到环境。因此在选择装饰材料时,必须考虑以下三个问题。

1. 装饰效果

装饰效果取决于质感、线型、色彩三个方面。

1) 质感

任何饰面材料及其做法都将以不同的质地感觉表现出来，如结实或松软、细致或粗糙等。坚硬而表面光滑的材料，如花岗石、大理石表现出严肃、有力量、整洁之感。富有弹性而松软的材料，如地毯及纺织品则给人以柔顺、温暖、舒适之感。同种材料不同做法也可以取得不同的质感效果，如粗犷的材料外露混凝土和光面混凝土墙面呈现出迥然不同的质感。

2) 线型

一定的分格缝及凹凸线条也是构成立面装饰效果的因素。抹灰、刷石、天然石材、混凝土条板等设置分块、分格，除了为防止开裂以及满足施工接茬的需要外，也是装饰立面在比例、尺度感上的需要。例如，目前多见的本色水泥砂浆抹面的建筑物，一般均采取划横向凹缝或用其他质地和颜色的材料嵌缝，这种做法不仅克服了光面抹面质感平乏的缺陷，同时还可使大面积抹面颜色欠均匀的感觉减轻。

3) 色彩

颜色是构成各种材料装饰效果的一个重要因素。装饰材料的颜色丰富多彩，特别是涂料一类饰面材料。改变建筑物的颜色通常要比改变其质感和线型容易得多。

2．耐久性

根据建筑物的重要性和使用环境，应选择耐久性良好的石材。例如：用于室外的石材，不可忽视其抗风性能的优劣；处于高温高湿、严寒等特殊环境条件中的石材，应考虑所用石材的耐热、抗冻及耐化学侵蚀性等。

3．经济性

由于天然石材自重大，开采运输不便，应综合考虑地方资源，尽可能就近取材，以降低成本，尤其对一些名贵石材的选用，更要慎重考虑。

12.2　地面装饰材料

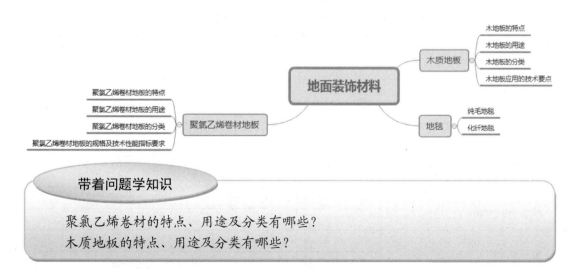

带着问题学知识

聚氯乙烯卷材的特点、用途及分类有哪些？

木质地板的特点、用途及分类有哪些？

地面装饰材料有三大功能：一是通过材料的色彩、线条、图饰和质感表现出风格各异、色彩纷呈的饰面，给人以美的享受；二是对建筑物的保护功能，如地面的潮湿、霉变、腐蚀和裂缝等，利用地面装饰材料的良好性可解决这些缺陷，提高建筑物的耐久性与使用寿命；三是特殊功能，可以改善室内的条件，如调节温、湿度，隔音、吸声、防火、防滑、增加弹性、抗静电及提高耐磨性等。

12.2.1 聚氯乙烯卷材地板

聚氯乙烯卷材地板是以聚氯乙烯树脂为主要原料，加入填料、增塑剂、稳定剂、着色剂等辅料，在片状连续基材上，经涂敷工艺或经压延、挤出或挤压工艺生产而成的地面覆盖材料。

1. 聚氯乙烯卷材地板的特点

聚氯乙烯卷材地板具有耐磨、耐水、耐污、隔声、防潮、色彩丰富、纹饰美观、行走舒适、铺设方便、清洗容易、重量轻及价格低廉等特点。

2. 聚氯乙烯卷材地板的用途

聚氯乙烯卷材地板适用于宾馆、饭店、商店、会客室、办公室及家庭厅堂、居室等地面装饰。

3. 聚氯乙烯卷材地板的分类

聚氯乙烯卷材地板一般分为带基材的发泡聚氯乙烯卷材地板(代号为 FB)和带基材的致密聚氯乙烯卷材地板(代号为 CB)两种；按耐磨性分为通用型(代号为 G)和耐用型(代号为 H)两种。

4. 聚氯乙烯卷材地板的规格及技术性能指标要求

聚氯乙烯卷材地板的宽度一般为 2m、3m、4m、5m 等，厚度为 1～4mm，长度为 10～40m。其物理性能指标应符合表 12-1 的规定。

表 12-1 聚氯乙烯卷材地板的物理性能指标

试验项目		指标
单位面积质量/%		公称值$^{+13}_{-10}$
纵、横向加热长度变化率/%		≤0.4
加热翘曲/mm		≤8
色牢度/级		≥3
纵、横向抗剥离力/(N/50mm)	平均值	≥50
	单个值	≥40
残余凹陷/mm	G	≤0.35
	H	≤0.2
耐磨性/转	G	≤1500
	H	≤5000

12.2.2 木质地板

木质地板统称为木地板。木地板作为铺地材料历史悠久,并以其自然的本色、豪华的气派,成为高档地面装饰材料之一,发展前景广阔。

1. 木地板的特点

木地板具有优雅、舒适、耐磨、豪华、隔声、防潮、富有弹性、热导率小、冬暖夏凉、与室内家具及装饰陈设品易于匹配和协调、室内小气候舒适宜人等优点。其缺点是怕酸、怕碱和易燃。

2. 木地板的用途

木地板适用于宾馆、饭店、招待所、体育馆、机场、舞厅、影院、剧院、办公室、会议室及居民住宅,特别适宜在卧室、书房、起居室的高档次地面铺设。

3. 木地板的分类

木地板的种类繁多,市场上一般依形状和木材的质地划分为:条形木地板、拼花木地板、软木地板和硬木地板。

4. 木地板应用的技术要点

木地板的铺设分为空铺和实铺两种。空铺木地板由木格栅、剪刀撑、毛地板和面层板等组成,工序复杂,均由专业木工按规程与标准完成,在此不作详述。实铺木地板目前比较常见,现就实铺法简述如下。

(1) 铺设方法分为两类:用于楼房二层(含二层)以上可以直接粘贴;用于楼房一层或平房地面,为了防潮,通常在地面上先涂上冷底子油再铺设地板。

(2) 铺设前,须将地面处理平整、干燥、洁净、牢实,无油脂和污物,相对湿度不超过60%,一般越干越好。

(3) 铺设温度以不低于10℃为宜,在铺设过程中应尽量保持恒温。铺设前用弹线在地面上画出垂直定位线,方法是测量地面尺寸,在地面中央画出纵向的一条直线,由通过此线的中点作垂线即成(如果要将木地板斜铺,则十字垂直定位线要画成与原定位线成45°角)。定位线画好后,再按地板的大小在地面上排出要铺地板的位置线,然后从定位线开始铺设。

12.2.3 地毯

地毯的分类方法众多,以图案类型分为北京式地毯、美术式地毯、彩花式地毯与凹凸式地毯等;以地毯的材质分为纯毛地毯、化纤地毯、混纺地毯、塑料地毯、丝毯、橡胶绒地毯和植物纤维地毯等,下面简述纯毛地毯与化纤地毯。

视频1:地毯

1. 纯毛地毯

纯毛地毯是我国传统的手工工艺品之一,一般分为手织和机织两种,前者为我国传统的手工工艺品之一，后者则是近代发展起来的较高级的纯毛地毯制品。纯毛手织地毯由于做工精细，产品名贵，售价高，因此常用于国际性、国家级重要建筑物的室内地面的铺装。纯毛机织地毯是介于化纤地毯和手工编织纯毛地毯之间的中档地面装饰材料。纯毛地毯历史悠久，图案优美，色彩鲜艳，质地厚实，经久耐用，铺地柔软，脚感舒适，富丽堂皇，装饰效果优良，适用于宾馆、饭店、会堂、舞台、体育馆、公共建筑及民用住宅的楼板地面的铺设。

2. 化纤地毯

化纤地毯是以化学纤维为主要原料制成的地毯。按其织法不同，化纤地毯可分为簇绒地毯、针刺地毯、机织地毯、编织地毯、黏结地毯、静电植绒地毯等多种。其中，以簇绒地毯产销量最大。化纤地毯质轻耐磨，色彩鲜艳，脚感舒适，富有弹性，铺设简便，价格便宜，吸音隔声，保温性强，适用于宾馆、饭店、大会堂、影剧院、播音室、办公室、展览厅、谈判厅、医院、机场、车站、体育馆、居民住宅、单身公寓及船舶、车辆和飞机等地面的装饰铺设。

音频 1.
铺设地毯的好处

12.3 内墙装饰材料

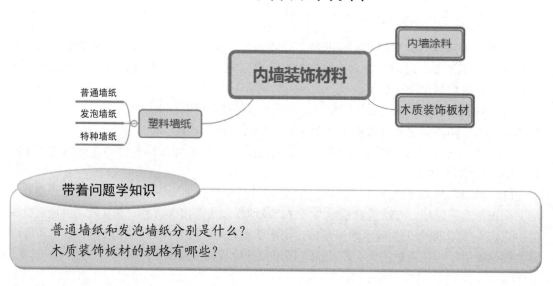

12.3.1 塑料墙纸

塑料墙纸分为普通墙纸、发泡墙纸和特种墙纸三类。

1. 普通墙纸

普通墙纸是以 80～100g/m² 的纸作基材，涂塑 100g/m² 左右的聚氯乙烯糊，经压花、印花而成的墙纸。这类墙纸又分为单色区花、印花压花和有光、无光印花几种，花色品种多，适用面广，价格低，是住宅和公共建筑墙面装饰中应用最普遍的一种墙纸。

2. 发泡墙纸

发泡墙纸以 100g/m² 的原纸作基层，涂以 300~400g/m² 的掺有发泡剂的聚氯乙烯糊状树脂为面层，印花后，再加热发泡而成的墙纸。这类墙纸有高发泡印花、低发泡印花、低发泡印花压花等品种。高发泡墙纸发泡倍数较大，表面呈富有弹性的凹凸花纹，是一种具有装饰、吸声等多种功能的墙纸，常用于影剧院和住宅天花板等的装饰。低发泡印花墙纸是在发泡平面印有图案的品种。低发泡印花压花墙纸是用油墨印花后再发泡，使表面形成具有不同色彩的凹凸花纹图案，图案逼真，立体感强，装饰效果好，并富有弹性，适用于室内墙裙、客厅和内走廊等的装饰。

3. 特种墙纸

特种墙纸是指具有耐水、防火和特殊装饰效果的墙纸品种。耐水墙纸是用玻璃纤维毡作基材，以适应卫生间、浴室等墙面的装饰。防火墙纸用 100~200g/m² 的石棉纸作基材，并在 PVC 涂塑材料中掺加阻燃剂，使墙纸具有一定的阻燃防火性能。它适用于防火要求较高的建筑和木板面装饰。所谓特殊装饰效果的墙纸，是指彩色砂粒墙纸，它是在基材上散布彩色砂粒，再喷涂黏结剂，使表面具有砂粒毛面，一般用于门厅、柱头、走廊等局部的装饰。

塑料墙纸的物理性能指标如表 12-2 所示。

表 12-2 塑料墙纸的物理性能指标

项 目			指 标		
			优等品	一等品	合格品
褪色性/级			≥4	≥4	≥3
耐摩擦色牢度试验/级	干摩擦	纵向	≥4	≥4	≥3
		横向			
耐摩擦色牢度试验/级	湿摩擦	纵向	≥4	≥4	≥3
		横向			
遮蔽性/级			4	≥3	≥3
湿润拉伸负荷/(N/15mm)		纵向	≥2	≥2	≥2
		横向			
黏合剂可拭性		横向	20 次无外观上的损伤和变化		
阻燃性能	氧指数		≥27		
	45°燃烧 180s 炭化长度/mm		≤100		
抗静电性能	表面电阻/Ω		≤6×10⁹		
	摩擦起电压/V		≤50		
防霉程度长菌程度级别/级			0		
可洗性[b]			30 次无外观上的损伤和变化		
特别可洗性			100 次无外观上的损伤和变化		
可刷洗性			40 次无外观上的损伤和变化		

注：① 可拭性是指若粘贴墙纸的黏合剂附在墙纸的正面，在黏合剂未干时应有可能用湿布或海绵拭去，而不留下明显痕迹。

② 可洗性是指墙纸在粘贴后的使用期内可洗涤的性能。这是对墙纸用在有污染和湿度较高地方的要求。

12.3.2 内墙涂料

内墙涂料亦可作顶棚涂料,它的主要功能是装饰及保护室内墙面及顶棚,使其美观整洁,让人们处于舒适的居住环境中。为了获得良好的装饰效果,内墙涂料应具有以下特点。

(1) 色彩丰富、细腻、柔和。内墙的装饰效果主要由质感、线条和色彩三要素构成,其中以色彩为主要因素,由于居住者的爱好不同,因此对内墙的色彩品种要求十分丰富。

(2) 耐擦洗。对墙面的触摸以及不可预见的污染都需要擦洗,需要涂层有一定的耐擦洗性,能够保证在一定的擦洗次数内涂层不会褪色、破损见底。

(3) 耐碱性。墙体建筑一般会含有水泥或石灰等碱性材料,而涂料中的有机聚合物如果缺乏耐碱性能就会发生皂化反应,会发生矿物盐析出、涂膜气泡、脱皮、开裂等情况,因此要求涂料具有一定的抗碱性能。

(4) 施工容易、价格低廉。为保持居室常新,能够经常进行粉刷翻修,所以要求施工容易、价格低廉。

(5) 符合环保要求。

内墙涂料的品种很多,包括 106 内墙涂料、多彩花纹建筑涂料、仿瓷涂料和乳胶内墙涂料等。但真正具有以上特点的只有乳胶涂料。其他各种涂料,不是耐擦洗性不好,就是透气性不好,或者耐粉化性不好,因此有的成为淘汰产品,有的逐渐失去昔日的辉煌。

扩展资源 2.
外墙装饰与内墙
装饰的区别

乳胶涂斜又称为合成树脂乳液涂料,是以合成树脂为成膜物质,是有机涂料的一种,是以合成树脂乳液为基料加入颜料、填料及各种助剂配制而成的一类水性涂料。乳胶涂料根据生产原料的不同,分为聚醋酸乙烯乳胶涂料、乙丙乳胶涂料、纯丙烯酸乳胶涂料、苯丙乳胶涂料等品种;根据产品适用环境的不同,分为内墙乳胶漆和外墙乳胶漆两种;根据装饰的光泽效果不同,又可分为无光、亚光、半光、丝光和有光等类型。

1) 产品性能及特点

(1) 干燥速度快。在 25℃时,30min 内表面即可干燥,120min 左右就可以完全干燥。

(2) 耐碱性好。涂于呈碱性的新抹灰的墙和天棚及混凝土墙面,不返粘,不易变色。

(3) 色彩柔和,漆膜坚硬,表面平整无光,观感舒适,色彩明快而柔和,颜色附着力强,是粉刷墙面和天棚的理想涂料。

(4) 可在新施工完的湿墙面上施工。允许湿度可达 80%~10%,而且不影响水泥继续干燥。

(5) 无毒。即使在通风条件差的房间里施工,也不会给施工工人带来危害。

(6) 调制方便,易于施工。可以用水稀释,用毛刷或排笔施工,工具用完后可用清水清洗,十分便利。

(7) 不引火。因涂料属水相系统,所以无引起火灾危险。其主要技术指标如表 12-3 所示。

扩展资源 3.
乳胶漆和涂料的
成分的区别

表 12-3 合成树脂乳液内墙、外墙和溶剂型外墙涂料技术指标(GB/T 9755、9756、9757)

项 目	指 标									
	合成树脂乳液内墙涂料			溶剂型外墙涂料			合成树脂乳液外墙涂料		
	优等品	一等品	合格品	优等品	一等品	合格品	优等品	一等品	合格品
容器中状态	无硬块,搅拌后呈均匀状态								
施工性	刷涂二道无障碍								
低温稳定性	不变质								
涂膜外观	正常								
干燥时间(表干)/h	≤2								
对比率(白色或浅色 a)	≥0.95	≥0.93	≥0.9	≥0.93	≥0.9	≥0.87	≥0.93	≥0.9	≥0.87
耐沾污性(白色和浅色 a)/%	—	—	—	≤10	≤10	≤10	≤15	≤15	≤20
耐洗刷性	≥5000	≥1000	≥300	≥5000	≥3000	≥2000	2000 次漆膜未损坏		
耐碱性 b	24h 无异常			48h 无异常			48h 无异常		
耐水性 b	—			168h 无异常			96h 无异常		
涂层耐温变性 b(5 次循环)	—			无异常			无异常		
透水性/mL	≤1000	≤500	≤200	≤5000	≤3000	≤2000	≤0.6	≤1	≤1.4
耐人工气候老化性	—			1000h 不起泡、不剥落、无裂纹	500h 不起泡、不剥落、无裂纹	300h 不起泡、不剥落、无裂纹	600h 不起泡、不剥落、无裂纹	400h 不起泡、不剥落、无裂纹	250h 不起泡、不剥落、无裂纹
粉化/级	—			≤1	≤1	≤1	≤1	≤1	≤1
变色(白色和浅色 a)/级	—			≤2	≤2	≤2	≤2	≤2	≤2
变色(其他色)/级	—			商定	商定	商定	商定	商定	商定

注:a. 浅色是指以白色涂料为主要成分,添加适量色浆后配制成的浅色涂料形成的涂膜所呈现的浅颜色,按 GB/T 15608—2006 中 4.3.2 规定,明度值为 6~9(三刺激值中的 $Y_{D65} \geq 31.26$)。
b. 也可根据有关方商定测试与底漆配套后或与底漆和中涂漆配套后的性能。

2) 适用范围

此涂料适用于较高级的住宅、高档别墅及各种公共建筑物的内墙装饰,属于高档内墙装饰涂料,也是较好的内墙涂料,可用于室内墙体、天花板、石膏板等营造和谐典雅的氛围。

3) 使用方法

(1) 涂料贮存温度为 0~40℃,最好在 5~35℃。

(2) 涂料可以在 3℃以上施工,但最好在 10℃以上施工,否则漆层容易开裂、掉粉。

(3) 基层可以是水泥砂浆、混凝土、纸筋灰和木材。木材表面若刮油性腻子,须待干透才可涂漆。水泥砂浆和混凝土等,须常温养护 28d 以上,含水率 10%以下方可施工,基层表面也不宜太干燥。水泥砂浆基层碱性太强,须先刮腻子,所用腻子可以是 801 胶-水泥、聚醋酸乙烯酯乳液-水泥石膏与苯丙乳液-滑石粉等。

(4) 施工时,不得混入溶剂型漆与溶剂,施工器具与容器也不得带入此类物质,以免引起涂料破乳。

（5）涂料使用前应上下搅匀，若太稠可用自来水调稀，但不能用石灰水和溶剂。

（6）涂刷时可用辊涂，也可用刷涂，最好一人先用滚筒刷蘸涂料均匀涂布，另一人随即用排笔展平涂痕和溅沫，以防透底和流坠。一般涂两道，待第一道干后(间隔 2h 以上)再刷第二道。

12.3.3　木质装饰板材

木质装饰板材是高档的室内装饰材料。以实木面板装饰室内墙面，通常使用柚木、水曲柳、枫木、红松、鱼鳞松及楠木等珍贵树种为墙体饰面，其天然纹理、色彩及质感有良好的装饰效果，特别适合人们追求自然的审美情趣。然而，由于我国森林资源匮乏，多数不使用实木板材而使用薄木装饰板。

薄木装饰板是利用珍贵树种，通过精密刨切，制得厚度为 0.2～0.8mm 微薄木，再以胶合板、刨花板、纤维板、细木工板等为基材，采用先进的胶黏工艺，将微薄木复合于基材上，经热压而成。它具有花纹美丽、真实感和立体感强等特点，是一种新型高级的装饰材料，适用于高级建筑、车辆、船舶的内部装修，如护墙板、门扇等以及高级家具、电视机壳与乐器制造等方面。

薄木装饰板的规格有 1839mm×915mm、2135mm×915mm、2135mm×1220mm、1830mm×1220mm 等多种，厚度一般为 3～6mm。这种板材的技术性能应达到以下要求：胶合强度≥1MPa，缝隙宽度≤0.2mm，孔洞直径≤2mm，自然开裂≤0.5%，透胶污染≤1%，无叠层开裂等。

12.4　外墙装饰材料

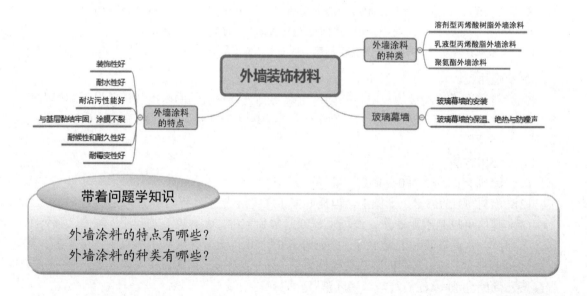

带着问题学知识

外墙涂料的特点有哪些？
外墙涂料的种类有哪些？

12.4.1 外墙涂料的特点

外墙涂料的主要功能是装饰和保护建筑物的外墙面，使建筑物外貌整洁美观，从而达到美化城市环境的目的，同时能够起到保护建筑物外墙的作用，延长其使用时间。为了获得良好的装饰与保护效果，外墙涂料一般应具有以下特点。

1. 装饰性好

首先，外墙涂料要求色彩丰富多样，保色性好，能较长时间地保持良好的装饰性能，符合当今人们个性化的追求；其次，容易更新且成本较低，人们可以很方便地重新涂饰，满足建筑外装饰长久常新的需要。

视频2：外墙涂料

2. 耐水性好

外墙面暴露在大气中，要经常受到雨水的冲刷，因此作为外墙涂料应具有很好的耐水性能。

3. 耐沾污性能好

我国不同环境条件差异较大，对于一些重工业、矿业发达的城市，由于大气中灰尘及其他悬浮物质较多，会使易沾污涂层失去原有的装饰效果，从而影响建筑物外貌。所以，外墙涂料应具有较好的耐沾污性，使涂层不易被污染或污染后容易清洗掉。

4. 与基层黏结牢固，涂膜不裂

外墙涂料如出现剥落、脱皮现象，维修较为困难，对装饰性与外墙的耐久性都有较大影响。故外墙涂料在这方面的性能要求较高。

5. 耐候性和耐久性好

外墙涂料的涂层暴露于大气中，要经受风吹、日晒、盐雾腐蚀、雨淋、冷热变化等的作用，在这些外界自然环境的长期反复作用下，涂层容易发生开裂、粉化、剥落、变色等现象，使涂层失去原有的装饰保护功能。因此，要求外墙在规定的使用年限内，涂层应不发生上述破坏现象。

6. 耐霉变性好

外墙涂料饰面在潮湿环境中容易长霉，因此，要求涂膜能抑制霉菌和藻类繁殖生长。

12.4.2 外墙涂料的种类

1. 溶剂型丙烯酸树脂外墙涂料

该涂料是以热塑性丙烯酸树脂为主要成膜物质，加入溶剂、填料和助剂等，经研磨、配制而成的一种溶剂型外墙涂料。它是靠溶剂挥发而结膜干燥的，耐酸性和耐碱性好，涂膜色浅、透明、有光泽，具有极好的耐水、耐光、耐候性能，不易变色、粉化和脱落，是目前高档外墙涂料最重要的品种之一。

2. 乳液型丙烯酸酯外墙涂料

该涂料是由甲基丙烯酸甲酯、丙烯酸丁酯和丙烯酸乙酯等丙烯酸系单体经乳液共聚而得到的以纯丙烯酸酯乳液为主要成膜物质,加入填料、颜料及其他助剂而制得的一种优质乳液型外墙涂料。它不仅装饰效果好,而且使用寿命长,一般可达 10 年以上。它具有涂膜光泽柔和,装饰性好,不受温度限制,保色性、耐洗性好,使用寿命长等特点,专供涂饰和保护建筑物外壁使用。

音频 2.聚丙烯酸酯乳胶涂料的优点

3. 聚氨酯外墙涂料

聚氨酯外墙涂料是以聚氨酯树脂或聚氨酯与其他树脂的复合物,取入溶剂、颜料、填料和助剂等,经研磨而成的。它的品种有聚氨酯-丙烯酸酯外墙涂料和聚氨酯高弹性外墙防水涂料。

聚氨酯外墙涂料的膜层弹性强,具有很好的耐水性、耐酸碱腐蚀性、耐候性和耐沾污性。聚氨酯外墙涂料中以聚氨酯-丙烯酸酯外墙涂料用得较多。这种涂料的固体含量较高,膜层的柔软性好,有很高的光泽度,表面呈瓷状质感,与基层的黏结力强。它可直接涂刷在水泥砂浆、混凝土基层的表面,但基层的含水率应低于 8%。在施工时应将甲组分和乙组分按要求称量,搅拌均匀后使用,做到随配随用,并应注意防火。

12.4.3 玻璃幕墙

玻璃幕墙是现代建筑的重要组成部分,它的优点是自重轻、可光控、保温绝热、隔声以及装饰性好等。北京、上海、广州、南京等地大型公共建筑广泛采用玻璃幕墙,具有良好的使用功能和装饰效果。在玻璃幕墙中大量应用热反射玻璃,将建筑物周围景物、蓝天、白云等自然现象都反映到建筑物表面,使建筑物的外表情景交融、层层交错,具有变幻莫测的感觉,近看景物丰富,远看又有熠熠成辉、光彩照人的效果。

1. 玻璃幕墙的安装

玻璃幕墙的安装有现场安装和预制拼装两种。

1) 现场安装

幕墙承受自重和风荷载,边框焊接在钢筋混凝土主体结构上,玻璃插入轨槽内并用胶密封。这种方法的优点是节省金属材料,便于安装、运输及搬运费低;缺点是现场密封处理难度大,稍不注意,容易漏水漏气。

2) 预制拼装

边框和玻璃原片全部在预制厂内进行,生产标准化,容易控制质量,密封性能好,现场施工速度快;其缺点是型材消耗大,需增加 15%~20%。

2. 玻璃幕墙的保温、绝热与防噪声

保温、绝热可选用优质的保温绝热材料,如对透明部分采用吸热玻璃或热反射玻璃等,可以降低热传导系数;对不透明部分,则可采用低密度、多孔洞、抗压强度低的保温隔热材料。建筑物外部的噪声一般是通过幕墙结构的缝隙传到室内的,所以对幕墙要精心设计与施工,处理好幕墙之间的缝隙,避免噪声传入。采用中空玻璃和加强密封设施有利于降低噪声。

12.5　顶棚装饰材料

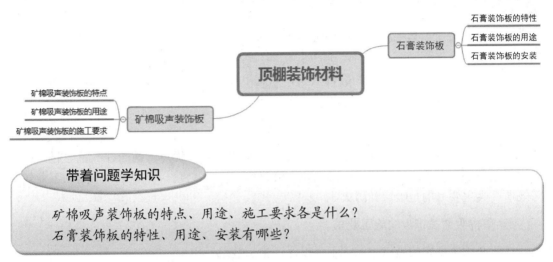

带着问题学知识

矿棉吸声装饰板的特点、用途、施工要求各是什么？
石膏装饰板的特性、用途、安装有哪些？

顶棚饰面材料一般分为抹灰类、裱糊类和板材类三种。其中板材类是当前应用最多的一类。板材过去多用纤维板、木丝板和胶合板等，近年来为满足装饰、吸声与消防等多方面的要求，并致力于简化施工、易于维修和更换，发展了玻璃棉、矿物棉、石膏、珍珠岩及金属板等新型顶棚装饰材料。

12.5.1　矿棉吸声装饰板

矿棉吸声装饰板是以矿渣棉为主要原料，加入适量的黏结剂和附加剂，通过成型、烘干与表面加工处理而成的一种新型的顶棚材料，亦可作为内墙装饰材料。它是集装饰、吸声与防火三大特点于一身的高级吊顶装饰材料，因而成为高级宾馆和高层建筑比较理想的天花板材，用量剧增，发展极快。

1. 矿棉吸声装饰板的特点

（1）装饰效果优异。矿棉吸声板有丰富多彩的平面轮花图案和浮雕以及立体造型，既有古典美，又富有时尚气息，真正让人耳目一新。

（2）隔热性能好。矿棉吸声板的导热系数很低，是良好的隔热材料，可以使室内冬暖夏凉，为用户有效节能。

（3）吸声降噪。矿棉吸声板的主要原材料为超细矿棉纤维，密度在 $200\sim450 kg/m^3$，因此具有丰富的贯通微孔，能有效吸收声波，减少声波反射，从而改善室内音质，降低噪声。

（4）安全防火。由于矿棉是无机材料，不会燃烧，而矿棉吸声板中的有机物含量很低，因而使矿棉吸声板达到难燃 B1 级要求，而有些公司的产品已经可以达到不燃 A 级要求。

（5）绿色环保，调节空气。矿棉吸声板中不含有对人体有害的物质，而它含有的活性基团可以吸收空气中的有害气体，它的微孔结构可以吸收和释放水分子，因此可以净化空气，调节室内空气湿度。

(6) 防潮、绝缘。由于矿棉吸声板中含有大量的微孔，比表面积比较大，可以吸收和放出空气中的水分子，调节室内空气湿度，可以说矿棉吸声板是一种会呼吸的装饰板材。矿棉吸声板的主要组成物质为矿棉和淀粉，均为绝缘物质，因此矿棉吸声板是一种绝缘装饰材料。

(7) 裁切简便，易于装修。矿棉吸声板可锯、可钉、可刨、可粘结，并且可以用一般的壁纸刀进行裁切，因此裁切时不会产生噪声。它有平贴、插贴、明架、暗架等多种吊装方式，可组合出不同艺术风格的装饰效果，家庭用户可以自己动手进行装修，发挥自己的想象力，这也符合现代人乐于自己动手装饰自己空间的潮流。

2. 矿棉吸声装饰板的用途

矿棉吸声板具有吸声、装饰、隔热、保温、防火等多种优点，是一种绿色建材，被广泛用于录音室、音乐厅、演播厅、影剧院、会议室、KTV 包房、体育馆、法庭、工业建筑等场所。其主要目的是吸声和防火。

3. 矿棉吸声装饰板的施工要求

(1) 必须按规定的施工方法施工，以保证施工效果。

(2) 施工环境、施工现场相对湿度应在80%以下，湿度过高不宜施工。室内要等全部土建工程完毕干燥后，方可安装吸声板。

(3) 不宜用在湿度较大的建筑内，如浴室、厨房等。

(4) 施工中要注意吸声板背面的箭头方向和白线方向必须保持一致，以保证花样、图案的整体性。

(5) 对于强度要求特殊的部位(如吊挂大型灯具)，在施工中按设计要求施工。

(6) 根据房间的大小及灯具的布局，从施工面积中心计算吸声板的用量，以保持两侧间距相等，从一侧开始安装，以保证施工效果。

(7) 安装吸声板时须戴清洁手套以防将板面弄脏。

(8) 复合黏贴板施工后 72h 内，在胶尚未完全固化前，不能有强烈震动。装修完毕、交付使用前的房间，要注意换气和通风。

【例 12-1】某地铁站台站厅为钢筋混凝土结构，建成后存在严重的声学问题。发一次信号枪，枪声经久不息，存在严重的低频声多次回声现象。经过声学处理后声环境得到了极大的改善，多次回声现象得到了很好的消除。请分析其原因。

音频 3.矿棉装饰吸声板的特点和用途

12.5.2 石膏装饰板

石膏装饰板是以建筑石膏为基料，掺入增强纤维、胶黏剂与改性剂等材料，经搅拌、成型与烘干等工艺制成的。近年来，有的生产企业在配方中引入多种无机活性物质外加剂，以改善制品的内在性能；有的采用机压工艺，在特定压力下强行挤压制成高强度、高密度的制品；有的采用发泡工艺并辅以封闭措施和补强技术以降低板材密度。石膏装饰板品种繁多，各有特色，有各种平板、半穿孔板、全穿孔板、浮雕板、组合花纹板、浮雕钻孔板及全穿孔板背衬吸声材料的复合板等。

1. 石膏装饰板的特性

1) 凝结硬化快

建筑石膏一般加水后 3～5min 内即可初凝，30min 左右即达到终凝，一星期左右完全硬化。为满足施工操作的要求，往往须掺加适量的缓凝剂，如 0.1%～0.15%的动物胶或 1%的亚硫酸纸浆废液，也可掺加 0.1%～0.15%的硼砂或柠檬酸等。

2) 硬化后体积微膨胀

建筑石膏硬化后一般会产生 0.05%～0.15%的体积膨胀，使得硬化体表面饱满，尺寸精确，轮廓清晰，干燥时不开裂，有利于制造复杂图案的石膏装饰制品。

3) 孔隙率大，重量轻，但强度低

建筑石膏水化的理论需水量为 18.6%，但为了满足施工要求的可塑性，实际加水量为 60%～80%，石膏凝结后多余水分蒸发，导致孔隙率大，重量减轻，但抗压强度也因此下降。其抗压强度一般为 3～5MPa。

2. 石膏装饰板的用途

石膏装饰板适用于宾馆、饭店、剧院、礼堂、商店、车站、工矿车间、住宅宿舍和地下建筑等各种建筑工程室内吊顶、壁面装饰及空调材料。

扩展资源 4. 聚氯乙烯塑料天花板

3. 石膏装饰板的安装

目前安装石膏装饰板用得较多的固定方法，有轻钢龙骨、铝合金龙骨和粘贴安装等方法。

12.6 本章小结

本章介绍了装饰材料的基本要求及选用、地面装饰材料以及内、外墙装饰材料，最后介绍了顶棚装饰材料等内容。通过本章的学习使学生具备合理使用各种建筑装饰材料的能力，能深入理解理论知识及其内在含义，同时注重与实际工程密切相关的能力的培养和锻炼。

12.7 实训练习

一、单选题

1. (　　)是材料表面的一种特性，在评定装饰材料时，其重要性仅次于颜色。
   A. 颜色　　　　　B. 光泽　　　　　C. 透明性　　　　　D. 表面组织
2. 铺设温度以不低于(　　)℃为宜，在铺设过程中应尽量保持恒温。
   A. 10　　　　　　B. 20　　　　　　C. 30　　　　　　D. 40
3. (　　)以化学纤维为主要原料制成。
   A. 纯毛地毯　　　B. 化纤地毯　　　C. 混纺地毯　　　D. 塑料地毯
4. 普通墙纸是以(　　)g/m² 的纸作基材。
   A. 10～30　　　　B. 40～60　　　　C. 60～80　　　　D. 80～100

5. (　　)是以热塑性丙烯酸树脂为主要成膜物质，加入溶剂、填料和助剂等，经研磨、配制而成的一种溶剂型外墙涂料。

  A. 聚氨酯外墙涂料   B. 聚乙烯外墙涂料

  C. 溶剂型丙烯酸树脂涂料   D. 乳液型丙烯酸酯外墙涂料

二、多选题

1. 材料的颜色取决于(　　)。

  A. 材料的光谱反射   B. 观看时射于材料上的光线的光谱组成

  C. 观看者眼睛的光谱敏感性   D. 透明性

  E. 光泽

2. 装饰效果取决于(　　)。

  A. 质感   B. 线条   C. 线型

  D. 色彩   E. 颜色

3. 塑料墙纸分为(　　)。

  A. 壁纸   B. 墙纸   C. 普通墙纸

  D. 发泡墙纸   E. 特种墙纸

4. 顶棚饰面材料一般分为(　　)。

  A. 抹灰类   B. 裱糊类   C. 板材类

  D. 吸声类   E. 墙纸类

5. 石膏装饰板的特性有(　　)。

  A. 凝结硬化快   B. 硬化后体积微膨胀

  C. 凝结硬化慢   D. 孔隙率小，重量轻，但强度低

  E. 孔隙率大，重量轻，但强度低

三、简答题

1. 装饰材料的基本要求有哪几种？
2. 地面装饰材料的功能有哪些？
3. 矿棉吸声装饰板的特点有哪些？

第 12 章
课后习题答案

实训工作单

班级		姓名		日期	
教学项目	建筑装饰材料				
任务	掌握几种建筑装饰材料的区别		方式	查找书籍、资料	
相关知识		装饰材料的基本要求及选用； 地面装饰材料； 内墙装饰材料； 外墙装饰材料； 顶棚装饰材料			
其他要求					

学习总结编制记录

参考文献

[1] 国家市场监督管理总局. GB/T 14685—2022 建设用卵石、碎石[S]. 北京：中国标准出版社，2022.

[2] 中华人民共和国国家质量监督检验检疫总局. GB 175—2007 通用硅酸盐水泥[S]. 北京：中国标准出版社，2007.

[3] 中华人民共和国国家质量监督检验检疫总局. GB/T 3183—2017 砌筑水泥[S]. 北京：中国标准出版社，2017.

[4] 国家市场监督管理总局. GB/T 14684—2022 建设用砂[S]. 北京：中国标准出版社，2022.

[5] 中华人民共和国住房和城乡建设部. GB 50666—2011 混凝土结构工程施工规范[S]. 北京：中国建筑工业出版社，2011.

[6] 中华人民共和国国家质量监督检验检疫总局. GB/T 8239—2014 普通混凝土小型砌块[S]. 北京：中国标准出版社，2014.

[7] 张兰芳，李京军，王萧萧. 建筑材料[M]. 北京：中国建材工业出版社，2021.

[8] 刘燕燕. 建筑材料[M]. 重庆：重庆大学出版社，2020.

[9] 王欣，陈梅梅. 建筑材料[M]. 北京：北京理工大学出版社，2019.

[10] 彭红. 建筑材料[M]. 重庆：重庆大学出版社，2018.

[11] 张黎，刘放. 建筑材料[M]. 南京：东南大学出版社，2018.

[12] 马静月，蒲桃红，李柱凯. 建筑材料[M]. 北京：北京理工大学出版社，2022.

[13] 艾学明. 建筑材料与构造[M]. 南京：东南大学出版社，2022.

[14] 汪文萍. 建筑材料与检测[M]. 2版. 北京：中国水利水电出版社，2022.